U0171143

新体制雷达的优化及目标定位方法

New Radar System Optimization and Target Positioning Methods

陈　鹏　陈志敏　曹振新 等　著

科学出版社

北京

内 容 简 介

当前雷达面临所谓的"五大威胁",即快变的电子侦察与强电子干扰、低空/超低空飞机与巡航导弹、隐身飞行器、高速反辐射导弹及高功率微波武器等,新体制雷达系统是对抗威胁的有效手段。本书以新体制雷达中的认知雷达、MIMO 雷达以及压缩感知雷达等为研究对象,以提高系统的目标检测、估计、定位或跟踪性能为目标,重点研究上述新体制雷达系统的波形设计、优化与目标定位方法。主要内容包括:压缩感知认知雷达系统的波形优化和参数估计;多运动 MIMO 雷达平台的波形优化;基于压缩感知的目标定位;存在阵元间互耦与网格偏离等情况时 MIMO 雷达系统的目标定位问题等。

本书可作为通信、电子、信息专业的高年级本科生、研究生的参考书,也可作为从事相关领域研究的工程技术人员的参考资料。

图书在版编目(CIP)数据

新体制雷达的优化及目标定位方法/陈鹏等著. —北京:科学出版社,2021.11
ISBN 978-7-03-070522-8

Ⅰ.①新… Ⅱ.①陈… Ⅲ.①雷达-定位-研究 Ⅳ.①TN95

中国版本图书馆 CIP 数据核字(2021)第 230059 号

责任编辑:李涪汁 高慧元 曾佳佳/责任校对:杨聪敏
责任印制:张 伟/封面设计:许 瑞

科学出版社 出版
北京东黄城根北街 16 号
邮政编码:100717
http://www.sciencep.com
北京虎诚则铭印刷科技有限公司 印刷
科学出版社发行 各地新华书店经销
*
2021 年 11 月第 一 版 开本:720×1000 1/16
2022 年 1 月第二次印刷 印张:11
字数:222 000
定价:99.00 元

前　言

第二次世界大战期间雷达技术得到了迅猛发展，战后虽然进入了长达近半个世纪的冷战时期，但随着电子技术和武器装备的发展，雷达技术始终保持着方兴未艾、蓬勃发展的态势，在军事和民用领域都有着广泛的应用，发挥着重要的作用。

在军事应用方面，当前雷达面临着所谓的"五大威胁"，即快变的电子侦察与强电子干扰、低空/超低空飞机与巡航导弹、隐身飞行器、高速反辐射导弹及高功率微波武器等。为了对抗"五大威胁"，现代雷达需要具有多功能和多用途，如通信、指挥控制以及电子战等，这就需要在传统雷达的基础上开发新技术、采用新体制。因此，研究新体制雷达系统的相关理论、系统设计以及优化等问题，提高新体制雷达系统的性能，对于增强雷达的作战能力至关重要。

基于上述背景，本书主要以新体制雷达中的认知雷达、MIMO 雷达以及压缩感知雷达等为研究对象，以提高系统的目标检测、估计、定位或跟踪性能为目标，重点研究上述新体制雷达系统的波形设计、优化与目标定位方法。主要内容包括：压缩感知认知雷达系统的波形优化和参数估计；多运动 MIMO 雷达平台的波形优化；基于压缩感知的目标定位；存在阵元间互耦与网格偏离等情况时 MIMO 雷达系统的目标定位问题等。

本书共分为 8 章，第 1 章主要介绍部分新体制雷达系统的基本原理，包括认知雷达、MIMO 雷达与压缩感知雷达。第 2 章主要考虑存在杂波干扰时，认知雷达系统的波形优化与参数估计问题。第 3 章主要研究认知雷达系统中多扩展型目标的波形优化和参数估计问题。第 4 章基于压缩感知理论，针对多个扩展型目标，给出压缩感知雷达系统的参数估计和波形优化算法。第 5 章针对多运动平台的集中式 MIMO 雷达系统，给出了运动目标检测与波形优化算法。第 6 章针对分布式 MIMO 雷达系统，采用压缩感知理论，进行目标定位与多天线位置优化。第 7 章针对采用压缩感知算法进行目标 DOA 估计时，划分离散网格带来的网格偏离 (off-grid) 问题，同时考虑阵元间的未知互耦效应，给出一种基于稀疏贝叶斯学习的 MIMO 雷达 DOA 估计方法。第 8 章以双基地 MIMO 雷达为模型，研究了均匀线阵存在天线间互耦效应时，快速、实时的目标 DOA 估计问题。

本书内容主要取自东南大学毫米波国家重点实验室陈鹏副研究员近年来的部分学术研究成果，陈鹏对全书进行了组织编写及统稿校对。参与本书编写的还有上海电机学院的陈志敏副教授、东南大学的曹振新副教授和冯熳副教授、中国空间技术研究院 504 所的靳一高工以及东南大学的吴乐南教授。其中，陈志敏参与编写了第 7、8 章，曹振新参与编写了第 4 章，冯熳、靳一和吴乐南参与编写了第 5 章。此外，东南大学博士生盛淑然参与了校稿工作，在此一并表示感谢。

　　本书的出版得到了国家自然科学基金项目 (No.61801112、No.61601281)，江苏省基础研究计划项目 (江苏省自然科学基金项目)(No.BK20180357) 和毫米波国家重点实验室开放课题项目 (No.Z201804、No.K202029) 的资助。

　　由于作者水平有限，加之新体制雷达技术仍处于快速发展之中，很多问题还有待于进一步深入研究，书中疏漏之处望广大读者和同行批评、指正。

作　者

2021 年 5 月

目　　录

英文缩略语及英中对照表

缩写	全称	中文名称
ACGN	additional color Gaussian noise	加性高斯有色噪声
ANM	atomic norm minimization	原子范数最小化
AWGN	additional white Gaussian noise	加性高斯白噪声
CDF	cumulative distribution function	累积分布函数
CFAR	constant false alarm rate	恒虚警概率
CIR	clutter impulse response	杂波冲激响应
CR	cognitive radar	认知雷达
CRLB	Cramér-Rao lower bound	克拉默-拉奥下界
CS	compressed sensing	压缩感知
CSC	clutter scattering coefficients	杂波散射系数
DOA	direction of arrival	到达角
ESPRIT	estimating signal parameter via rotational invariance techniques	旋转因子不变法
KF	Kalman filter	卡尔曼滤波
GLR	generalized likelihood ratio	广义似然比
GLRT	generalized likelihood ratio test	广义似然比检测
MAP	maximum a posteriori probability	最大后验概率
MIMO	multiple-input and multiple-output	多输入多输出
MUSIC	multiple signal classification	多重信号分类
ML	maximum likelihood	最大似然
MMV	multiple measurement vectors	多次测量向量
MSE	mean square error	均方误差
PAPR	peak-to-average-power ratio	峰均功率比
PDF	probability density function	概率密度函数
PRI	pulse repetition interval	脉冲重复间隔
PSD	power spectral density	功率谱密度
RCS	radar cross section	雷达散射截面
SBL	sparse Bayesian learning	稀疏贝叶斯学习

缩写	全称	中文名称
SCNR	signal-to-clutter-and-noise ratio	信杂噪比
SCR	signal-to-clutter ratio	信杂比
SDP	semi-definite programming	半正定规划
SINR	signal-to-interference-and-noise ratio	信干噪比
SNR	signal-to-noise ratio	信噪比
TIR	target impulse response	目标冲激响应
TSC	target scattering coefficients	目标散射系数
ULA	uniform linear array	均匀线阵
WSSUS	wide sense stationary-uncorrelated scattering	广义平稳不相关散射

符号及变量定义

$\|\cdot\|$	取模
$\|\cdot\|_2$	ℓ_2 范数
$\|\cdot\|_F$	Frobenius 范数
$(\cdot)^T$	转置
$(\cdot)^H$	共轭转置
$\mathbb{R}$	实数集合
$\mathbb{C}$	复数集合
$\mathrm{vec}\{\boldsymbol{A}\}$	矩阵 $\boldsymbol{A}$ 按列展开的向量形式
$\in$	属于
$\boldsymbol{a}$	矢量
$\boldsymbol{A}$	矩阵
$\mathcal{CN}(\boldsymbol{0}, \boldsymbol{R})$	复高斯分布
$\max\{\cdot\}$	最大值
$\min\{\cdot\}$	最小值
$\mathbb{E}\{\cdot\}$	取期望
$\mathrm{Re}\{\cdot\}$	取实部
$\mathrm{Im}\{\cdot\}$	取虚部
$\mathrm{tr}\{\cdot\}$	矩阵的迹
$\mathrm{rank}\{\cdot\}$	矩阵的秩
$\boldsymbol{A} \succeq 0$	矩阵 $\boldsymbol{A}$ 为半正定矩阵
$\odot$	Hadamard 乘积
$\otimes$	Kronecker 乘积
$\oplus$	Khatri-Rao 乘积
$\mathrm{diag}\{\cdot\}$	矩阵的对角元素
$\cup$	集合的并
$\varnothing$	空集合

第 1 章 绪 论

1.1 引 言

雷达是 "RADAR" 的音译，取自英文 "Radio Detection and Ranging" 的首字母，意为 "无线电探测和测距"。因此，早期雷达主要通过观测物体对电磁波的反射回波，实现对目标的探测和距离测量。随着现代电子科学技术的发展，雷达系统采用了大量的新理论、新技术和新器件，现代雷达已不再局限于基本的目标探测功能，还具备了特征测量的能力。在雷达接收的回波中不仅包括目标的回波，还包括一些杂乱无章的噪声 (noise)、背景物体反射回来的杂波 (clutter) 以及人为电磁干扰 (jamming) 等，利用杂波、干扰和目标的特征，采用不同的信号处理技术在背景环境中提取目标回波是实现现代雷达功能的关键所在。

传统雷达对各种干扰因素的处理，通常建立在假设环境时间平稳、空间均匀的基础上，而现实环境中干扰、杂波等多呈现复杂、时变、未知等特征，采用传统的雷达信号处理技术不能自适应调整系统参数，不具备对真实环境的适应能力，因此成为制约雷达技术发展的瓶颈。为了适应日益复杂的电磁环境，各种新概念、新体制的雷达系统不断涌现，例如，低截获概率雷达、多任务多功能雷达、滚动雷达、泛探雷达、冲激雷达、无源雷达、双基地雷达、噪声雷达、激光雷达、纳米雷达、认知雷达 (cognitive radar，CR)、多输入多输出 (multiple-input and multiple-output, MIMO) 雷达、谐波雷达、微波成像雷达、武器一体化雷达以及压缩感知 (compress sensing，CS) 雷达等 [1-3]。上述雷达有些是体制上的创新，如 MIMO 雷达；有些是概念上的创新，如 CS 雷达、纳米雷达等。由于新体制雷达可以在一定程度上改善传统雷达的性能，因此，国内外研究人员对该领域均投入了极大的研究热情和关注，做了大量的工作并取得一些实质性进展。在这样的背景下，本书也针对部分新体制雷达系统开展理论和方法研究，重点关注认知雷达、MIMO 雷达以及 CS 雷达等新体制雷达系统的优化、设计及目标定位性能等关键问题。

1.2 部分新体制雷达简介

1.2.1 认知雷达

传统雷达发射和接收信号的波形参数较为固定，虽然接收端可以通过自适应处理来提高雷达系统的性能，但是当雷达受到干扰，环境变得复杂时，仅依靠接收端的信号处理难以获得理想的探测和跟踪效果。受蝙蝠回声定位系统及认知过程的启发，2006 年，Simon Haykin 在 *Cognitive radar: A way of the future* 一文中首次提出认知雷达的概念[4]。由于认知雷达可以根据目标和外部环境特性智能地选择和调整发射信号、工作方式以及资源配置，因此，相比传统雷达，认知雷达具有独特的性能和惊人的工作能力。

如图 1.1 所示为认知雷达系统的基本结构。由图可以看出，雷达要成为认知雷达，必须具备某些能力和特点，如感知环境的能力、智能信号处理的能力、存储环境和目标回波信息的能力、接收到发射闭环反馈的特点等，也就是说，认知雷达要具有理解和适应环境的能力。CR 系统在模拟生物回声定位系统的过程中，其发射端（TX）、接收端（RX）与周围环境可以构成一个动态的闭环反馈系统，通过与环境不断的交互和学习，获取周围环境信息，结合先验知识和推理，不断调整 TX 和 RX 参数，从而赋予雷达感知环境、理解环境、学习、推理并判断决策的能力，实现雷达探测性能的提高。

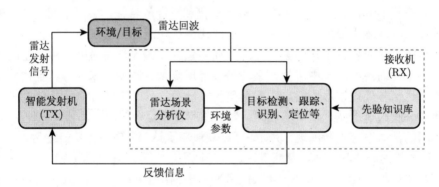

图 1.1　认知雷达系统基本结构

同时，CR 系统通过自适应地改变发射波形，还可以使敌方的电子侦察及干扰更为困难，显著降低雷达信号被截获的可能性，从而提高雷达的生存能力。此外，CR 系统通过增加雷达自身的智能化，逐渐弱化了人在雷达系统中的作用，在战场环境中可以有效减少人员伤亡，因此 CR 概念一经提出便引起了人们的广泛关注，大量雷达领域专家对其进行了深入的分析和研究，认知雷达被认为是未来雷达发展的重要方向之一。

根据以上描述，可知认知雷达的实现主要依赖于以下 4 个关键问题：①场景的感知与描述；②波形优化技术；③自适应机制；④自治操作与管理。本书主要关注前 2 个问题，其中，场景的感知与描述方面主要包括对杂波统计模型和目标模型的建立；波形优化技术则涉及波形的最优化选择、设计以及最优波形的求解方法等。

1.2.2   MIMO 雷达

20 世纪 90 年代初期，美国贝尔实验室将 MIMO 概念融入无线通信系统中。通过在基站和移动端均配置多个天线，利用多天线提供的极高空间分集增益，可以显著提高系统的信道容量，因此，MIMO 技术在移动通信系统中得到了广泛应用。由于雷达回波信号与移动通信信道之间存在一定的相似性，受此启发，雷达领域的专家学者尝试将 MIMO 技术延伸至雷达领域。2003 年，美国麻省理工学院林肯实验室的 Rabideau 教授和 Parker 教授首次给出 MIMO 雷达系统的定义。随后，新泽西理工学院的 Fishier 博士和 Haimovich 教授共同提出分布式 MIMO 雷达的概念。自此，国内外与 MIMO 雷达相关的研究方兴未艾，关于 MIMO 雷达的研究成果层出不穷，MIMO 雷达也成为新体制雷达中的典型代表[5,6]。我国关于 MIMO 雷达系统的研究起步较晚，主要从 2007 年开始有相关的研究论文发表。近年来，随着越来越多研究人员的关注，在 MIMO 雷达的参数估计、目标检测与性能分析、波形设计等方面，国内也有了很大的研究进展。

根据天线配置方式的不同可以将 MIMO 雷达分为两类：一类是分布式 MIMO 雷达；另一类是集中式 MIMO 雷达。如图 1.2 所示为两种典型 MIMO 雷达的示意图。

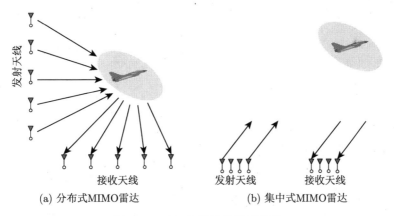

(a) 分布式MIMO雷达   (b) 集中式MIMO雷达

图 1.2   MIMO 雷达分类示意图

由图 1.2(a) 可见，分布式 MIMO 雷达 (又称为统计 MIMO 雷达) 的收发天线位置相距较"远"，每一根天线对于目标的视角有明显的差异，各收发通道都能够提供独立的目标散射回波信息，目标发射信号功率近似稳定，因此，分布式 MIMO 雷达从多个不同方向发射探测信号照射目标，可以获得对目标观测的空间分集增益、结构增益和极化分集增益，从而克服目标的雷达散射截面积 (radar cross section，RCS) 起伏，提高目标检测和参数估计性能，包括到达角 (derection of arrival，DOA) 和多普勒估计等[7,8]。分布式 MIMO 雷达的缺点是各独立观测通道难以采用传统阵列理论中的相干处理手段实现高精度的目标方位估计，同时，阵元间距过大还存在时间/相位同步以及相位模糊的问题。针对此问题，一般可以通过联合估计分布式 MIMO 雷达系统 TX 与 RX 之间的时延参数进行克服 [9-13]。

与分布式 MIMO 雷达相比，集中式 MIMO 雷达 (又称相参 MIMO 雷达) 的收发天线位置较"近"，这里的"近"是指天线阵元的间距在发射信号的波长量级时，远场目标回波相对于收发天线阵是相关的。因此，集中式 MIMO 雷达不能获得目标的空间分集增益，而是通过各天线发射信号的不同来获得良好的波形分集增益。如图 1.3 所示为二发四收集中式 MIMO 雷达虚拟孔径示意图，发射端通常选择正交波形集，接收端采用一组匹配滤波器 (matched filter，MF) 实现各通道的分离。由于发射信号为正交信号，无法像相控阵那样通过波束形成在空间进行功率合成，因而发射波束的主瓣增益显著降低，从而降低雷达的截获概率。同时，从图 1.3 中也可以看出，集中式 MIMO 雷达可以有效扩展阵列孔径，使系统自由度成倍增加，通过采用稀疏布阵，还可以得到最大的连续虚拟孔径，在不产生栅瓣的条件下得到更窄的主瓣，进而提高空域分辨率，因此，集中式 MIMO 雷达可以提高系统的参数估计精度、空间分辨率以及多目标的分辨能力。对于集中式 MIMO 雷达系统来说，其主要的信号处理技术包括发射信号分离、接收信号的自适应处理以及目标的参数估计和检测等 [14,15]。

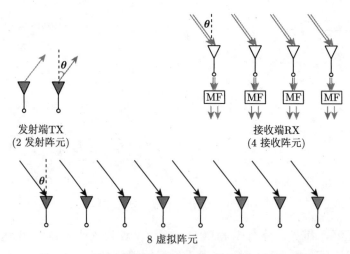

发射端TX
(2 发射阵元)

接收端RX
(4 接收阵元)

8 虚拟阵元

图 1.3　二发四收集中式 MIMO 雷达虚拟孔径示意图

由以上描述可知，MIMO 雷达相比传统雷达，在定位精度、对低速运动目标的检测、空间分辨率以及低截获概率等方面都具有极大的优势。此外，将 MIMO 雷达与运动平台相结合也是 MIMO 雷达的一个发展方向。在传统雷达系统中，为了保证测角精度，雷达接收阵通常做得很大，在军事方面无法放到防空武器战车上, 更谈不上单兵携带。而采用 MIMO 雷达, 可以使接收阵小型化, 再结合运动平台, 使得构建 MIMO 舰船、MIMO 飞机编队以及空 - 地、空 - 海 MIMO 雷达系统成为可能。

1.2.3 压缩感知雷达

压缩感知又称为压缩采样, 是一种寻找欠定线性系统稀疏解的技术。2004 年, Candes、Romberg、Tao 和 Donoho 等科学家证明: 如果信号是稀疏的, 那么它可以由远低于采样定理要求的采样点实现重建恢复[16-19]。目前 CS 理论已成功应用于多个领域, 如无线通信、图像处理、阵列信号处理、磁共振成像、模拟信息转换、生理信号采集以及生物传感等[20-22]。

CS 的过程可以用图 1.4 来简单描述, 其中, Y 为观测信号 (已知), Φ 为观测矩阵 (已知), X 为原信号 (未知), 那么 CS 问题就是已知 Y 和 Φ, 求解原信号 X 的过程。

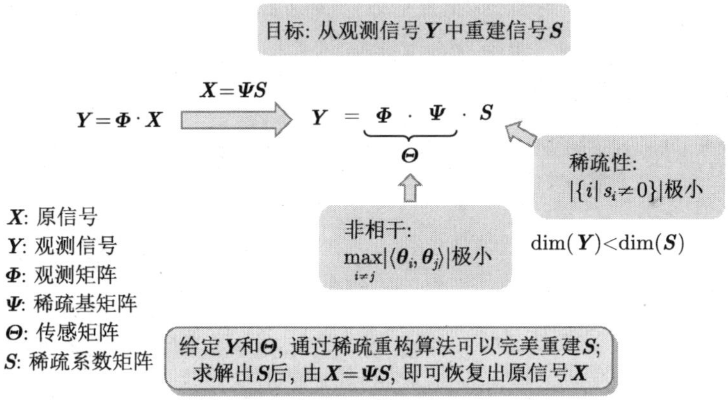

目标: 从观测信号 Y 中重建信号 S

$$Y = \Phi \cdot X \quad \xrightarrow{X = \Psi S} \quad Y = \underbrace{\Phi \cdot \Psi}_{\Theta} \cdot S$$

稀疏性: $|\{i \mid s_i \neq 0\}|$ 极小

$\dim(Y) < \dim(S)$

非相干: $\max\limits_{i \neq j} |\langle \theta_i, \theta_j \rangle|$ 极小

X: 原信号
Y: 观测信号
Φ: 观测矩阵
Ψ: 稀疏基矩阵
Θ: 传感矩阵
S: 稀疏系数矩阵

给定 Y 和 Θ, 通过稀疏重构算法可以完美重建 S; 求解出 S 后, 由 $X = \Psi S$, 即可恢复出原信号 X

图 1.4 压缩感知理论的数学表达

实现 CS 需满足 2 个前提条件, 即稀疏性 (sparsity) 和非相干性 (incoherence)。其中, 稀疏性是指信号在某一个变换域是稀疏的, 即在该域内信号非零点远远小于信号的总点数, 该变换域也被称为信号的稀疏域。例如, 某些时域连续信号在频域是稀疏的, 因而可以通过傅里叶变换将其变换到频域 (稀疏域) 来恢复原信号。对于一般的原信号 X 来说, 大多不是稀疏的, 因此需要在某种稀疏基上对其进行稀疏表示, 假设已知其稀疏基矩阵为 Ψ, 即 $X = \Psi S$, 则观测信号为 $Y = \Phi \Psi S$, 那么采用稀疏重构算法便可以求得稀疏系数矩阵 S, 进而得到原信号 X。

然而, 一般情况下, 求解 S 的方程个数远小于未知数的个数, 即 $\dim(Y) < \dim(S)$, 方程没有确定解, 无法重构信号 S。对此, Tao 和 Candes 指出, 若图 1.4

中的传感矩阵 $\boldsymbol{\Theta}$ 满足约束等距性条件 (restricted isometry property，RIP)，便可以从观测值中准确重构 $\boldsymbol{S}$。但是，确认一个矩阵是否满足 RIP 条件非常复杂，因此，Baraniuk 进一步证明：RIP 的等价条件是观测矩阵 $\boldsymbol{\Phi}$ 和稀疏基矩阵 $\boldsymbol{\Psi}$ 不相干，由此便引出了压缩感知的第二个前提条件——非相干性。

总结来说，即如果一个信号在某个变换域是稀疏的，那么就可以用一个与变换基不相干的观测矩阵将变换所得的高维信号投影到一个低维空间上，然后通过求解一个优化问题便可以从少量的投影中完美重构出原信号。

在雷达探测系统中，发射信号与接收信号的发射角 (direction of departure，DOD) 和到达角 (DOA) 多呈现空域稀疏特征，而且目标在高分辨条件下也会呈现出空域分布的稀疏特征。因此，通过采用基于 CS 的稀疏重构算法，充分挖掘目标 RCS 在时延-多普勒平面上的稀疏特性，可以实现目标速度和距离的估计[23]。图 1.5 为 CS 雷达系统的数学表达示意图。从图中可以看出，基于 CS 理论研究 MIMO 雷达的多目标定位问题，可用远少于传统雷达系统的测量数据获得更好的目标定位性能[24]。

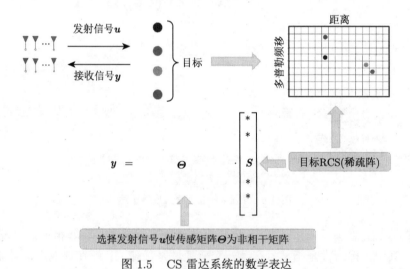

图 1.5   CS 雷达系统的数学表达

1.3   国内外研究现状

基于上述新体制雷达背景知识的介绍，本书主要关注 CR、MIMO 雷达以及 CS 雷达系统的优化和设计问题，旨在提高上述新体制雷达系统的目标估计、检测、定位等性能。具体包括：CR、CS 雷达系统的波形优化和目标检测；多运动 MIMO 雷达平台的目标检测与优化；CS 雷达的优化和估计；存在未知阵元互耦

及网格偏离 (off-grid) 下的 MIMO 雷达系统的目标定位问题等。

在波形优化设计方面，本书主要关注 CR 和 CS 雷达系统的参数估计和检测性能。现有的 CR 系统主要由基于雷达工作环境的智能信号处理方法、RX 与 TX 构成的反馈系统以及回波信号中保存的目标信息三部分组成。为了进一步提高 CR 系统的目标估计、检测、定位以及跟踪性能，可以根据雷达工作环境来优化设计发射波形[25-28]。在此之前，需要对目标以及杂波进行建模分析，在现有的工作中，目标或者杂波可以被建模成多种形式，例如，目标的起伏可以采用 Swerling 模型来描述[29]，这里一共存在 5 种 Swerling 模型：Swerling I 模型中 RCS 在单个扫描过程期间保持不变，但在不同扫描过程中并不相同；Swerling II 模型中 RCS 在每个脉冲期间相互独立；Swerling III 模型采用 4 个自由度的卡方概率密度函数来描述 RCS，该 RCS 在每个扫描时间保持不变；Swerling IV 模型同样采用 4 个自由度的卡方概率密度函数描述 RCS，但是 RCS 只在一个脉冲期间内保持不变；Swerling V 模型则将 RCS 建模为恒定常数。另外，对于扩展型目标来说，多采用目标冲激响应 (target impulse response，TIR) 来描述[30]，与只占用一个分辨单元的点目标不同，扩展型目标会占用多个分辨单元[31,32]。当目标散射系数 (target scattering coefficients，TSC) 在一个脉冲间隔内相关时，则采用广义平稳不相关散射 (wide sense stationary-uncorrelated scattering，WSSUS) 模型进行扩展型目标的描述将更为合适[33-35]，此时可以采用指数相关模型来描述 TSC 的相关特性。

基于上述目标和杂波的模型信息，当前针对 CR 系统的波形设计及优化方法主要集中在如下两个场景。

(1) 目标或者杂波的统计信息已知。统计信息主要是指功率谱密度 (power spectral density，PSD) 和 TSC 的协方差矩阵。例如，在集中式 MIMO 雷达系统中，利用目标和杂波的 PSD 信息，可以通过波形优化来最大化最坏情况下的信干噪比 (signal-to-interference-and-noise ratio，SINR)，在该波形优化过程中，通过放松秩为 1 的约束，可以将原始的非凸优化问题转化为半正定规划 (semi definite programming，SDP) 问题，从而采用循环迭代的方法进行求解[36]。此外，还可以通过对发射波形与接收滤波器进行联合优化的方式，进一步提高 MIMO 雷达系统的性能。也有一些针对特定雷达工作场景的系统优化方法，例如，针对运动目标场景，可以采用基于循环最大化的算法来优化发射波形，从而提高系统对运动目标的检测性能；同时，通过优化权重系数矩阵来最大化正交波形回波信号 SINR 进行波形的优化设计[37]。

(2) 目标或者杂波的散射系数精确已知。在已知 TSC 条件下，可以采用余弦函数生成 Toplitz 矩阵，从而设计最优的雷达发射波形，使得目标检测性能达到最优[38]。

在现有的研究中，波形优化算法主要集中在最大化回波信号与扩展型目标之间的互信息量 (mutual information) 或者回波信号的信杂噪比 (signal-to-clutter-and-noise ratio，SCNR) 这两个方面[39-44]。然而，仅针对上述两个方面进行优化存在一定的不足，尤其是对于满足时域相关特性的目标来说，现有优化算法并没有考虑 TSC 的估计过程，也没有给出能够提高 TSC 估计性能的波形优化算法。

目前，为了提高 TSC 的估计性能，一般采用最大化回波信号信噪比 (signal-to-noise ratio，SNR) 或互信息量的方法。当只考虑目标的检测问题时，通过优化发射信号可以最大化接收信号的 SNR，从而提高目标的检测性能[45]；当只考虑目标的估计性能时，通过优化发射信号可以最大化 TIR 与回波信号之间的互信息量，从而提高目标的估计性能[46]。例如，文献 [47] 提出了在总发射功率约束下，通过注水法可以根据目标的 PSD 来优化发射波形的 PSD；文献 [48] 给出了针对低可视角目标的波形优化算法。在存在多个扩展型目标的雷达系统中，文献 [49] 给出了基于信息论的波形优化算法。此外，为了提高目标定位性能，文献 [50]、[51] 给出了一种联合处理接收波形的方法，文献 [52] 则给出了另一种联合估计目标位置和速度的方法。并且，基于 CS 的 MIMO 雷达系统还可以通过优化 CS 算法的稀疏重构性能来提高其定位性能，包括优化测量矩阵、发射波形以及功率分配等来降低字典矩阵的互相干系数 (mutual coherence) 等。

在时域相关的 TSC 估计过程中，通过充分挖掘目标的时域相关特性，可以提高 TSC 估计性能。例如，基于卡尔曼滤波 (Kalman filter，KF) 的单个扩展型目标估计算法，通过优化发射波形还能够进一步提高目标估计性能。但对于时域相关 TSC 估计问题，直接的发射波形优化问题还没解决，同时，由于时域相关 TSC 优化属于非凸优化问题，无法直接有效求解，因此，现有文献大多基于注水法进行波形间接优化，以及优化针对单个扩展型目标的发射波形 PSD。虽然存在一些智能优化算法，如基因算法，可以尝试求解该类波形优化问题，然而智能优化算法普遍存在计算复杂度过高的问题，在实际的雷达系统中不易实现。此外，针对不同的雷达系统工作环境，需要在系统设计与优化过程中考虑如下约束。

(1) 发射波形的恒包络特性。该特性能够保证充分利用功率放大器的非线性工作区域，从而提高能量利用率，尤其是在多载波雷达系统中[53,54]。同时，峰均功率比 (peak-to-average-power ratio，PAPR)[55] 作为恒包络的扩展形式也被广泛采用。

(2) 恒虚警概率 (constant false alarm rate，CFAR) 条件下的目标检测性能。在一定虚警概率条件下，该约束可以确保目标检测性能达到要求[56,57]。

(3) 总发射功率。该约束是雷达波形优化过程中的基本约束条件。

当考虑以上这些约束条件时，会进一步增加雷达系统设计与优化的困难和复杂度。

在 CS 雷达系统中，当使用点模型来描述目标时，可以采用远少于传统雷达系统的测量次数却获得几乎与其一致的估计性能[58]。例如，文献 [59] 提出一种基于 CS 的 MIMO 雷达系统，通过采用窄带波形便可达到高精度的目标距离、角度以及速度估计性能。然而，当存在多个扩展型目标时，现有文献较少涉及采用 CS 理论进行目标距离和速度估计的研究。此外，若考虑运动雷达场景，则杂波在每个分辨单元的分布并不相同，需将其描述为异质杂波 (heterogeneous clutter)，这又进一步增加了杂波信息估计的困难程度。假设杂波散射点正好位于离散网格点上，那么便可以采用传统的基于 CS 的方法来重构稀疏信号，如 ℓ_1 范数松弛方法或者贪婪算法[60] 等。但是，若散射点并没有准确落在离散网格点上，问题便成为存在网格偏离 (off-grid) 的稀疏重构问题，对此，现有文献多采用联合重构的方法来估计稀疏向量，如联合正交匹配追踪 (joint orthogonal matching pursuit，JOMP) 算法等[61]。

但是，设计基于 CS 理论的 CR 系统依然充满挑战。尤其是存在多个扩展型目标时，在 CS 雷达系统中，优化方法以及目标函数都与传统雷达系统不同，需要充分挖掘 CR 系统的特点，通过优化设计发射波形或者感知矩阵来提高重构性能[62]。由于大多数情况下感知矩阵都服从次高斯分布，因此，感知矩阵在很大概率上能满足 RIP 准则。所以，波形优化成为 CS 理论中提高稀疏重构性能的主要方法，此处的重构性能可以通过字典矩阵的 RIP 来衡量。为了最小化针对点目标的字典矩阵的互相干系数，现有文献中提出了一些方法来最优化设计发射波形[63]，例如，通过最小化互相干系数以及提高接收信号的 SCNR，获得在角度-多普勒频移-距离空间里更优的目标定位性能；通过优化设计每根天线的发射功率，提高系统的目标定位与速度估计性能等。但在 CR 系统中，尚未有文献提出针对多个扩展型目标且能够提高稀疏重构性能的波形优化算法。

在目标定位方面，本书重点讨论基于空间谱估计的信源定位问题。信源定位的一个基本问题是空间信号的 DOA 估计，这也是雷达、声呐等系统的重要任务之一。一般来说，DOA 估计问题可以通过传统波束赋形 (conventional beamforming，CBF) 方法等来实现。但是，CBF 方法的角度分辨率受限于"瑞利限"，无法区分一个波束内的多个来波信号[64-66]，因而出现了可以有效突破"瑞利限"的超分辨算法[67-69]。在现有的超分辨算法中，基于子空间类的算法最为有效，包括经典的 MUSIC(multiple signal classification) 算法及其修正算法、Capon 算法、ESPRIT(estimating signal parameters via rotational invariance techniques) 算法等。

随着压缩感知算法的兴起，研究者们发现通过挖掘信号的空域稀疏特征，可以进一步提升目标的 DOA 估计性能。通过求解欠定方程，采用基于 CS 的方法得到 DOA 估计[70-74]。例如，文献 [75] 首先提出了基于稀疏重构的 DOA 估计方法，并给出了 FOCUSS(focal undetermined system solver) 算法的详细过程；文献 [76]～[78] 通过奇异值分解给出了 SVD 算法实现信号子空间的估计；文献 [79] 给出了稀疏迭代协方差矩阵的算法，通过最小化协方差矩阵的函数，实现了对信号的稀疏重构。文献 [80] 将稀疏贝叶斯学习 (sparse Bayesian learning，SBL) 和相关向量机 (relevance vector machine，RVM) 结合，开发了基于 SBL 的稀疏重构理论。文献 [81] 提出贝叶斯压缩感知 (Bayesian compressive sensing，BCS) 理论，通过压缩测量的方法进行稀疏信号的重构。另外，基于正则化的方法，如基追踪 (basis pursuit，BP) 和匹配追踪 (match pursuit，MP) 的算法也在基于稀疏重构的 DOA 估计问题上被广泛应用。但是，稀疏 DOA 估计算法在低信噪比时估计性能较差，而且鲁棒性较低。

　　一般地，在基于稀疏重构的 DOA 估计过程中需要对空间角度进行离散化处理，从而形成字典矩阵，但是这会引入网格偏离误差[82]，为了降低该误差需要划分更密的网格，这又会导致字典矩阵列与列之间的相关性增强，降低重构概率，还会导致计算复杂度的显著增加。大量的文献针对网格偏离问题进行了深入研究，在文献 [83] 中实现了无离散化的稀疏参数估计。文献 [84] 提出一种网格偏离的 DOA 估计算法；而文献 [85] 为了进一步提高稀疏估计性能，首次将网格偏离稀疏贝叶斯推理 (off-grid sparse Bayesian inference，OGSBI) 应用于 DOA 估计；文献 [86] 提出低计算复杂度的求根稀疏贝叶斯 (root-SBL) 算法，用来解决网格偏离 DOA 估计中特定多项式的求根问题；文献 [87] 则提出了基于扰动的 SBL 算法进行 DOA 估计；文献 [88] 提出了网格偏离稀疏重构的字典学习算法；文献 [89] 提出了一种网格演化方法来细化基于 SBL 的 DOA 估计。文献 [90] 提出了一种压缩感知中结构字典矩阵失配的联合稀疏重建方法。此外，文献 [91] 提出一种联合估计网格偏离参数和稀疏信号的迭代加权方法。进一步，文献 [92] 给出一种基于原子范数最小化 (atomic norm minimization，ANM) 的多次测量向量 (multiple measurement vectors，MMV) 方法，通过构建原子范数，将离散域 DOA 估计转换为连续域稀疏估计，避免了网格离散化过程。

　　同时，在实际的系统中，阵列间还不可避免地存在大量不理想因素，如天线间的互耦效应、通道幅相不一致、低精度 ADC 等[93-97]。其中，互耦效应会严重降低 DOA 估计性能[98-100]。因此，大量的文献综合考虑了信号的稀疏性和互耦的影响[101-105]。其中，文献 [106] 提出一种考虑互耦的基于稀疏贝叶斯学习 (SBL) 的 DOA 估计方法，并采用期望最大化算法 (EM) 来更新互耦系数。但是，总体来看现有文献对同时考虑阵列不理想性和网格偏离影响的研究较少。

1.4 本书内容安排

本书按照单目标参数估计与优化—多目标参数估计与优化—运动目标检测与优化—基于 CS 的目标定位—存在互耦/网格偏离时的 DOA 估计的顺序组织材料。本书各章节的内容安排具体如下。

第 1 章主要介绍了新体制雷达中的认知雷达、MIMO 雷达以及压缩感知雷达的基本工作原理，分析了上述新体制雷达系统中关于目标检测、估计与定位等技术的国内外研究现状。

第 2 章针对存在杂波干扰时 CR 系统的目标散射系数估计问题，提出了一种基于卡尔曼滤波的目标散射系数 (TSC) 估计方法。该方法为了最小化估计的均方误差，在总发射功率、峰均功率比以及恒虚警概率条件下检测概率等约束条件下，提出了一种直接的波形优化算法，并给出求解该非凸优化问题的方法。

第 3 章针对 CR 系统中多个时域相关扩展型目标的波形优化问题，提出了一种联合波形优化算法，该算法能够最小化针对多个扩展型目标联合估计的均方误差，有效提高针对多个扩展型目标的联合估计性能。

第 4 章针对多个扩展型目标的速度和距离估计问题，提出了一种基于压缩感知的 CR 模型，通过充分挖掘扩展型目标在时延多普勒平面上的稀疏特性，给出了一种可以最小化字典矩阵互相干系数的波形优化算法，该算法能够有效地提高稀疏重构性能以及雷达系统的估计性能。

第 5 章为了检测运动目标，提出了一种基于多运动平台的雷达系统，每一个运动平台配置集中式 MIMO 天线，因此该系统同时具备了分布式和集中式雷达的优点。为了充分挖掘杂波的稀疏特性，提出了一种基于压缩感知的杂波模型，并给出一种两步 OMP 方法用于求解异质杂波的网格偏离问题，最后在融合中心采用基于广义似然比检测 (GLRT) 的方法来检测运动目标。通过在每个运动平台上进行发射波形优化，来最大化接收信号的信杂噪比 (SCNR)，从而进一步提高系统针对运动目标的检测性能。

第 6 章针对分布式 MIMO 雷达的多平稳目标定位问题，研究基于压缩感知的目标定位方法。为了最优化定位性能，给出了一种新的分布式 MIMO 雷达天线位置优化算法，仿真对比了随机天线布置和优化布置两种情况下的字典矩阵互相干系数，以验证所提出的天线位置优化算法在提升系统定位性能上的有效性。

第 7 章提出了一种新的基于稀疏贝叶斯学习 (SBL) 的方法，用于改善 MIMO 雷达系统中存在未知阵元互耦效应时目标 DOA 的估计性能。压缩感知需离散化目标探测区域的角度来构造字典矩阵，而离散化处理过程难免会带来网格偏离问题，针对这一问题，本书给出了同时考虑阵元互耦与网格偏离的稀疏贝叶斯学习

方法 (SBLMC)。SBLMC 引入了超参数，采用期望最大化 (EM) 方法对目标 DOA 估计性能进行改进，并理论推导了 SBLMC 算法所需要参数的先验分布。

　　第 8 章研究了存在未知阵元互耦合网格偏离情况时，均匀线阵 (ULA) 系统中的目标 DOA 估计问题。由于第 7 章基于 SBL 的算法计算复杂度偏高，因此，该章直接采用梯度下降法对粗糙估计结果进行多次优化迭代，相比 SBL 算法，多次梯度下降能够在保证 DOA 估计精度的同时降低计算复杂度，从而满足实际场景对实时性的要求。

第 2 章　认知雷达系统的波形优化与参数估计

2.1　引　　言

CR 系统作为未来雷达系统的发展方向，可以根据雷达工作环境自适应优化发射波形，获得比传统雷达系统更优的目标检测与估计性能。然而，与采用点目标模型的传统雷达系统不同的是，CR 系统中的目标一般会占用多个分辨单元，即可将其描述为扩展型目标 [107]，在这种情况下，来自不同分辨单元的回波信号相互叠加，使得目标检测与估计更加困难。

当扩展型目标满足线性时不变假设时，可以采用目标冲激响应 (TIR) 来简化目标建模 [108]。通过傅里叶变换的方式，还可以获得 TIR 的频域表示，即目标散射系数 (TSC)，利用该频域表示方式可以降低估计算法的实现复杂度。基于此，文献 [35]、[49] 将该线性时不变模型扩展为广义平稳不相关散射 (WSSUS) 模型，通过充分挖掘时域相关特性，进一步提高了目标 TSC 的估计性能。同时文献 [35] 给出一种基于卡尔曼滤波 (KF) 的 TSC 估计算法，也可以获得较好的 TSC 估计性能。然而，根据雷达工作环境的不同，在波形优化过程中还需要考虑相应的约束条件，如发射波形的恒包络特性、基于 CFAR 的目标检测性能以及雷达总发射功率等。当考虑这些约束条件时，会进一步增加雷达系统设计与优化的困难以及复杂度。为了克服这种困难，本章提出一种直接波形优化算法用于提高基于 KF 算法的目标 TSC 估计性能。此外，与只考虑噪声环境的雷达系统不同 [35,49,109]，本章在目标估计过程中同时将杂波作为主要的考虑因素。

2.2　认知雷达系统模型

图 2.1 所示为含有扩展型目标和杂波时的 CR 系统波形设计框图，其中扩展型目标采用 TSC 或者 TIR 来描述，杂波也相应地采用杂波散射系数 (clutter scattering coefficients，CSC) 或者杂波冲激响应 (clutter impulse response，CIR) 来描述。当来自目标的回波信号受到来自杂波的回波信号干扰时，接收信号 $\boldsymbol{y}_k \in \mathbb{C}^{M \times 1}$ 的频域表示为

$$\boldsymbol{y}_k = \boldsymbol{Z}_k \left(\boldsymbol{g}_{T,k} + \boldsymbol{g}_C \right) + \boldsymbol{w}, \quad k = 1, 2, \cdots \tag{2.1}$$

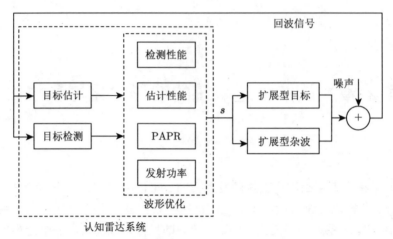

图 2.1　含有扩展型目标与杂波的 CR 系统波形设计框图

其中，$\boldsymbol{Z}_k \triangleq \operatorname{diag}\{\boldsymbol{z}_k\}$ 为对角矩阵，该矩阵的对角元素与向量 $\boldsymbol{z}_k \triangleq \boldsymbol{F}\boldsymbol{s}_k$ 中的元素一一对应，$\boldsymbol{s}_k \in \mathbb{C}^{M \times 1}$ 表示第 k 个脉冲的发射波形；$\boldsymbol{w}$ 表示加性高斯噪声；$\boldsymbol{g}_{T,k} \triangleq \boldsymbol{F}\boldsymbol{h}_{T,k}$ 和 $\boldsymbol{g}_C \triangleq \boldsymbol{F}\boldsymbol{h}_C$ 分别表示 TSC 和 CSC，$\boldsymbol{h}_{T,k}$ 和 $\boldsymbol{h}_C$ 分别表示 TIR 和 CIR。傅里叶矩阵 $\boldsymbol{F}$ 的定义为

$$\boldsymbol{F} \triangleq \frac{1}{\sqrt{M}} \begin{bmatrix} 1 & 1 & \cdots & 1 \\ 1 & \mathrm{e}^{-\mathrm{j}2\pi\frac{1}{M}} & \cdots & \mathrm{e}^{-\mathrm{j}2\pi\frac{M-1}{M}} \\ \vdots & \vdots & & \vdots \\ 1 & \mathrm{e}^{-\mathrm{j}2\pi\frac{M-1}{M}} & \cdots & \mathrm{e}^{-\mathrm{j}2\pi\frac{(M-1)(M-1)}{M}} \end{bmatrix} \tag{2.2}$$

假设 $\boldsymbol{g}_{T,k} \sim \mathcal{CN}\left(\boldsymbol{0}, \boldsymbol{R}_T\right)$，$\boldsymbol{g}_C \sim \mathcal{CN}\left(\boldsymbol{0}, \boldsymbol{R}_C\right)$，$\boldsymbol{w} \sim \mathcal{CN}\left(\boldsymbol{0}, \boldsymbol{R}_N\right)$，并且 $\boldsymbol{R}_T$、$\boldsymbol{R}_C$ 和 $\boldsymbol{R}_N$ 分别表示目标、杂波以及噪声的协方差矩阵[110,111]。

当扩展型目标的 TIR 满足慢时变特性时，TIR 在相邻脉冲时间间隔内高度相关，由于增加脉冲时间间隔会导致该相关特性逐渐减弱，所以可以采用指数相关模型来描述 TIR 的时域相关特性，有

$$\boldsymbol{h}_{T,k} = \mathrm{e}^{-T_r/\tau}\boldsymbol{h}_{T,k-1} + \boldsymbol{u}_{k-1} \tag{2.3}$$

其中，T_r 表示脉冲重复间隔 (pulse repetition interval，PRI)，变量 τ 为描述 TIR 相关特性的时间衰减常数；$\boldsymbol{u}_{k-1} \sim \mathcal{CN}\left(\boldsymbol{0}, \left(1 - \mathrm{e}^{-2T_r/\tau}\right)\boldsymbol{R}_T'\right)$ 表示零均值高斯向量，其协方差矩阵为 $\left(1 - \mathrm{e}^{-2T_r/\tau}\right)\boldsymbol{R}_T'$，$\boldsymbol{R}_T' \triangleq \boldsymbol{F}^{\mathrm{H}}\boldsymbol{R}_T\boldsymbol{F}$ 为 $\boldsymbol{h}_{T,k}$ 的协方差矩阵；τ 可以通过最大似然 (maximum likelihood，ML)、贝叶斯估计或者最小化均方误差 (minimum MSE，MMSE) 方法估计得到。

当采用基于最大后验概率 (maximum a posteriori probability，MAP) 的方法

来估计 TSC 时，在第 k 个雷达脉冲期间，可以得到 TSC 估计如下：

$$\hat{\boldsymbol{g}}_{T,k} = \arg\max_{\boldsymbol{g}_{T,k}} p\left(\boldsymbol{g}_{T,k} \big| \boldsymbol{y}_k\right) \tag{2.4}$$

其中，概率函数 $p\left(\boldsymbol{g}_{T,k} \big| \boldsymbol{y}_k\right)$ 表示在给定接收波形 $\boldsymbol{y}_k$ 条件下 $\boldsymbol{g}_{T,k}$ 的概率分布。当 $\boldsymbol{g}_{T,k}$ 满足复高斯分布时，$\boldsymbol{y}_k$ 也同样满足复高斯分布，进而可求得 MAP 估计的具体表达式。这里采用函数 $G_{\boldsymbol{x}}\left(\boldsymbol{\mu}, \boldsymbol{R}\right)$ 来表示向量 $\boldsymbol{x} \sim \mathcal{CN}\left(\boldsymbol{\mu}, \boldsymbol{R}\right)$ 的复高斯分布，$G_{\boldsymbol{x}}\left(\boldsymbol{\mu}, \boldsymbol{R}\right)$ 的定义为

$$G_{\boldsymbol{x}}\left(\boldsymbol{\mu}, \boldsymbol{R}\right) \triangleq \frac{1}{(2\pi)^M \det\left(\boldsymbol{R}\right)^{\frac{1}{2}}} \mathrm{e}^{-\frac{1}{2}(\boldsymbol{x}-\boldsymbol{u})^{\mathrm{H}} \boldsymbol{R}^{-1}(\boldsymbol{x}-\boldsymbol{\mu})} \tag{2.5}$$

其中，M 表示向量 $\boldsymbol{x}$ 的长度，则 MAP 估计可以表示为

$$\begin{aligned}
\hat{\boldsymbol{g}}_{T,k} &= \arg\max_{\boldsymbol{g}_{T,k}} p\left(\boldsymbol{g}_{T,k}\right) p\left(\boldsymbol{y}_k \big| \boldsymbol{g}_{T,k}\right) \\
&= \arg\max_{\boldsymbol{g}_{T,k}} G_{\boldsymbol{g}_{T,k}}\left(\boldsymbol{0}, \boldsymbol{R}_T\right) G_{\boldsymbol{y}_k}\left(\boldsymbol{Z}_k \boldsymbol{g}_{T,k}, \boldsymbol{R}_{CN}\right)
\end{aligned} \tag{2.6}$$

其中，$\boldsymbol{R}_{CN} \triangleq \boldsymbol{Z}_k \boldsymbol{R}_C \boldsymbol{Z}_k^{\mathrm{H}} + \boldsymbol{R}_N$。化简后，可求得在第 k 个脉冲期间内，基于 MAP 算法的 TSC 估计值为

$$\hat{\boldsymbol{g}}_{T,k} = \boldsymbol{Q}_k \boldsymbol{y}_k \tag{2.7}$$

这里 MAP 估计算法的接收滤波器定义为

$$\boldsymbol{Q}_k \triangleq \left(\boldsymbol{Z}_k^{\mathrm{H}} \boldsymbol{R}_{CN}^{-1} \boldsymbol{Z}_k + \boldsymbol{R}_T^{-1}\right)^{-1} \boldsymbol{Z}_k^{\mathrm{H}} \boldsymbol{R}_{CN}^{-1} \tag{2.8}$$

注意，当没有杂波干扰时，式 (2.8) 中的 $\boldsymbol{R}_{CN}$ 可以简化为 $\boldsymbol{R}_N$。

当同时考虑杂波和噪声干扰时，为了充分挖掘扩展型目标的时域相关特性，本节将给出一种基于 KF 的目标 TSC 估计方法。在第一个脉冲期间（$k=1$）的初始化估计过程中，可以用 MAP 算法得到 TSC 的初步估计结果，具体如下：

$$\hat{\boldsymbol{g}}_{T,1} = \boldsymbol{Q}_1 \boldsymbol{y}_1 \tag{2.9}$$

MAP 算法的估计性能可以采用 MSE 矩阵来描述，即

$$\begin{aligned}
\boldsymbol{P}_{1|1} &= \mathbb{E}\left\{\left(\hat{\boldsymbol{g}}_{T,1} - \boldsymbol{g}_{T,1}\right)\left(\hat{\boldsymbol{g}}_{T,1} - \boldsymbol{g}_{T,1}\right)^{\mathrm{H}}\right\} \\
&= \boldsymbol{Q}_1\left(\boldsymbol{Z}_1 \boldsymbol{R}_T \boldsymbol{Z}_1^{\mathrm{H}} + \boldsymbol{R}_{CN}\right) \boldsymbol{Q}_1^{\mathrm{H}} - \boldsymbol{Q}_1 \boldsymbol{Z}_1 \boldsymbol{R}_T - \boldsymbol{R}_T \boldsymbol{Z}_1^{\mathrm{H}} \boldsymbol{Q}_1^{\mathrm{H}} + \boldsymbol{R}_T
\end{aligned} \tag{2.10}$$

算法 2.1 给出了后续脉冲期间（$k=2,3,\cdots$）的详细迭代过程。接下来，本章将给出在总发射功率、PAPR 以及 CFAR 条件下检测概率等约束条件下的波形优化算法，以进一步提高 KF 算法的 TSC 估计性能。

算法 2.1 基于 KF 的目标 TSC 估计算法

1: 输入：接收信号 $\boldsymbol{y}_1$，脉冲数 K。
2: 初始化：由式 (2.7) 得到 $\hat{\boldsymbol{g}}_{T,1}$，由式 (2.10) 得到 $\boldsymbol{P}_{1|1}$。
3: **for** $k = 2$ to K **do**
4:　　$\hat{\boldsymbol{g}}_{T,k|k-1} = \mathrm{e}^{-T_r/\tau}\hat{\boldsymbol{g}}_{T,k-1|k-1}$。
5:　　$\boldsymbol{P}_{k|k-1} = \mathrm{e}^{-2T_r/\tau}\boldsymbol{P}_{k-1|k-1} + \left(1 - \mathrm{e}^{-2T_r/\tau}\right)\boldsymbol{R}_T$。
6:　　更新 TSC 的估计值

$$\hat{\boldsymbol{g}}_{T,k|k} = \hat{\boldsymbol{g}}_{T,k|k-1} + \boldsymbol{\Phi}_k\left(\hat{\boldsymbol{g}}_{T,k} - \boldsymbol{Q}_k\boldsymbol{Z}_k\hat{\boldsymbol{g}}_{T,k|k-1}\right) \tag{2.11}$$

　　　其中，$\hat{\boldsymbol{g}}_{T,k} = \boldsymbol{Q}_k\boldsymbol{y}_k$，且

$$\boldsymbol{\Phi}_k \triangleq \boldsymbol{P}_{k|k-1}\boldsymbol{Z}_k^{\mathrm{H}}\left(\boldsymbol{Q}_k\boldsymbol{R}_{CN} + \boldsymbol{Q}_k\boldsymbol{Z}_k\boldsymbol{P}_{k|k-1}\boldsymbol{Z}_k^{\mathrm{H}}\right)^{-1} \tag{2.12}$$

7:　　更新 MSE 矩阵

$$\boldsymbol{P}_{k|k} = \boldsymbol{P}_{k|k-1} - \boldsymbol{\Phi}_k\boldsymbol{Q}_k\boldsymbol{Z}_k\boldsymbol{P}_{k|k-1} \tag{2.13}$$

8:　　采用 2.3 节的算法优化设计雷达发射波形 $\boldsymbol{s}_k$。
9: **end for**
10: 输出：TSC 的估计值 $\hat{\boldsymbol{g}}_{T,k|k}$。

2.3　雷达发射波形优化

在 KF 迭代算法中，当其第 k 步采用 MSE 矩阵的迹来衡量 TSC 估计性能时，有

$$f(\boldsymbol{s}_k) = \mathrm{tr}\left\{\boldsymbol{P}_{k|k}\right\} \tag{2.14}$$

因此，可以通过优化发射波形 $\boldsymbol{s}_k$ 来最小化估计误差 $f(\boldsymbol{s}_k)$，进一步提高 TSC 的估计性能。在波形优化过程中，为了充分挖掘功率放大器的效率，需要考虑总发射功率以及 PAPR 约束。另外，目标估计过程必须在目标存在的前提下进行，所以在波形优化过程中，还需要考虑目标的检测性能约束。因此在第 k 个脉冲期间，可以在总发射功率、PAPR 以及 CFAR 目标检测性能等约束条件下进行波形的优化设计。基于以上讨论，可以构建最优化问题如下：

$$\begin{cases} \min\limits_{\boldsymbol{s}_k} & f(\boldsymbol{s}_k) \\ \text{s.t.} & \|\boldsymbol{s}_k\|_2^2 \leqslant E_s \\ & \mathrm{PAPR}(\boldsymbol{s}_k) \leqslant \zeta \\ & P_D(P_{\mathrm{FA}}) \geqslant \epsilon \end{cases} \tag{2.15}$$

其中，E_s 表示总发射功率约束；$\mathrm{PAPR}\,(s_k) \leqslant \zeta$ 表示用于控制信号功率动态范围的 PAPR 约束；$P_D\,(P_{\mathrm{FA}}) \geqslant \epsilon$ 表示 CFAR 检测器的检测概率约束，P_D 和 P_{FA} 分别表示目标的检测概率以及虚警概率。

为了求解最优化问题 (2.15)，首先需要对目标函数以及约束条件进行化简，其中目标函数 $f\,(s_k)$ 可以表示为

$$
\begin{aligned}
f\,(\boldsymbol{s}_k) &\overset{(\mathrm{a})}{=} \mathrm{tr}\left\{\boldsymbol{P}_{k|k-1} - \boldsymbol{\Phi}_k \boldsymbol{Q}_k \boldsymbol{Z}_k \boldsymbol{P}_{k|k-1}\right\} \\
&\overset{(\mathrm{b})}{=} \mathrm{tr}\left\{\boldsymbol{P}_{k|k-1} - \boldsymbol{P}_{k|k-1} \boldsymbol{Z}_k^{\mathrm{H}} \boldsymbol{Q}_k^{\mathrm{H}} \left(\boldsymbol{Q}_k \boldsymbol{R}_{CN} \boldsymbol{Q}_k^{\mathrm{H}}\right.\right. \\
&\quad \left.\left. + \boldsymbol{Q}_k \boldsymbol{Z}_k \boldsymbol{P}_{k|k-1} \boldsymbol{Z}_k^{\mathrm{H}} \boldsymbol{Q}_k^{\mathrm{H}}\right)^{-1} \boldsymbol{Q}_k \boldsymbol{Z}_k \boldsymbol{P}_{k|k-1}\right\} \\
&\overset{(\mathrm{c})}{=} \mathrm{tr}\left\{\left(\boldsymbol{P}_{k|k-1}^{-1} + \boldsymbol{R}_C^{-1} - \left(\boldsymbol{R}_C + \boldsymbol{R}_C \boldsymbol{Z}_k^{\mathrm{H}} \boldsymbol{R}_N^{-1} \boldsymbol{Z}_k \boldsymbol{R}_C\right)^{-1}\right)^{-1}\right\}
\end{aligned}
\tag{2.16}
$$

式 (2.16) 中，等式 (a) 可以由式 (2.13) 得到，等式 (b) 可以通过将式 (2.12) 代入等式 (a) 中得到，等式 (c) 可以通过计算以下 Woodbury 等式得到[112]：

$$
\left(\boldsymbol{A} + \boldsymbol{C} \boldsymbol{B} \boldsymbol{C}^{\mathrm{H}}\right)^{-1} = \boldsymbol{A}^{-1} - \boldsymbol{A}^{-1} \boldsymbol{C} \left(\boldsymbol{B}^{-1} + \boldsymbol{D} \boldsymbol{C}\right)^{-1} \boldsymbol{D}
\tag{2.17}
$$

其中，$\boldsymbol{D} \triangleq \boldsymbol{C}^{\mathrm{H}} \boldsymbol{A}^{-1}$。在实际的雷达系统中，可以采用经典的参数估计算法估计参数 τ，并且由于该参数的估计过程对本节的波形优化算法没有影响，所以本节不再赘述参数 τ 的估计过程。

进一步，式 (2.15) 中的约束可以通过以下步骤进行简化。首先，给出 PAPR 的定义如下：

$$
\mathrm{PAPR}\,(\boldsymbol{s}_k) \triangleq 10 \log_{10}\left(\frac{M}{\boldsymbol{s}_k^{\mathrm{H}} \boldsymbol{s}_k} \max_{1 \leqslant m \leqslant M} |s_{k,m}|^2\right)
\tag{2.18}
$$

其中，M 表示波形 s_k 的长度；$s_{k,m}$ 表示 s_k 的第 m 个元素。因此，可以将 PAPR 约束改写为

$$
\max_{1 \leqslant m \leqslant M} |s_{k,m}|^2 \leqslant 10^{\frac{\zeta}{10}} E_s / M \triangleq \zeta' E_s
\tag{2.19}
$$

另外，为了化简目标检测性能约束，可以将目标检测问题中的回波信号表示为

$$
H_1: \boldsymbol{y}_k = \boldsymbol{Z}_k \left(\boldsymbol{g}_{T,k} + \boldsymbol{g}_C\right) + \boldsymbol{w}
\tag{2.20}
$$

$$
H_0: \boldsymbol{y}_k = \boldsymbol{Z}_k \boldsymbol{g}_C + \boldsymbol{w}
\tag{2.21}
$$

其中，H_1 和 H_0 分别表示目标存在的事件和目标不存在的事件，根据得到的 TSC 估计值 $\hat{\boldsymbol{g}}_{T,k}$，可求得回波信号的概率分布为

$$
\boldsymbol{y}_k|\,H_0 \sim \mathcal{CN}(\boldsymbol{0}, \boldsymbol{R}_{CN})
\tag{2.22}
$$

$$\boldsymbol{y}_k|\,H_1 \sim \mathcal{CN}\left(\boldsymbol{Z}_k\hat{\boldsymbol{g}}_{T,k},\boldsymbol{R}_{CN}\right) \tag{2.23}$$

当采用基于似然比的方法进行目标检测时，有

$$\frac{p\left(\boldsymbol{y}_k|\,H_1\right)}{p\left(\boldsymbol{y}_k|\,H_0\right)} = \frac{G_{\boldsymbol{y}_k}\left(\boldsymbol{Z}_k\hat{\boldsymbol{g}}_{T,k},\boldsymbol{R}_{CN}\right)}{G_{\boldsymbol{y}_k}\left(\boldsymbol{0},\boldsymbol{R}_{CN}\right)} \underset{H_0}{\overset{H_1}{\gtrless}} \theta \tag{2.24}$$

其中，θ 表示检测阈值。化简后，目标检测问题可以表示为

$$d\left(\boldsymbol{y}_k\right) \triangleq \boldsymbol{y}_k^{\mathrm{H}}\boldsymbol{R}_{CN}^{-1}\boldsymbol{Z}_k\hat{\boldsymbol{g}}_{T,k} \underset{H_0}{\overset{H_1}{\gtrless}} \theta \tag{2.25}$$

在 CFAR 检测器中，当设定阈值为 θ 时，虚警概率为

$$
\begin{aligned}
P_{\mathrm{FA}} &\triangleq p\left(d\left(\boldsymbol{y}_k\right) > \theta|\,H_0\right) \\
&= Q\left(\theta \Big/ \sqrt{\left(\boldsymbol{Z}_k\hat{\boldsymbol{g}}_{T,k}\right)^{\mathrm{H}}\boldsymbol{R}_{CN}^{-1}\boldsymbol{Z}_k\hat{\boldsymbol{g}}_{T,k}}\right)
\end{aligned}
\tag{2.26}
$$

其中

$$Q\left(x\right) \triangleq \frac{1}{2\pi}\int_x^\infty \exp\left(-\mu^2/2\right)\,\mathrm{d}\mu \tag{2.27}$$

因此，可以进一步求得式 (2.25) 中的 CFAR 检测阈值为

$$\theta\left(P_{\mathrm{FA}}\right) = Q^{-1}\left(P_{\mathrm{FA}}\right)\sqrt{\left(\boldsymbol{Z}_k\hat{\boldsymbol{g}}_{T,k}\right)^{\mathrm{H}}\boldsymbol{R}_{CN}^{-1}\boldsymbol{Z}_k\hat{\boldsymbol{g}}_{T,k}} \tag{2.28}$$

在虚警概率为 P_{FA} 的条件下，目标的检测概率为

$$
\begin{aligned}
P_D\left(P_{\mathrm{FA}}\right) &\triangleq p\left(d\left(\boldsymbol{y}_k\right) > \theta\left(P_{\mathrm{FA}}\right)|\,H_1\right) \\
&= Q\left(Q^{-1}\left(P_{\mathrm{FA}}\right) - \sqrt{\left(\boldsymbol{Z}_k\hat{\boldsymbol{g}}_{T,k}\right)^{\mathrm{H}}\boldsymbol{R}_{CN}^{-1}\boldsymbol{Z}_k\hat{\boldsymbol{g}}_{T,k}}\right)
\end{aligned}
\tag{2.29}
$$

由于 $Q\left(\cdot\right)$ 函数是单调递减函数，因此，基于式 (2.29) 可以将式 (2.15) 中的检测概率约束写为

$$\boldsymbol{z}_k^{\mathrm{H}}\hat{\boldsymbol{G}}_k^{\mathrm{H}}\boldsymbol{R}_{CN}^{-1}\hat{\boldsymbol{G}}_k\boldsymbol{z}_k \geqslant \epsilon' \tag{2.30}$$

其中，$\hat{\boldsymbol{G}}_k \triangleq \mathrm{diag}\left\{\hat{\boldsymbol{g}}_{T,k}\right\}$；$\epsilon' \triangleq \left(Q^{-1}\left(P_{\mathrm{FA}}\right) - Q^{-1}\left(\epsilon\right)\right)^2$。

通过化简目标函数和约束条件，得到最优化问题 (2.15) 的显式表达如下：

$$
\begin{cases}
\min_{\boldsymbol{s}_k} & \left\{ \mathrm{tr}\left\{ \left(\boldsymbol{P}_{k|k-1}^{-1} + \boldsymbol{R}_C^{-1} - \left(\boldsymbol{R}_C + \boldsymbol{R}_C \boldsymbol{Z}_k^{\mathrm{H}} \boldsymbol{R}_N^{-1} \boldsymbol{Z}_k \boldsymbol{R}_C \right)^{-1} \right)^{-1} \right\} \right\} \\
\mathrm{s.t.} & \|\boldsymbol{s}_k\|_2^2 \leqslant E_s \\
& \max_{1 \leqslant m \leqslant M} |s_{k,m}|^2 \leqslant \xi' E_s \\
& \boldsymbol{z}_k^{\mathrm{H}} \hat{\boldsymbol{G}}_k^{\mathrm{H}} \boldsymbol{R}_{CN}^{-1} \hat{\boldsymbol{G}}_k \boldsymbol{z}_k \geqslant \epsilon'
\end{cases}
\tag{2.31}
$$

然而，该最优化问题并不是凸优化问题，不能直接有效地求解[113,114]。对此，本章接下来将给出一种新的两步法，该方法将原始的非凸优化问题转化为多个凸优化问题，通过有效求解多个凸优化问题从而获得原问题的解。

2.4 两 步 法

如图 2.2 所示为用于求解非凸优化问题 (2.31) 的两步法流程图。在第一步中，通过将原始非凸优化问题松弛为一个 SDP 问题，可以获得不考虑杂波干扰条件下的初始优化波形；在第二步中，提出一种迭代算法用于求解修正项，以进一步优化第一步得到的初始优化波形，最终得到原始非凸波形优化问题的解。

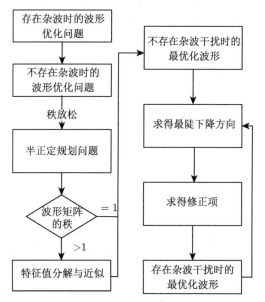

图 2.2 存在杂波干扰时两步法优化发射波形的流程图

2.4.1 不存在杂波干扰时的发射波形优化

算法 2.2 给出了目标回波中不存在杂波干扰时的最优化波形设计。下面将对该算法进行详细描述。

算法 2.2 不存在杂波干扰时的波形优化算法

1: 定义 $\boldsymbol{W}_k \triangleq \boldsymbol{s}_k \boldsymbol{s}_k^{\mathrm{H}}$ 与 $\boldsymbol{W}_k \succeq 0$。

2: 将不存在杂波干扰时的非凸优化问题 (2.32) 转化为凸优化问题 (2.33)。

3: 由凸优化问题 (2.33) 得到 $\boldsymbol{W}_k^*$。

4: **if** rank$\{\boldsymbol{W}_k^*\} = 1$ **then**

5: 　　从矩阵分解 $\boldsymbol{W}_k^* = \bar{\boldsymbol{s}}_k \bar{\boldsymbol{s}}_k^{\mathrm{H}}$ 中得到不存在杂波干扰时的优化波形 $\bar{\boldsymbol{s}}_k$。

6: **else**

7: 　　$\boldsymbol{W}_k^* = \sum\limits_{i=1}^{r} \lambda_i \boldsymbol{v}_i \boldsymbol{v}_i^{\mathrm{H}}$，其中，最大特征值表示为 $\lambda_{\max}$，其对应的特征向量表示为 $\boldsymbol{v}_{\max}$。

8: 　　求解最优化问题 (2.42) 和 $\boldsymbol{v}_{\max}$，得到 $\bar{\boldsymbol{s}}_k$。

9: **end if**

10: 输出：最优化波形 $\bar{\boldsymbol{s}}_k$。

　　假设不存在杂波干扰，则式 (2.16) 和式 (2.25) 中的 $\boldsymbol{R}_{CN}$ 可以改写为 $\boldsymbol{R}_N$，相应地，式 (2.31) 中的非凸优化问题可以改写为

$$\begin{cases} \min\limits_{\boldsymbol{s}_k} & \left\{ \mathrm{tr}\left\{ \left(\boldsymbol{P}_{k|k-1}^{-1} + \boldsymbol{Z}_k^{\mathrm{H}} \boldsymbol{R}_N^{-1} \boldsymbol{Z}_k\right)^{-1} \right\} \right\} \\ \mathrm{s.t.} & \|\boldsymbol{s}_k\|_2^2 \leqslant E_s \\ & \max\limits_{1 \leqslant m \leqslant M} |s_{k,m}|^2 \leqslant \xi' E_s \\ & \boldsymbol{s}_k^{\mathrm{H}} \boldsymbol{F}^{\mathrm{H}} \hat{\boldsymbol{G}}_k^{\mathrm{H}} \boldsymbol{R}_N^{-1} \hat{\boldsymbol{G}}_k \boldsymbol{F} \boldsymbol{s}_k \geqslant \epsilon' \end{cases} \tag{2.32}$$

定义半正定矩阵 $\boldsymbol{W}_k \triangleq \boldsymbol{s}_k \boldsymbol{s}_k^{\mathrm{H}}$，则最优化问题 (2.32) 可以进一步改写如下：

$$\begin{cases} \min\limits_{\boldsymbol{W}_k} & \left\{ \mathrm{tr}\left\{ \left(\boldsymbol{P}_{k|k-1}^{-1} + \boldsymbol{F}\boldsymbol{W}_k\boldsymbol{F}^{\mathrm{H}} \odot \boldsymbol{R}_N^{-1}\right)^{-1} \right\} \right\} \\ \mathrm{s.t.} & \mathrm{tr}\{\boldsymbol{W}_k\} \leqslant E_s \\ & \mathrm{diag}\{\boldsymbol{W}_k\} \leqslant \xi' E_s \\ & \mathrm{tr}\left\{ \hat{\boldsymbol{G}}_k^{\mathrm{H}} \boldsymbol{R}_N^{-1} \hat{\boldsymbol{G}}_k \boldsymbol{F} \boldsymbol{W}_k \boldsymbol{F}^{\mathrm{H}} \right\} \geqslant \epsilon' \\ & \mathrm{rank}\{\boldsymbol{W}_k\} = 1 \\ & \boldsymbol{W}_k \succeq 0 \end{cases} \tag{2.33}$$

其中，$\odot$ 表示 Hadamard 乘积。由于存在秩约束 rank$\{\boldsymbol{W}_k\} = 1$，所以最优化问题 (2.33) 为非凸优化问题，通过去除该秩约束，可以得到一个 SDP 问题[115]，即

$$\begin{cases} \min\limits_{\boldsymbol{W}_k} & \left\{ \mathrm{tr}\left\{ \left(\boldsymbol{P}_{k|k-1}^{-1} + \boldsymbol{F}\boldsymbol{W}_k\boldsymbol{F}^{\mathrm{H}} \odot \boldsymbol{R}_N^{-1}\right)^{-1} \right\} \right\} \\ \mathrm{s.t.} & \mathrm{tr}\{\boldsymbol{W}_k\} \leqslant E_s \\ & \mathrm{diag}\{\boldsymbol{W}_k\} \leqslant \xi' E_s \\ & \mathrm{tr}\left\{ \hat{\boldsymbol{G}}_k^{\mathrm{H}} \boldsymbol{R}_N^{-1} \hat{\boldsymbol{G}}_k \boldsymbol{F} \boldsymbol{W}_k \boldsymbol{F}^{\mathrm{H}} \right\} \geqslant \epsilon' \\ & \boldsymbol{W}_k \succeq 0 \end{cases} \tag{2.34}$$

由于该 SDP 问题是凸优化问题, 所以可以采用优化工具箱 (如 CVX) 有效求解[116,117], 此处将问题 (2.34) 的解用 $\boldsymbol{W}_k^*$ 表示。

若 $\mathrm{rank}\{\boldsymbol{W}_k^*\} = 1$, 则 $\boldsymbol{W}_k^*$ 也是原始优化问题 (2.33) 的解。最优化问题 (2.32) 便可以通过矩阵的特征值分解 $\boldsymbol{W}_k^* = \bar{\boldsymbol{s}}_k \bar{\boldsymbol{s}}_k^{\mathrm{H}}$ 得到, 其中 $\bar{\boldsymbol{s}}_k$ 表示不存在杂波干扰时的最优化波形, 有以下两种情况。

若 $\mathrm{rank}\{\boldsymbol{W}_k^*\} > 1$, 则需对 $\boldsymbol{W}_k^*$ 进行如下特征值分解:

$$\boldsymbol{W}_k^* = \sum_{i=1}^{r} \lambda_i \boldsymbol{v}_i \boldsymbol{v}_i^{\mathrm{H}} \tag{2.35}$$

其中, r 表示非零特征值个数; λ_i 表示第 i 个特征值; $\boldsymbol{v}_i$ 表示该特征值对应的特征向量; $\boldsymbol{W}_k^*$ 的最大特征值表示为 $\lambda_{\max}$, 其对应的特征向量表示为 $\boldsymbol{v}_{\max}$。进而, 可用 $\lambda_{\max} \boldsymbol{v}_{\max} \boldsymbol{v}_{\max}^{\mathrm{H}}$ 来近似表示波形矩阵, 即[115]

$$\boldsymbol{W}_k^* \approx \lambda_{\max} \boldsymbol{v}_{\max} \boldsymbol{v}_{\max}^{\mathrm{H}} \tag{2.36}$$

那么, 当不存在杂波干扰时, 在第 k 个脉冲期间, 通过归一化总发射功率, 即 $\sqrt{E_s} \boldsymbol{v}_{\max}/\|\boldsymbol{v}_{\max}\|_2$, 从而可以得到最优化的发射波形 $\bar{\boldsymbol{s}}_k$。

但是, 采用最大特征值对应的特征向量求得的发射波形并不能满足式 (2.32) 中的约束条件, 所以, 需要对该优化波形进行修正, 将满足约束条件且与特征向量 $\boldsymbol{v}_{\max}$ 相似度最高的波形作为最优波形。此外, 考虑到式 (2.32) 中的目标检测概率约束是非凸的, 进行如下定义:

$$\boldsymbol{U} \triangleq \boldsymbol{F}^{\mathrm{H}} \hat{\boldsymbol{G}}_k^{\mathrm{H}} \boldsymbol{R}_N^{-1} \hat{\boldsymbol{G}}_k \boldsymbol{F} \tag{2.37}$$

如图 2.3 所示为矩阵 $\boldsymbol{U}$ 特征值比值 $r \triangleq |\theta'|/|\theta_{\max}|$ 的概率分布, 其中, $\theta_{\max}$ 和 θ' 分别表示最大和次大的特征值, 特征值比值通过求解不同类型目标和噪声对应的矩阵 $\boldsymbol{U}$ 的特征值获得, 多种目标和噪声通过均匀随机分布协方差矩阵 $\boldsymbol{R}_T$ 和 $\boldsymbol{R}_N$ 的元素来实现, 由图 2.3 可以看出, 在大概率情况下, 最大特征值远大于其他特征值, 因此, 矩阵 $\boldsymbol{U}$ 可以用最大特征值分解来近似表示, 即

$$\boldsymbol{U} \approx \theta_{\max} \boldsymbol{w}_{\max} \boldsymbol{w}_{\max}^{\mathrm{H}} \tag{2.38}$$

其中, $\boldsymbol{w}_{\max}$ 表示最大特征值 $\theta_{\max}$ 对应的特征向量。那么目标检测概率约束可以近似表示为

$$\boldsymbol{s}_k^{\mathrm{H}} \boldsymbol{U} \boldsymbol{s}_k \approx \boldsymbol{s}_k^{\mathrm{H}} \theta_{\max} \boldsymbol{w}_{\max} \boldsymbol{w}_{\max}^{\mathrm{H}} \boldsymbol{s}_k \geqslant \epsilon' \tag{2.39}$$

因此, 可以得到简化的目标检测性能约束为

$$\left|\boldsymbol{s}_k^{\mathrm{H}} \boldsymbol{w}_{\max}\right|^2 \geqslant \epsilon'/\theta_{\max} \tag{2.40}$$

那么，便可以采用更严格的约束作为最优化问题 (2.33) 的检测概率约束，即

$$\mathrm{Re}\left\{\boldsymbol{s}_k^{\mathrm{H}}\boldsymbol{w}_{\mathrm{max}}\right\} \geqslant \sqrt{\epsilon'/\theta_{\mathrm{max}}} \tag{2.41}$$

该约束是仿射且凸的。

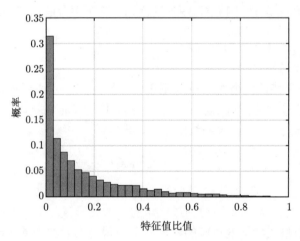

图 2.3　矩阵 $\boldsymbol{U}$ 的特征值比值概率

如果 $\mathrm{rank}\left\{\boldsymbol{W}_k^*\right\} > 1$，针对不存在杂波干扰的情况，优化波形 $\bar{\boldsymbol{s}}_k$ 可以通过求解以下最优化问题得到，即

$$\begin{cases} \min\limits_{\boldsymbol{s}_k}\left\{-\boldsymbol{s}_k^{\mathrm{H}}\boldsymbol{v}_{\mathrm{max}}\right\} \\ \mathrm{s.t.} \quad \|\boldsymbol{s}_k\|_2^2 \leqslant E_s \\ \qquad \max\limits_{1\leqslant m\leqslant M}\left|s_{k,m}\right|^2 \leqslant \xi' E_s \\ \qquad \mathrm{Re}\left\{\boldsymbol{s}_k^{\mathrm{H}}\boldsymbol{w}_{\mathrm{max}}\right\} \geqslant \sqrt{\epsilon'/\theta_{\mathrm{max}}} \end{cases} \tag{2.42}$$

其中，目标函数为 $\boldsymbol{s}_k$ 与 $\boldsymbol{v}_{\mathrm{max}}$ 相似性的近似表达式。由于 $\boldsymbol{v}_{\mathrm{max}}$ 进行了功率归一化，因此最优化波形 $\boldsymbol{s}_k$ 满足 $\|\boldsymbol{s}_k\|_2^2 = E_s$。

2.4.2　存在杂波干扰时的发射波形优化

基于 2.4.1 节的结果，可以得到不存在杂波干扰时的最优化发射波形 $\bar{\boldsymbol{s}}_k$。针对存在杂波干扰的情况，本节将给出一种迭代算法来获得一个修正项 $\boldsymbol{a}_k$ 进行初始优化波形 $\bar{\boldsymbol{s}}_k$ 的修正，进而得到存在杂波干扰时的最优化发射波形 $\boldsymbol{s}_k^*$。用于求解修正项的迭代算法由算法 2.3 给出，接下来将给出该算法的详细描述。

算法 2.3 存在杂波干扰时的波形优化算法

1: 输入：不存在杂波干扰时的优化波形 $\bar{s}_k$，最小相关系数 ϵ_α，最大迭代次数 J。

2: 初始化：修正项 $\boldsymbol{a}_{k,0}^* = \boldsymbol{0}$，修正的波形 $\bar{s}_k$，即 $\boldsymbol{s}_{k,0}^* = \bar{s}_k + \boldsymbol{a}_{k,0}^*$，修正系数 $\alpha = 1$。

3: **for** $j = 1$ to J **do**

4:     通过发射波形 $\boldsymbol{s}_{k,j}^*$ 从式 (2.43) 中得到最陡下降方向 $\boldsymbol{d}_{k,j}$。

5:     从 (2.54) 中得到修正项 $\boldsymbol{a}_{k,j}^*$。

6:     通过 $\left\| \boldsymbol{a}_{k,j}^* \right\|_2^2 \leqslant \alpha E_s$ 更新 $\boldsymbol{s}_{k,j}^* = \boldsymbol{s}_{k,j-1}^* + \boldsymbol{a}_{k,j}^*$。

7:     **if** $f\left(\boldsymbol{s}_{k,j}^*\right) \leqslant f\left(\boldsymbol{s}_{k,j-1}^*\right)$ **then**

8:         $\alpha = \alpha/2$。

9:     **end if**

10:     **if** $\alpha \leqslant \epsilon_\alpha$ **then**

11:         暂停；

12:     **end if**

13: **end for**

14: 输出：第 k 次 KF 迭代过程的修正优化波形 $\boldsymbol{s}_{k,j}^*$。

在算法 2.3 的第 4 步中，可以通过构建如下最优化问题来求解最陡下降方向 $\boldsymbol{d}_{k,j}$，即

$$\begin{cases} \boldsymbol{d}_{k,j} = \arg\min_{\boldsymbol{d}} z \\ \text{s.t. } \nabla f\left(\boldsymbol{s}_{k,j}^*\right)^{\mathrm{T}} \boldsymbol{d} \leqslant z \\ \quad \nabla g_i\left(\boldsymbol{s}_{k,j}^*\right)^{\mathrm{T}} \boldsymbol{d} \leqslant z, \quad i = 1, 2, 3 \\ \quad -1 \leqslant d_m \leqslant 1, \quad m = 1, 2, \cdots, M \end{cases} \tag{2.43}$$

其中，存在杂波干扰时的目标函数 $f\left(\boldsymbol{s}_{k,j}^*\right)$ 由式 (2.16) 给出；$g_i\left(\boldsymbol{s}_{k,j}^*\right)$ 的定义如下：

$$g_1\left(\boldsymbol{s}_{k,j}^*\right) \triangleq \left\| \boldsymbol{s}_{k,j}^* \right\|_2^2 - E_s \tag{2.44}$$

$$g_2\left(\boldsymbol{s}_{k,j}^*\right) \triangleq \xi' E_s - \max_{1 \leqslant m \leqslant M} \left| s_{k,j,m}^* \right|^2 \tag{2.45}$$

$$g_3\left(\boldsymbol{s}_{k,j}^*\right) \triangleq \boldsymbol{s}_{k,j}^{*\mathrm{H}} \boldsymbol{F}^{\mathrm{H}} \hat{\boldsymbol{G}}_k^{\mathrm{H}} \boldsymbol{R}_{CN}^{-1} \hat{\boldsymbol{G}}_k \boldsymbol{F} \boldsymbol{s}_{k,j}^* - \epsilon' \tag{2.46}$$

其中，$s_{k,j,m}^*$ 为 $\boldsymbol{s}_{k,j}^*$ 的第 m 个元素，问题 (2.43) 的解为最陡下降方向[118]；约束 $-1 \leqslant d_m \leqslant 1$ 用来确保能够得到一个合适的优化方向。因此，目标函数 $\nabla f(\boldsymbol{s}_{k,j}^*)$ 的导数为

$$\frac{\partial f\left(\boldsymbol{s}_{k,j}^*\right)}{\partial z_{k,j,m}^*} = -\mathrm{tr}\left\{ \left(\boldsymbol{X}^{-2}\right)^{\mathrm{T}} \frac{\partial \left(\boldsymbol{R}_C + \boldsymbol{R}_C \boldsymbol{Z}_k^{*\mathrm{H}} \boldsymbol{R}_N^{-1} \boldsymbol{Z}_k^* \boldsymbol{R}_C\right)^{-1}}{\partial z_{k,j,m}^*} \right\}$$

$$= \mathrm{tr}\left\{ \left(\boldsymbol{X}^{-2}\right)^{\mathrm{T}} \left(\boldsymbol{I} + \boldsymbol{Z}_{k,j}^{*\mathrm{H}} \boldsymbol{R}_N^{-1} \boldsymbol{Z}_{k,j}^* \boldsymbol{R}_C\right)^{-1} \right\}$$

$$\cdot \left(\boldsymbol{\Delta}_{mn} \, \boldsymbol{R}_N^{-1} \boldsymbol{Z}_{k,j}^* + \boldsymbol{Z}_{k,j}^{*\mathrm{H}} \boldsymbol{R}_N^{-1} \boldsymbol{\Delta}_{mn} \right) \left(\boldsymbol{I} + \boldsymbol{R}_C \boldsymbol{Z}_{k,j}^{*\mathrm{H}} \boldsymbol{R}_N^{-1} \boldsymbol{Z}_{k,j}^* \right) \Big\} \tag{2.47}$$

其中，$z_{k,j,m}^*$ 为 $\boldsymbol{z}_{k,j}^*$ 的第 m 个元素；$\boldsymbol{z}_{k,j}^* \triangleq \boldsymbol{F} \boldsymbol{s}_{k,j}^*$；$\boldsymbol{Z}_{k,j}^* \triangleq \mathrm{diag}\left\{ \boldsymbol{z}_{k,j}^* \right\}$；$\boldsymbol{\Delta}_{mn}$ 是第 m 行、第 n 列元素为 1 而其他元素为 0 的矩阵；矩阵 $\boldsymbol{X}$ 的定义为

$$\boldsymbol{X} \triangleq \boldsymbol{P}_{k|k-1}^{-1} + \boldsymbol{R}_C^{-1} - \left(\boldsymbol{R}_C + \boldsymbol{R}_C \boldsymbol{Z}_{k,j}^{*\mathrm{H}} \boldsymbol{R}_N^{-1} \boldsymbol{Z}_{k,j}^* \boldsymbol{R}_C \right)^{-1} \tag{2.48}$$

因此，有

$$\nabla f\left(\boldsymbol{s}_{k,j}^* \right) = \left(\frac{\partial f\left(\boldsymbol{s}_{k,j}^* \right)}{\partial z_{k,j,1}^*}, \frac{\partial f\left(\boldsymbol{s}_{k,j}^* \right)}{\partial z_{k,j,2}^*}, \cdots, \frac{\partial f\left(\boldsymbol{s}_{k,j}^* \right)}{\partial z_{k,j,M}^*} \right) \boldsymbol{F} \tag{2.49}$$

约束函数的导数可以表示为

$$\nabla g_1\left(\boldsymbol{s}_{k,j}^* \right) = \frac{\partial g_1\left(\boldsymbol{s}_{k,j}^* \right)}{\partial \boldsymbol{s}_{k,j}^*} = 2\boldsymbol{s}_{k,j}^* \tag{2.50}$$

$$\nabla g_2\left(\boldsymbol{s}_{k,j}^* \right) = \frac{\partial g_2\left(\boldsymbol{s}_{k,j}^* \right)}{\partial \boldsymbol{s}_{k,j}^*} = \boldsymbol{p} \tag{2.51}$$

其中，$\boldsymbol{p}$ 的第 m^* 个元素为 $2\left| s_{k,j,m}^* \right|$，$m^* = \underset{1 \leqslant m \leqslant M}{\arg\max} \left| s_{k,j,m}^* \right|^2$，其他元素为 0。另外，$\nabla g_3\left(\boldsymbol{s}_{k,j}^* \right)$ 可以近似表示为

$$\nabla g_3\left(\boldsymbol{s}_{k,j}^* \right) = \frac{\partial g_3\left(\boldsymbol{s}_{k,j}^* \right)}{\partial \boldsymbol{s}_{k,j}^*} \approx \boldsymbol{g}' \tag{2.52}$$

其中，$\boldsymbol{g}'$ 的第 m 个元素为

$$g_m' \triangleq \frac{g_3(\boldsymbol{s}_{k,j}^* + \boldsymbol{\delta}_{g,m}) - g_3(\boldsymbol{s}_{k,j}^*)}{\|\boldsymbol{\delta}_{g,m}\|_2} \tag{2.53}$$

并且，向量 $\boldsymbol{\delta}_{g,m}$ 的第 m 个元素为 $0 < \delta_g \ll 1$，其他元素为 0。

在算法 2.3 的第 5 步，修正项 $\boldsymbol{a}_{k,j}^*$ 可以通过最大化最陡下降方向 $\boldsymbol{d}_{k,j}$ 的相关系数得到，因此，可构建如下最优化问题：

$$\begin{cases} \boldsymbol{a}_{k,j}^* = \underset{\boldsymbol{a}}{\arg\min} \left\{ -\boldsymbol{a}_k^{\mathrm{H}} \boldsymbol{d}_{k,j} \right\} \\ \mathrm{s.t.} \ \|\boldsymbol{a}\|_2^2 \leqslant \alpha E_s \\ \quad \boldsymbol{s}' = \boldsymbol{s}_{k,j-1}^* + \boldsymbol{a} \\ \quad \|\boldsymbol{s}'\|_2^2 - E_s \leqslant 0 \\ \quad \xi' E_s - \underset{1 \leqslant m \leqslant M}{\max} |s_m'|^2 \geqslant 0 \\ \quad \mathrm{Re}\left\{ \boldsymbol{s}'^{\mathrm{H}} \boldsymbol{w}_{\max} \right\} - \sqrt{\epsilon'/\theta_{\max}} \geqslant 0 \end{cases} \tag{2.54}$$

其中，利用归一化 $\boldsymbol{d}_{k,j}$ 与满足 $\left\| \boldsymbol{a}_{k,j}^* \right\|_2^2 = \alpha E_s$ 条件的 $\boldsymbol{a}_{k,j}^*$ 之间的相关性，可以将目标函数简化为 $\left(-\boldsymbol{a}_k^{\mathrm{H}} \boldsymbol{d}_{k,j} \right)$。通过求解优化问题 (2.54) 便可以得到最优化的发射波形为 $\boldsymbol{s}_{k,j-1}^* + \boldsymbol{a}_{k,j}^*$。

2.4.3 复杂度分析

当采用内点法求解 SDP 问题 (2.34) 时，计算复杂度为 $\mathcal{O}(M^{4.5})^{[119]}$，由于式 (2.42) 和式 (2.43) 为线性规划问题，所以复杂度均为 $\mathcal{O}(M^3/\lg M)^{[120]}$。因此，可以得到本章所提出的两步法总复杂度为 $\mathcal{O}(M^{4.5}+2M^3/\lg M)$。

2.4.4 目标散射系数估计的 Cramér-Rao 界

在 TSC 估计过程中，估计性能受限于 Cramér-Rao 下界 (Cramér-Rao lower bound，CRLB)，所以本小节将给出 TSC 估计的 CRLB。在给定发射波形 $\boldsymbol{s}_k$ 以及 TSC 的估计值 $\boldsymbol{g}_{T,k}$ 时，接收信号的似然函数可以表示为

$$p(\boldsymbol{y}_k|\boldsymbol{g}_{T,k}) = G_{\boldsymbol{y}_k}(\boldsymbol{Z}_k\boldsymbol{g}_{T,k}, \boldsymbol{R}_{CN}) \tag{2.55}$$

因此，有

$$\frac{\partial \ln p(\boldsymbol{y}_k|\boldsymbol{g}_{T,k})}{\partial \boldsymbol{g}_{T,k}} = \boldsymbol{Z}_k^{\mathrm{H}}\boldsymbol{R}_{CN}^{-1}(\boldsymbol{y}_k - \boldsymbol{Z}_k\boldsymbol{g}_{T,k}) \tag{2.56}$$

Fisher 信息量矩阵为

$$\begin{aligned}
\boldsymbol{I}(\boldsymbol{g}_{T,k}) &\triangleq \mathbb{E}\left\{\left(\frac{\partial \ln p(\boldsymbol{y}_k|\boldsymbol{g}_{T,k})}{\partial \boldsymbol{g}_{T,k}}\right)\left(\frac{\partial \ln p(\boldsymbol{y}_k|\boldsymbol{g}_{T,k})}{\partial \boldsymbol{g}_{T,k}}\right)^{\mathrm{H}}\right\} \\
&= \boldsymbol{Z}_k^{\mathrm{H}}\left(\boldsymbol{R}_{CN}^{-1}\right)^{\mathrm{H}}\boldsymbol{Z}_k
\end{aligned} \tag{2.57}$$

因此，TSC 估计的 CRLB 可以表示为

$$\boldsymbol{B} \triangleq \boldsymbol{I}(\boldsymbol{g}_{T,k})^{-1} = \left[\boldsymbol{Z}_k^{\mathrm{H}}\left(\boldsymbol{R}_{CN}^{-1}\right)^{\mathrm{H}}\boldsymbol{Z}_k\right]^{-1} \tag{2.58}$$

TSC 估计的 MSE 受限于 CRLB，那么对于第 i 个脉冲期间的 TSC 估计值 $g_{T,k,i}$，有 $\mathrm{var}(g_{T,k,i}) \geqslant \mathcal{B}_{i,i}$，其中，$\mathcal{B}_{i,i}$ 表示矩阵 $\boldsymbol{B}$ 的第 i 列、第 i 行元素。

2.5 仿 真 结 果

本节将给出所提出算法的计算机仿真结果，仿真参数如表 2.1 所示，TSC 和噪声协方差矩阵中的每个元素满足均匀分布。图 2.4 给出了一次仿真过程中协方差矩阵的取值。当不存在杂波干扰时，图 2.5 给出了不同算法的 TSC 估计性能，这里采用 3 种估计算法，包括 MAP 算法 $^{[121,122]}$、采用非优化波形的 KF 算法以及采用优化波形的 KF 算法。估计性能通过如下的归一化 MSE 来衡量：

$$q\left(\hat{\boldsymbol{g}}_{T,k}, \boldsymbol{g}_{T,k}\right) \triangleq \frac{\left\|\hat{\boldsymbol{g}}_{T,k} - \boldsymbol{g}_{T,k}\right\|_2^2}{\left\|\boldsymbol{g}_{T,k}\right\|_2^2} \tag{2.59}$$

表 2.1　仿真参数

参数	取值
回波信号 SNR	−10 dB
回波信号 SCR	−15 dB
PRI	1 ms
脉冲持续时间	0.1 ms
采用频率	160 kHz
时域去相关常数 τ	1 s
发射功率 E_s	1
目标实现次数	30
脉冲个数	50
信号长度	16
设定的目标检测概率 P_D	0.95
设定的虚警概率 P_{FA}	0.05
PAPR	3 dB

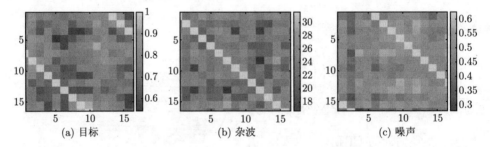

(a) 目标　　　　　(b) 杂波　　　　　(c) 噪声

图 2.4　TSC、CSC 以及噪声的协方差矩阵

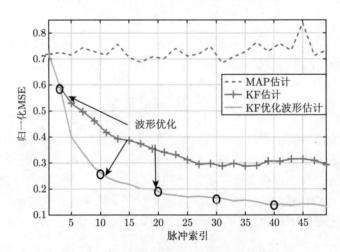

图 2.5　不存在杂波干扰时 TSC 估计性能对比

如图 2.5 所示，KF 估计算法 (KF 估计和 KF 优化波形估计) 通过充分挖掘目标的时域相关特性，估计性能优于基于单个脉冲的 MAP 估计算法 (MAP 估计)。此外，KF 估计算法通过在第 3、10、20、30 和 40 个脉冲期间优化发射波形，其 TSC 估计性能得到了显著提高。例如，在第 30 个脉冲，归一化 MSE 比未优化波形的 KF 估计算法降低了 40%。图 2.6 给出了不同 SNR 条件下的估计结果，包括 SNR = −20 dB、−15 dB 以及 −10 dB，从图中可以看出，降低 SNR 会导致 KF 估计算法性能的降低，但当采用已优化波形时，即使在低 SNR 条件下，依然能得到比未优化波形更好的估计性能。

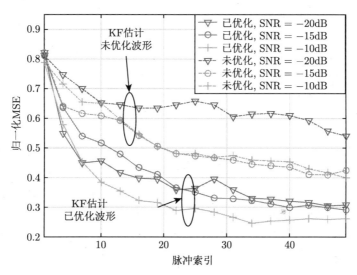

图 2.6　不存在杂波干扰时不同 SNR 条件下 KF 估计性能

当存在杂波干扰时，可以通过迭代算法得到修正项，用于修正不存在杂波干扰时得到的初始优化波形，图 2.7 给出了信杂比 (SCR) 为 −14 dB、−15 dB 以及 −16 dB 时该迭代算法的收敛特性，其中算法 2.3 的最大迭代次数为 $J = 50$，最小相关系数为 $\epsilon_\alpha = 10^{-4}$。如图 2.7 所示，当采用式 (2.16) 中的目标函数来衡量存在杂波干扰时的 KF 算法估计性能时，算法迭代 50 次后趋于稳定，该稳定状态相比不考虑杂波干扰时的波形优化具有更小的估计误差。

在本章所提两步法的第二步，采用了迭代算法来修正不存在杂波时的初始优化波形，要证明该过程的有效性，就要证明迭代过程能够降低由于杂波干扰所引起 TSC 估计性能的损失。图 2.8 给出了该迭代算法在 TSC 估计方面的性能，这里均采用基于 KF 的估计算法。首先，我们给出了不存在杂波干扰时优化波形估计的归一化均方误差，可以获得最优的估计性能。引入杂波干扰后，归一化 MSE 在第 30 个脉冲期间从 0.17 提高到 0.37，这里采用了相同的优化波形。当采用迭代算法来修正该初始优化波形后，归一化 MSE 进一步降低到了 0.25。所以，在式 (2.54) 中引入额外的修正项 $a_{k,j}^*$，可以将杂波对目标估计性能的影响降低 32%。

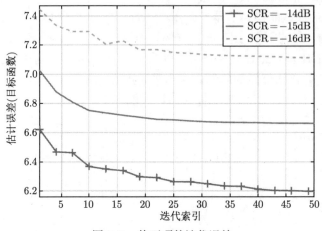

图 2.7　修正项的迭代误差

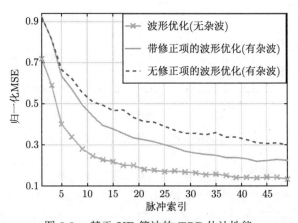

图 2.8　基于 KF 算法的 TSC 估计性能

图 2.9 中给出了存在杂波干扰时不同算法的 TSC 估计性能，其仿真参数与表 2.1 中相同。如图 2.9 所示，KF 算法采用优化波形后能够达到最优的估计性能。其次，为了更加清楚地对比估计性能，图 2.10 给出了 MAP 算法和 KF 算法在不同仿真参数条件下的归一化 MSE，其中 SCR $= -15$ dB，SNR $= -10$ dB，$\tau = 1$ s。在第 3、10、20、30 和 40 个脉冲期间进行发射波形优化，由仿真结果可以看出，波形优化后的归一化 MSE 显著降低，系统估计性能极大改善。在第 30 个脉冲期间，通过优化发射波形使得归一化 MSE 降低了 35%。另外，通过在每次仿真过程中随机选取 TSC 以及噪声的协方差矩阵，图 2.10(b) 给出了归一化 MSE

的平均结果，如图中所示，本章所提存在杂波干扰时 TSC 估计算法依然达到了最佳的性能。由于较低的相关时间常数 τ 会降低 KF 的估计性能，所以图 2.10(c) 给出了相关时间常数为 $\tau = 0.5$ s 时的估计性能，其中带波形优化的 KF 算法依然达到了最佳的估计性能。图 2.10(d) 中给出了较高 SNR 和 SCR 时的估计性能，可以看出，此时 KF 算法的性能依然优于 MAP 算法，并且采用波形优化的系统估计性能依然优于未优化的情况。综合来看，本章所提波形优化算法在存在和不存在杂波干扰时均能够有效地提高 TSC 的估计性能。

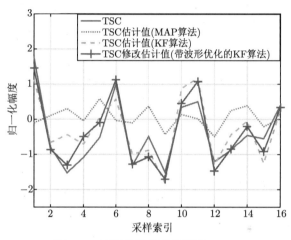

图 2.9　不同估计算法得到的 TSC

图 2.11 给出了不同发射波形条件下的回波信号 SCNR，同样在第 3、10、20、30 和 40 个脉冲期间进行发射波形优化。虽然波形优化的目标函数是降低 TSC 估计的均方误差，然而，由仿真结果可以看出，波形优化还可以同时提高回波信号 SCNR。

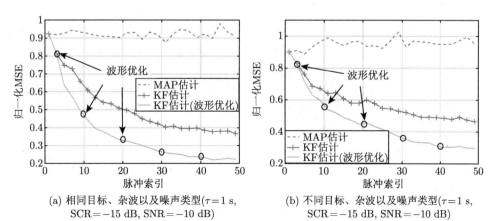

(a) 相同目标、杂波以及噪声类型(τ=1 s,
SCR=−15 dB, SNR=−10 dB)

(b) 不同目标、杂波以及噪声类型(τ=1 s,
SCR=−15 dB, SNR=−10 dB)

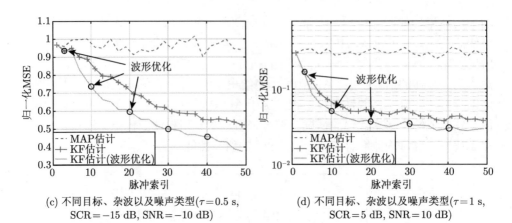

(c) 不同目标、杂波以及噪声类型($\tau = 0.5$ s,　　　(d) 不同目标、杂波以及噪声类型($\tau = 1$ s,
　SCR $= -15$ dB, SNR $= -10$ dB)　　　　　　　SCR $= 5$ dB, SNR $= 10$ dB)

图 2.10　　存在杂波干扰时的 TSC 估计性能

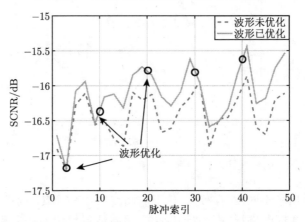

图 2.11　　优化发射波形后回波信号 SCNR

　　在现有的针对时域相关目标的波形优化算法中，一些文献给出了基于注水法的优化算法，但是注水法并没有考虑到 PAPR 以及目标检测性能等约束条件，另外，注水法也没有考虑杂波干扰的影响，而且注水法是一种间接的波形优化算法，而本章所提波形优化算法是一种针对 KF 估计的直接波形优化算法，所以，本章所提的两步法与注水法并不相同。图 2.12 给出了 KF 估计过程中采用不同优化波形的 TSC 估计性能，由于本章所提方法能够直接最小化 KF 过程中的估计误差，所以能够获得比注水法更优的估计性能。

　　图 2.13 给出了 MAP 算法和 KF 算法估计性能与 CRLB 的对比，从图中可以看出，当脉冲次数增加时，波形优化后 KF 算法估计性能改善显著，并且当脉冲数大于 40 时，估计性能越来越逼近 CRLB。同时，由波形优化前后的 CRLB 曲线可以看出，通过优化雷达发射波形，还可以进一步提高参数估计性能。因此，本章所提波形优化算法可以有效地降低 KF 算法的归一化 MSE，提升 TSC 估计性能。

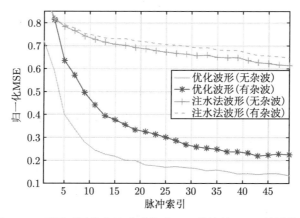

图 2.12 采用不同优化波形时基于 KF 算法的 TSC 估计性能

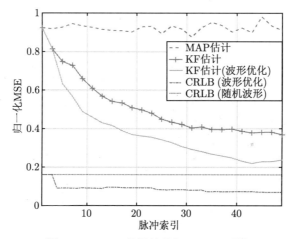

图 2.13 TSC 估计性能与 CRLB 对比

2.6 本 章 小 结

本章提出一种在总发射功率、PAPR 以及 CFAR 检测概率等约束条件下的 CR 系统发射波形优化算法。该算法通过最小化 KF 算法迭代过程中 TSC 估计的 MSE，可以实现多约束条件下的最优波形设计。所提出的算法包括两个主要步骤：第一步将原始非凸优化问题转化为一个 SDP 问题，求得不存在杂波干扰时的初始优化波形；第二步采用迭代算法修正第一步得到的初始优化波形，最终获得存在杂波干扰时的最优发射波形。仿真结果表明，基于 KF 的估计算法优于基于单脉冲的 MAP 算法，而通过本章所提出的两步法可以进一步提高 KF 算法的估计性能，并且引入的修正项可以减轻杂波对估计性能的影响。

第 3 章　多目标条件下的波形优化与参数估计

3.1　引　　言

由第 2 章可知，针对单个扩展型目标，通过充分挖掘目标的时域相关特性，采用基于卡尔曼滤波 (KF) 的估计算法可以有效估计 TSC，在此基础上进行发射波形优化可以使性能得到进一步提升。然而，对于多个扩展型目标的 TSC 估计，上述波形优化算法不再适用。针对多目标的估计问题，目前有学者提出一些智能优化算法 (如基因算法等)[34] 尝试进行多目标波形优化问题的求解。但是智能优化算法普遍存在计算复杂度太高的情况，在实际雷达系统中难以实现。此外，部分研究学者还提出基于注水法的间接波形优化算法，即通过利用单个扩展型目标的功率谱密度 (PSD) 信息来优化发射波形的 PSD。由于该间接波形优化算法是利用目标的 PSD 统计信息进行波形优化，因此无法实时跟踪 TSC 的变化，从而限制了该优化波形在 TSC 估计性能方面的进一步提高。

基于上述问题，本章将针对多个时域相关扩展型目标，提出一种直接的发射波形优化算法，通过实时优化雷达系统的发射波形，可以显著提高针对多个扩展型目标的联合 TSC 估计性能。首先，给出远距离和近距离目标间隔下基于 KF 的 TSC 估计算法，并使用联合 MSE 来衡量针对多目标 TSC 估计的性能；进而，提出一种联合波形优化算法来最小化 TSC 估计的联合 MSE，并采用权重向量来控制 CR 系统对多个目标的估计精度要求。另外，由于该波形优化问题是非凸优化问题，本章还将给出一种将非凸优化问题转化为 SDP 问题的方法，最终完成针对多个扩展型目标的最优发射波形设计。

3.2　存在多个扩展型目标的 CR 雷达系统建模

如图 3.1 所示为单基地 CR 系统中，存在多个扩展型目标时的波形优化和参数估计框图。其中，扩展型目标采用广义平稳不相关散射 (WSSUS) 模型进行描述 [49]，那么，在第 k 个脉冲期间，第 m 个目标的 TIR 为

$$\boldsymbol{h}_{m,k} = \mathrm{e}^{-T/\tau_m} \boldsymbol{h}_{m,k-1} + \boldsymbol{u}_{m,k-1} \tag{3.1}$$

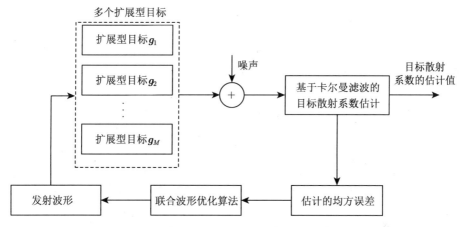

图 3.1 针对多个扩展型目标的波形优化和参数估计框图

其中,$u_{m,k-1} \sim \mathcal{CN}\left(\mathbf{0},\left(1-\mathrm{e}^{-2T/\tau_m}\right)\boldsymbol{R}_{m,h}\right)$;$T$ 表示 PRI;τ_m 表示时域相关衰减常数;$h_{m,k} \sim \mathcal{CN}\left(\mathbf{0},\boldsymbol{R}_{m,h}\right)$ 表示零均值复高斯随机向量,其协方差矩阵为 $\boldsymbol{R}_{m,h}$。则指数相关 TSC 在频域可以表示为

$$\boldsymbol{g}_{m,k} = \mathrm{e}^{-T/\tau_m}\boldsymbol{g}_{m,k-1} + \boldsymbol{v}_{m,k-1} \tag{3.2}$$

其中,$\boldsymbol{v}_{m,k-1} \triangleq \boldsymbol{F}\boldsymbol{u}_{m,k-1} \sim \mathcal{CN}\left(\mathbf{0},\left(1-\mathrm{e}^{-2T/\tau_m}\right)\boldsymbol{R}_{m,g}\right)$,$\boldsymbol{F}$ 表示傅里叶变换矩阵;$\boldsymbol{g}_{m,k} \triangleq \boldsymbol{F}\boldsymbol{h}_{m,k} \sim \mathcal{CN}\left(\mathbf{0},\boldsymbol{R}_{m,g} \triangleq \boldsymbol{F}\boldsymbol{R}_{m,h}\boldsymbol{F}^{\mathrm{H}}\right)$。

那么,在第 k 个脉冲期间内,来自第 m 个目标的回波信号 $\boldsymbol{y}_{m,k}$ 可以表示为

$$\boldsymbol{y}_{m,k} = \boldsymbol{S}_k\boldsymbol{h}_{m,k} + \boldsymbol{n} \tag{3.3}$$

其中,$\boldsymbol{n} \sim \mathcal{CN}\left(\mathbf{0},\boldsymbol{R}_n\right)$ 为加性高斯白噪声;$\boldsymbol{S}_k$ 为发射信号 $\boldsymbol{s}_k$ 的卷积矩阵,那么回波信号的频域表示如下:

$$\boldsymbol{r}_{m,k} = \boldsymbol{Z}_k\boldsymbol{g}_{m,k} + \boldsymbol{w} \tag{3.4}$$

其中,$\boldsymbol{w} \triangleq \boldsymbol{F}\boldsymbol{n}_{m,k} \sim \mathcal{CN}\left(\mathbf{0},\boldsymbol{R}_w \triangleq \boldsymbol{F}\boldsymbol{R}_n\boldsymbol{F}^{\mathrm{H}}\right)$;矩阵 $\boldsymbol{Z}_k \triangleq \mathrm{diag}\{\boldsymbol{z}_k\}$,且 $\boldsymbol{z}_k \triangleq \boldsymbol{F}\boldsymbol{s}_k$。

3.3 多个远距离间隔目标的 TSC 估计

3.3.1 基于 KF 的多个远距离间隔目标 TSC 估计算法

当采用 MAP 准则来估计目标 TSC 时,第 m 个目标的 TSC 估计值可以表示为

$$\hat{\boldsymbol{g}}_{m,k} = \boldsymbol{Q}_{m,k}\boldsymbol{r}_{m.k} \tag{3.5}$$

其中，$\boldsymbol{Q}_{m,k}$ 表示基于 MAP 的估计矩阵，且有

$$\boldsymbol{Q}_{m,k} \triangleq \left(\boldsymbol{Z}_k^{\mathrm{H}} \boldsymbol{R}_w^{-1} \boldsymbol{Z}_k + \boldsymbol{R}_{m,g}^{-1}\right)^{-1} \boldsymbol{Z}_k^{\mathrm{H}} \boldsymbol{R}_w^{-1} \tag{3.6}$$

那么在第 m 个目标的 TSC 估计过程中，采用 MAP 估计方法可以得到 MSE 矩阵如下：

$$\begin{aligned}
\boldsymbol{N}_{m,1} &\triangleq \mathbb{E}\left\{\left(\hat{\boldsymbol{g}}_{m,k} - \boldsymbol{g}_{m,k}\right)\left(\hat{\boldsymbol{g}}_{m,k} - \boldsymbol{g}_{m,k}\right)^{\mathrm{H}}\right\} \\
&= \boldsymbol{Q}_{m,k}\left(\boldsymbol{Z}_k \boldsymbol{R}_{m,g} \boldsymbol{Z}_k^{\mathrm{H}} + \boldsymbol{R}_w\right)\boldsymbol{Q}_{m,k}^{\mathrm{H}} - \boldsymbol{Q}_{m,k}\boldsymbol{Z}_k\boldsymbol{R}_{m,g} - \boldsymbol{R}_{m,k}\boldsymbol{Z}_k^{\mathrm{H}}\boldsymbol{Q}_{m,k}^{\mathrm{H}} + \boldsymbol{R}_{m,g}
\end{aligned} \tag{3.7}$$

为了充分挖掘多目标 TSC 之间的时域相关特性，本章将给出一种基于 KF 的多个扩展型目标的 TSC 估计算法，该算法的前提是假设多个目标的间隔较远，即能从接收回波中区分出不同目标的回波信号，具体描述如算法 3.1 所示。

算法 3.1 基于 KF 的多个远距离间隔扩展型目标的 TSC 估计算法

1: 设定迭代索引 $k = 1$，初始化针对第 m 个目标的 TSC 估计值以及 MSE 分别为 $\hat{\boldsymbol{g}}_{m,k} = \boldsymbol{Q}_{m,k}\boldsymbol{r}_{m,k}$ 和 $\boldsymbol{N}_{m,k|k} = \boldsymbol{N}_{m,1}$。

2: 设定最大迭代次数 $K_{\max}$，且 $k = k + 1$。

3: **while** $k \leqslant K_{\max}$ **do**

4:　　根据在第 $k-1$ 个脉冲期间估计得到的 TIR $\hat{\boldsymbol{g}}_{m,k-1|k-1}$，预测第 m 个目标的 TSC 估计值为 $\hat{\boldsymbol{g}}_{m,k-1|k-1}$：

$$\hat{\boldsymbol{g}}_{m,k|k-1} = \mathrm{e}^{-T/\tau}\hat{\boldsymbol{g}}_{m,k-1|k-1} \tag{3.8}$$

5:　　根据预测得到的 TSC，更新第 m 个目标的 MSE 矩阵：

$$\boldsymbol{N}_{m,k|k-1} = \mathrm{e}^{-2T/\tau_m}\boldsymbol{N}_{m,k-1|k-1} + \left(1 - \mathrm{e}^{-2T/\tau_m}\right)\boldsymbol{R}_{m,g} \tag{3.9}$$

其中，$\boldsymbol{N}_{m,k-1|k-1}$ 为第 $k-1$ 个脉冲期间的 MSE 矩阵。

6:　　定义第 m 个目标的 KF 增益矩阵：

$$\boldsymbol{\Xi}_{m,k} \triangleq \boldsymbol{N}_{m,k|k-1}\boldsymbol{Z}_k^{\mathrm{H}}(\boldsymbol{Q}_{m,k}\boldsymbol{R}_w + \boldsymbol{Q}_{m,k}\boldsymbol{Z}_k\boldsymbol{N}_{m,k|k-1}\boldsymbol{Z}_k^{\mathrm{H}})^{-1} \tag{3.10}$$

7:　　在第 k 个脉冲期间，第 m 个目标的 TSC 估计值为

$$\hat{\boldsymbol{g}}_{m,k|k} = \hat{\boldsymbol{g}}_{m,k|k-1} + \boldsymbol{\Xi}_{m,k}\left(\hat{\boldsymbol{g}}_{m,k} - \boldsymbol{Q}_{m,k}\boldsymbol{Z}_k\hat{\boldsymbol{g}}_{m,k|k-1}\right) \tag{3.11}$$

其中，$\hat{\boldsymbol{g}}_{m,k} \triangleq \boldsymbol{Q}_{m,k}\boldsymbol{r}_{m,k}$。

8:　　第 k 个脉冲期间的 MSE 矩阵为

$$\boldsymbol{N}_{m,k|k} = \boldsymbol{N}_{m,k|k-1} - \boldsymbol{\Xi}_{m,k}\boldsymbol{Q}_{m,k}\boldsymbol{Z}_k\boldsymbol{N}_{m,k|k-1} \tag{3.12}$$

9:　　令 $k = k + 1$。

10: **end while**

3.3.2 针对多个远距离间隔扩展型目标的波形优化

基于 KF 算法得到目标 TSC 估计后，可以得到第 m 个扩展型目标在第 k 个脉冲期间内 TSC 估计的归一化 MSE 矩阵，有

$$e_{m,k} \triangleq \frac{\mathbb{E}\left\{\left\|\hat{\boldsymbol{g}}_{m,k|k} - \boldsymbol{g}_{m,k|k}\right\|_2^2\right\}}{\mathbb{E}\left\{\left\|\boldsymbol{g}_{m,k|k}\right\|_2^2\right\}} \tag{3.13}$$

其中

$$\mathbb{E}\left\{\left\|\hat{\boldsymbol{g}}_{m,k|k} - \boldsymbol{g}_{m,k|k}\right\|_2^2\right\} = \mathrm{tr}\left\{\mathbb{E}\left\{\left(\hat{\boldsymbol{g}}_{m,k|k} - \boldsymbol{g}_{m,k|k}\right)^{\mathrm{H}}\left(\hat{\boldsymbol{g}}_{m,k|k} - \boldsymbol{g}_{m,k|k}\right)\right\}\right\}$$
$$= \mathrm{tr}\left\{\boldsymbol{N}_{m,k|k}\right\} \tag{3.14}$$

$$\mathbb{E}\left\{\left\|\boldsymbol{g}_{m,k|k}\right\|_2^2\right\} = \mathrm{tr}\left\{\mathbb{E}\left\{\boldsymbol{g}_{m,k|k}\boldsymbol{g}_{m,k|k}^{\mathrm{H}}\right\}\right\} = \mathrm{tr}\left\{\boldsymbol{R}_{m,g}\right\} \tag{3.15}$$

因此有

$$e_{m,k} = \frac{\mathrm{tr}\left\{\boldsymbol{N}_{m,k|k}\right\}}{\mathrm{tr}\left\{\boldsymbol{R}_{m,g}\right\}} \tag{3.16}$$

为了最小化该 MSE，接下来将给出一种新的方法来描述针对多个扩展型目标的 TSC 估计性能。首先定义 MSE 的线性权重和为

$$e_k \triangleq \sum_{m=1}^{M} \alpha_m e_m \tag{3.17}$$

其中，M 表示扩展型目标的个数；$\boldsymbol{\alpha} \triangleq [\alpha_1, \cdots, \alpha_M]^{\mathrm{T}}$ $(\alpha_m \geqslant 0)$ 表示权重向量，且满足 $\sum_{m=1}^{M} \alpha_m = 1$，该权重向量描述了不同目标的估计精度要求。因此，可以构建如下优化问题进行波形设计：

$$\begin{cases} \min_{\boldsymbol{s}_k} & e_k \\ \mathrm{s.t.} & \|\boldsymbol{s}_k\|_2^2 \leqslant E_s \end{cases} \tag{3.18}$$

其中，E_s 为总发射功率约束。

为了优化设计雷达发射波形，通过将式 (3.10) 代入式 (3.12)，可以得到上述优化问题目标函数的简化形式：

$$\boldsymbol{N}_{m,k|k} = \boldsymbol{N}_{m,k|k-1} - \boldsymbol{N}_{m,k|k-1}\boldsymbol{Z}_k^{\mathrm{H}}\left(\boldsymbol{R}_w + \boldsymbol{Z}_k\boldsymbol{N}_{m,k|k-1}\boldsymbol{Z}_k^{\mathrm{H}}\right)^{-1}\boldsymbol{Z}_k\boldsymbol{N}_{m,k|k-1} \tag{3.19}$$

根据 Woodbury 矩阵等式[①]，有

$$N_{m,k|k} = \left(N_{m,k|k-1}^{-1} + Z_k^{\mathrm{H}} R_w^{-1} Z_k \right)^{-1} \tag{3.20}$$

那么，最优化问题 (3.18) 可以显式地表示为

$$\begin{cases} \displaystyle\min_{z_k} & \displaystyle\sum_{m=1}^{M} \frac{\alpha_m}{\mathrm{tr}\,\{R_{m,g}\}} \mathrm{tr}\left\{ \left(N_{m,k|k-1}^{-1} + Z_k^{\mathrm{H}} R_w^{-1} Z_k \right)^{-1} \right\} \\ \mathrm{s.t.} & Z_k = \mathrm{diag}\,\{z_k\} \\ & \|z_k\|_2^2 \leqslant E_s \end{cases} \tag{3.21}$$

式 (3.21) 所描述的为非凸优化问题，不能直接有效地求解，接下来本节将给出一种该非凸优化问题的求解方法，具体如下。

首先，定义 $W_k \triangleq \left(z_k z_k^{\mathrm{H}} \right)^{\mathrm{T}}$，有

$$N_{m,k|k} = \left(N_{m,k|k-1}^{-1} + R_w^{-1} \circ W_k \right)^{-1} \tag{3.22}$$

因此，最优化问题 (3.21) 等价于

$$\begin{cases} \displaystyle\min_{W_k} & \displaystyle\sum_{m=1}^{M} \frac{\alpha_m}{\mathrm{tr}\,\{R_{m,g}\}} \mathrm{tr}\left\{ \left(N_{m,k|k-1}^{-1} + R_w^{-1} \circ W_k \right)^{-1} \right\} \\ \mathrm{s.t.} & \mathrm{tr}\,\{W_k\} \leqslant E_s \\ & \mathrm{rank}\,\{W_k\} = 1 \\ & W_k^{\mathrm{H}} = W_k \end{cases} \tag{3.23}$$

受 SDP 问题[115] 的启发，可以将秩约束条件 $\mathrm{rank}\,\{W_k\} = 1$ 去除，从而得到一个凸优化问题：

$$\begin{cases} \displaystyle\min_{W_k} & \displaystyle\sum_{m=1}^{M} \frac{\alpha_m}{\mathrm{tr}\,\{R_{m,g}\}} \mathrm{tr}\left\{ \left(N_{m,k|k-1}^{-1} + R_w^{-1} \circ W_k \right)^{-1} \right\} \\ \mathrm{s.t.} & \mathrm{tr}\,\{W_k\} \leqslant E_s \\ & W_k^{\mathrm{H}} = W_k \end{cases} \tag{3.24}$$

利用优化工具箱，如 CVX 中的 SeDuMi 或者 SDPT3 算法[116]，便可求得不存在秩约束条件时的最优化矩阵 W_k^*。根据特征值分解，有

$$W_k^* = \sum_{r=1}^{R} \lambda_r x_r x_r^{\mathrm{H}} \tag{3.25}$$

---

① $(A + CBC^{\mathrm{H}})^{-1} = A^{-1} - A^{-1} C \left(B^{-1} + DC \right)^{-1} D$，其中 $D \triangleq C^{\mathrm{H}} A^{-1}$。

其中，λ_r 表示矩阵 $\boldsymbol{W}_k^*$ 的特征值；$\boldsymbol{x}_r$ 表示对应的特征向量；R 表示特征值的总数。可以采用最大特征值 $\lambda_{\max}$ 对应的特征向量 $\boldsymbol{x}_{\max}$ 来设计发射波形，从而得到优化波形如下：

$$\boldsymbol{z}_k^* = \frac{\sqrt{E_s}\,\text{conj}\left\{\boldsymbol{x}_{\max}\right\}}{\|\boldsymbol{x}_{\max}\|_2} \tag{3.26}$$

3.4 多个近距离间隔目标的 TSC 估计

3.4.1 基于 KF 的多个近距离间隔目标 TSC 估计算法

当多个扩展型目标两两之间的间距较小时，那么来自不同目标的回波信号会相互叠加，从而导致无法从接收信号中区分来自不同目标的回波信号。对此，根据式 (3.4)，有

$$\boldsymbol{r}_k = \sum_{m=1}^M \boldsymbol{Z}_k \boldsymbol{g}_{m,k} + \boldsymbol{w} \tag{3.27}$$

则在对第 j 个目标进行 TSC 估计时，可以将来自其他目标的回波信号看成干扰信号，那么式 (3.6) 中的 MAP 矩阵就可以表示为

$$\boldsymbol{Q}_{j,k}' \triangleq \left(\boldsymbol{Z}_k^{\text{H}} \boldsymbol{R}_{I,j}^{-1} \boldsymbol{Z}_k + \boldsymbol{R}_{j,g}^{-1}\right)^{-1} \boldsymbol{Z}_k^{\text{H}} \boldsymbol{R}_{I,j}^{-1} \tag{3.28}$$

其中，$\boldsymbol{R}_{I,j} \triangleq \boldsymbol{Z}_k \left(\sum_{m=1,m\neq j}^M \boldsymbol{R}_{m,g}\right) \boldsymbol{Z}_k^{\text{H}} + \boldsymbol{R}_w$ 为干扰和噪声的协方差矩阵。针对第 j 个目标 MAP 估计的 MSE 矩阵为

$$\begin{aligned}\boldsymbol{P}_{j,1} &\triangleq \mathbb{E}\left\{\left(\hat{\boldsymbol{g}}_{j,k} - \boldsymbol{g}_{j,k}\right)\left(\hat{\boldsymbol{g}}_{j,k} - \boldsymbol{g}_{j,k}\right)^{\text{H}}\right\} \\ &= \boldsymbol{Q}_{j,k}'\left(\boldsymbol{Z}_k \boldsymbol{R}_{j,g} \boldsymbol{Z}_k^{\text{H}} + \boldsymbol{R}_{I,j}\right)\boldsymbol{Q}_{j,k}'^{\text{H}} - \boldsymbol{Q}_{j,k}'\boldsymbol{Z}_k \boldsymbol{R}_{j,g} - \boldsymbol{R}_{j,k}\boldsymbol{Z}_k^{\text{H}}\boldsymbol{Q}_{j,k}'^{\text{H}} + \boldsymbol{R}_{j,k}\end{aligned} \tag{3.29}$$

为了提高 TSC 估计性能，本章提出一种针对多个近距离间隔扩展型目标的 TSC 估计方法，具体实现过程见算法 3.2。

算法 3.2 基于 KF 的多个近距离间隔扩展型目标的 TSC 估计算法

1: 初始化：设置迭代次数为 $k = 1$，第 j 个目标的 TSC 估计值 $\hat{\boldsymbol{g}}_{j,k} = \boldsymbol{Q}_{j,k}'\boldsymbol{r}_k$，相应的 MSE 矩阵为 $\boldsymbol{P}_{j,k|k} = \boldsymbol{P}_{j,1}$。最大迭代次数为 $K_{\max}$。

2: **while** $k \leqslant K_{\max}$ **do**

3: 根据第 j 个目标在第 $k-1$ 个脉冲期间的 TSC 估计值，可以得到 TSC 预测值如下：

$$\hat{\boldsymbol{g}}_{j,\,k|k-1} = \text{e}^{-T/\tau}\hat{\boldsymbol{g}}_{j,\,k-1|k-1} \tag{3.30}$$

4: 根据预测得到的 TSC 估计值，更新第 j 个目标的 MSE 矩阵：

$$\boldsymbol{P}_{j,\,k|k-1} = \text{e}^{-2T/\tau_j}\boldsymbol{P}_{j,\,k-1|k-1} + \left(1 - \text{e}^{-2T/\tau_j}\right)\boldsymbol{R}_{j,g} \tag{3.31}$$

其中，$\boldsymbol{P}_{j,\,k-1|k-1}$ 为第 $k-1$ 个脉冲的 MSE 矩阵。

5:    定义第 j 个目标的 KF 增益矩阵为

$$\boldsymbol{\Xi}'_{j,k} \triangleq \boldsymbol{P}_{j,k|k-1} \boldsymbol{Z}_k^{\mathrm{H}} \left(\boldsymbol{Q}'_{j,k} \boldsymbol{R}_{I,j} + \boldsymbol{Q}'_{j,k} \boldsymbol{Z}_k \boldsymbol{P}_{j,k|k-1} \boldsymbol{Z}_k^{\mathrm{H}} \right)^{-1} \tag{3.32}$$

6:    更新第 j 个目标第 k 个脉冲期间的 TSC 估计值：

$$\hat{\boldsymbol{g}}_{j,k|k} = \hat{\boldsymbol{g}}_{j,k|k-1} + \boldsymbol{\Xi}'_{j,k} \left(\hat{\boldsymbol{g}}_{j,k} - \boldsymbol{Q}'_{j,k} \boldsymbol{Z}_k \hat{\boldsymbol{g}}_{j,k|k-1} \right) \tag{3.33}$$

其中，$\hat{\boldsymbol{g}}_{j,k} \triangleq \boldsymbol{Q}'_{j,k} \boldsymbol{r}_k$。

7:    更新第 j 个目标在第 k 个脉冲期间的 MSE 矩阵：

$$\boldsymbol{P}_{j,k|k} = \boldsymbol{P}_{j,k|k-1} - \boldsymbol{\Xi}'_{j,k} \boldsymbol{Q}'_{j,k} \boldsymbol{Z}_k \boldsymbol{P}_{j,k|k-1} \tag{3.34}$$

8:    $k = k + 1$。

9: **end while**

3.4.2   针对多个近距离间隔扩展型目标的波形优化

根据算法 3.2，可以得到第 j 个目标在第 k 个脉冲期间内 TSC 估计的 MSE 矩阵，有

$$\boldsymbol{P}_{j,k|k} = \boldsymbol{P}_{j,k|k-1} - \boldsymbol{P}_{j,k|k-1} \boldsymbol{Z}_k^{\mathrm{H}} \left(\boldsymbol{R}_{I,j} + \boldsymbol{Z}_k \boldsymbol{P}_{j,k|k-1} \boldsymbol{Z}_k^{\mathrm{H}} \right)^{-1} \boldsymbol{Z}_k \boldsymbol{P}_{j,k|k-1} \tag{3.35}$$

根据 Woodbury 矩阵等式，有 $\boldsymbol{P}_{j,k|k} = \left(\boldsymbol{P}_{j,k|k-1}^{-1} + \boldsymbol{Z}_k^{\mathrm{H}} \boldsymbol{R}_{I,j}^{-1} \boldsymbol{Z}_k \right)^{-1}$。因此，可以将波形设计问题构建为如下的最优化问题：

$$\begin{cases} \min\limits_{\boldsymbol{z}_k} & \sum\limits_{j=1}^{M} \dfrac{\alpha_j}{\mathrm{tr}\{\boldsymbol{R}_{j,g}\}} \mathrm{tr} \left\{ \left(\boldsymbol{P}_{j,k|k-1}^{-1} + \boldsymbol{Z}_k^{\mathrm{H}} \boldsymbol{R}_{I,j}^{-1} \boldsymbol{Z}_k \right)^{-1} \right\} \\[2mm] \text{s.t.} & \boldsymbol{R}_{I,j} = \boldsymbol{Z}_k \left(\sum\limits_{m=1,m\neq j}^{M} \boldsymbol{R}_{m,g} \right) \boldsymbol{Z}_k^{\mathrm{H}} + \boldsymbol{R}_w \\[2mm] & \boldsymbol{Z}_k = \mathrm{diag}\{\boldsymbol{z}_k\} \\[1mm] & \|\boldsymbol{z}_k\|_2^2 \leqslant E_s \end{cases} \tag{3.36}$$

上述最优化问题所描述的是一个非凸优化问题，并且无法直接采用 3.3.2 节提出的方法求解。对此，本小节将给出一种新的优化发射信号的方法，具体步骤如下：

(1) 不考虑来自其他目标回波信号干扰的情况下，得到优化的发射波形 $\boldsymbol{z}_k'^*$；

(2) 通过一个修正项 $\boldsymbol{c}_k$ 来修正步骤 (1) 所得到的优化波形。

通过第一步操作，可以将最优化问题 (3.36) 转化为 (3.21)，此时便可以利用 3.3.2 节的方法得到优化后的发射波形 $\boldsymbol{z}_k'^*$。

在步骤 (2) 中，利用最陡下降法，可以求得修正项 $\boldsymbol{c}_k$。式 (3.36) 中的最陡下降方向可以表示为 $\boldsymbol{d}$，并通过构建如下凸优化问题进行求解，即

$$\begin{cases} \min\limits_{\boldsymbol{d}} & z \\ \text{s.t.} & \nabla f\left(\boldsymbol{z}_k'^{*}\right)\boldsymbol{d} \leqslant z \\ & -\nabla g\left(\boldsymbol{z}_k'^{*}\right)\boldsymbol{d} \leqslant z \\ & -1 \leqslant d_n \leqslant 1, \quad n = 1, 2, \cdots, N \end{cases} \tag{3.37}$$

其中，N 为信号向量 $\boldsymbol{z}_k$ 的长度；$g\left(\boldsymbol{z}_k'^{*}\right)$ 为发射功率约束，并且有

$$g\left(\boldsymbol{z}_k'^{*}\right) \triangleq \left\|\boldsymbol{z}_k'^{*}\right\|_2^2 - E_s \tag{3.38}$$

$$f\left(\boldsymbol{z}_k'^{*}\right) \triangleq \sum_{j=1}^M \frac{\alpha_j}{\operatorname{tr}\left\{\boldsymbol{R}_{j,g}\right\}} \operatorname{tr}\left\{\left(\boldsymbol{P}_{j,\,k|k-1}^{-1} + \boldsymbol{Z}_k^{\mathrm{H}}\boldsymbol{R}_{I,j}^{-1}\boldsymbol{Z}_k\right)^{-1}\right\}$$

$f\left(\boldsymbol{z}_k'^{*}\right)$ 的导数为 [112]

$$\frac{\partial f\left(\boldsymbol{z}_k'^{*}\right)}{\partial z_{k,n}^{*}} = \sum_{j=1}^M \frac{\alpha_j}{\operatorname{tr}\left\{\boldsymbol{R}_{j,g}\right\}} \operatorname{tr}\left\{\boldsymbol{X}_j^{-2T}\left(\boldsymbol{I} + \boldsymbol{Z}_k'^{\mathrm{H}}\boldsymbol{R}_w^{-1}\boldsymbol{Z}_k'^{*}\sum_{m=1,m\neq j}^M \boldsymbol{R}_{m,g}\right)^{-1}\right. \tag{3.39}$$

$$\left.\left(\boldsymbol{\Delta}_{nn}\,\boldsymbol{R}_w^{-1}\boldsymbol{Z}_k'^{*} + \boldsymbol{Z}_k'^{*\mathrm{H}}\boldsymbol{R}_w^{-1}\boldsymbol{\Delta}_{nn}\right)\left(\boldsymbol{I} + \sum_{m=1,m\neq j}^M \boldsymbol{R}_{m,g}\boldsymbol{Z}_k'^{*\mathrm{H}}\boldsymbol{R}_w^{-1}\boldsymbol{Z}_k'^{*}\right)\right\} \tag{3.40}$$

其中，$\boldsymbol{Z}_k'^{*} \triangleq \operatorname{diag}\left\{\boldsymbol{z}_k'^{*}\right\}$；$\boldsymbol{\Delta}_{nn}$ 的第 n 个对角元素为 1，其他元素为 0，且有

$$\boldsymbol{X}_j \triangleq \boldsymbol{P}_{j,\,k|k-1}^{-1} + \left(\sum_{m=1,m\neq j}^M \boldsymbol{R}_{m,g}\right)^{-1} - \left[\sum_{m=1,m\neq j}^M \boldsymbol{R}_{m,g}\right.$$

$$\left. + \left(\sum_{m=1,m\neq j}^M \boldsymbol{R}_{m,g}\right)\boldsymbol{Z}_k'^{*\mathrm{H}}\boldsymbol{R}_w^{-1}\boldsymbol{Z}_k'^{*}\left(\sum_{m=1,m\neq j}^M \boldsymbol{R}_{m,g}\right)\right]^{-1} \tag{3.41}$$

故

$$\nabla f\left(\boldsymbol{z}_k'^{*}\right) = \left(\frac{\partial f\left(\boldsymbol{z}_k'^{*}\right)}{\partial z_{k,1}'^{*}}, \frac{\partial f\left(\boldsymbol{z}_k'^{*}\right)}{\partial z_{k,2}'^{*}}, \cdots, \frac{\partial f\left(\boldsymbol{z}_k'^{*}\right)}{\partial z_{k,N}'^{*}}\right) \tag{3.42}$$

$\boldsymbol{c}_k$ 可以通过最大化 $\boldsymbol{d}$ 与 $\boldsymbol{c}_k$ 的相似度求得，即

$$\begin{cases} \boldsymbol{c}_k^{*} = \arg\min\limits_{\boldsymbol{c}_k}\left\{-\boldsymbol{c}_k^{\mathrm{H}}\boldsymbol{d}\right\} \\ \text{s.t. } g\left(\boldsymbol{z}_k''^{*}\right) = \left\|\boldsymbol{z}_k''^{*}\right\|_2^2 - E_s = 0 \\ \boldsymbol{z}_k''^{*} = \boldsymbol{z}_k'^{*} + \boldsymbol{c}_k \end{cases} \tag{3.43}$$

最终，可以得到针对多个近距离间隔目标的优化发射波形为 $\boldsymbol{z}^{*} = \boldsymbol{z}'^{*} + \boldsymbol{c}_k^{*}$。

3.5   仿 真 实 验

本节将对所提出的两种波形优化算法进行仿真分析，包括针对多个远距离间隔扩展型目标以及多个近距离间隔扩展型目标的 TSC 估计。仿真使用了两个具有不同 TSC 协方差矩阵的扩展型目标，第 1 个和第 2 个目标的 PSD 函数分别如图 3.2(a) 和图 3.2(b) 所示，具体仿真参数见表 3.1。

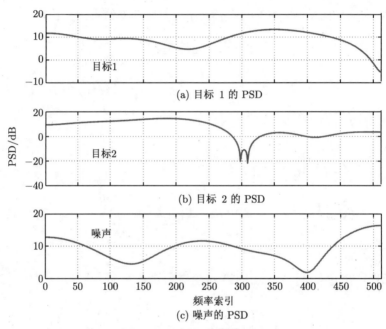

(a) 目标 1 的 PSD

(b) 目标 2 的 PSD

(c) 噪声的 PSD

图 3.2   目标与噪声的 PSD

表 3.1   多个扩展型目标估计的仿真参数

参数	取值
时域相关常数 τ	1 s
信号长度 N	10
PRI T_r	1 ms
回波信号 SNR	10 dB
KF 迭代次数	20
总发射功率 E_s	1

仿真过程中分别考虑了加性高斯白噪声 (AWGN) 以及加性高斯有色噪声 (ACGN)，其中 ACGN 的 PSD 函数如图 3.2(c) 所示。为了对比估计性能，本章主要针对以下 TSC 估计场景进行分析，具体包括：

(1) 采用非优化波形的基于 MAP 的 TSC 估计方法；

(2) 采用非优化波形的基于 KF 的 TSC 估计方法；

(3) 采用基于注水法的波形优化算法，以及 KF 的 TSC 估计方法；

(4) 采用基于本章所提波形优化算法，以及 KF 的 TSC 估计方法。

3.5.1 针对多个远距离间隔扩展型目标的波形优化

当目标间距较远时，雷达系统可以从接收信号中分辨出来自不同目标的回波信号，即回波信号之间不会相互干扰，因此，可以分别估计每个扩展型目标的 TSC。

首先，给出 AWGN 条件下的多目标 TSC 估计仿真。如图 3.3(a) 和图 3.3(b) 所示分别为第 1 个目标和第 2 个目标 TSC 估计的归一化 MSE。仿真中，分别采用 MAP 算法和 KF 算法，在不同发射波形条件下进行目标 TSC 的估计。为了验证本章所提出算法的有效性，采用文献 [49] 中提出的波形优化算法作为对比算法进行仿真实验 (简称对比算法)。由于对比算法只适用于单个目标，因此，仿真对比时，两种算法都分别针对单个目标进行发射波形的优化。从图中可以看出，波形优化前基于 KF 的 TSC 估计方法性能优于基于 MAP 的单脉冲估计方法 (约 10%)。针对第 1 个目标采用对比算法进行优化，优化后第 1 个和第 2 个目标的

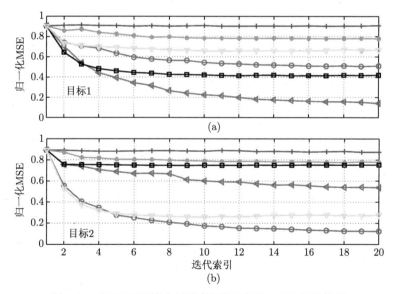

图 3.3 AWGN 环境中远距离间隔目标的 TSC 估计性能

(a) 目标 1 的 TSC 估计归一化 MSE; (b) 目标 2 的 TSC 估计归一化 MSE

+ 表示采用非优化波形的 MAP 估计方法; ∗ 表示采用非优化波形的 KF 估计方法;

□ 表示针对目标 1 优化波形 (KF 估计方法)[49]; ▽ 表示针对目标 2 优化波形 (KF 估计方法)[49];

◁ 表示针对目标 1 优化波形 (本章方法); ○ 表示针对目标 2 优化波形 (本章方法)

TSC 估计性能分别提高 15% 和 50%；而采用本章所提出的波形优化算法，两个目标的 TSC 估计性能相比对比算法分别提高 28% 和 65%。针对第 2 个目标采用对比算法进行波形优化，优化后的 TSC 估计性能相比未优化时提高 3% 和 64%；采用本章所提出的波形优化算法时，TSC 估计性能分别提高 30% 和 85%。因此，对于远距离间隔目标，相比对比算法，采用本章所提出的波形优化算法可以获得更优的 TSC 估计性能。

　　在联合波形优化过程中，权重向量 $\boldsymbol{\alpha}$ 用来控制不同目标的优先级，图 3.4(a) 和图 3.4(b) 分别给出了不同权重向量条件下两个目标的 TSC 估计性能。从图中可以看出，通过增加目标相应的权重系数可以提高该目标的 TSC 估计性能。图 3.5 给出了两个目标的联合估计性能。从图中可以看出，图中靠近左下角位置的权重向量可以获得最优的联合估计性能。

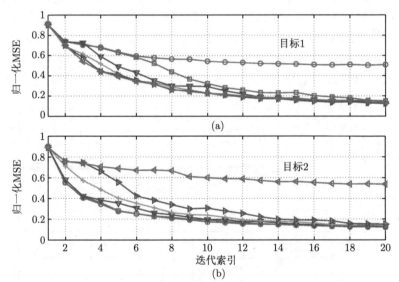

图 3.4　AWGN 环境中不同权重向量 $\boldsymbol{\alpha}$ 时远距离间隔目标的 TSC 估计性能

(a) 目标 1 的 TSC 估计归一化 MSE；(b) 目标 2 的 TSC 估计归一化 MSE

○ 表示 $\boldsymbol{\alpha} = [0, 1]$；□ 表示 $\boldsymbol{\alpha} = [0.2, 0.8]$；▽ 表示 $\boldsymbol{\alpha} = [0.4, 0.6]$；+ 表示 $\boldsymbol{\alpha} = [0.6, 0.4]$；

▷ 表示 $\boldsymbol{\alpha} = [0.8, 0.2]$；◁ 表示 $\boldsymbol{\alpha} = [1, 0]$

　　另外，针对 ACGN 环境，本节也进行了目标 TSC 估计性能的仿真验证，不同优化方法的估计性能分别如图 3.6(a) 和图 3.6(b) 所示。从图中可以看出，针对目标 1 和目标 2，本章所提出算法的 TSC 估计性能相比对比算法分别提升了 83% 和 75%。同时，图 3.7(a) 和图 3.7(b) 还分别给出了不同权重向量系数对估计性能的影响，由仿真结果可知，通过提高响应的权重系数能够获得与 AWGN 环境基本一致的性能。此外，图 3.8 给出了两个目标的联合估计性能，结果表明，本章所提出的算法能够实现两个目标的联合优化,并且受权重系数的影响较小。

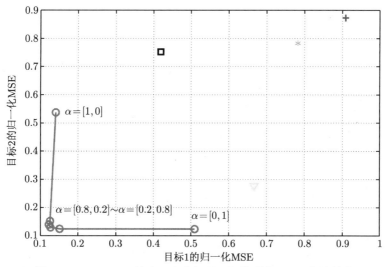

图 3.5 AWGN 环境中远距离间隔目标的联合 TSC 估计性能

+ 表示未优化发射波形的 MAP 估计方法; * 表示未优化发射波形的 KF 估计方法;
○ 表示采用本章所提优化波形的 KF 方法;□ 表示针对目标 1 优化波形的 KF 方法[49];
▽ 表示针对目标 2 优化波形的 KF 方法[49]

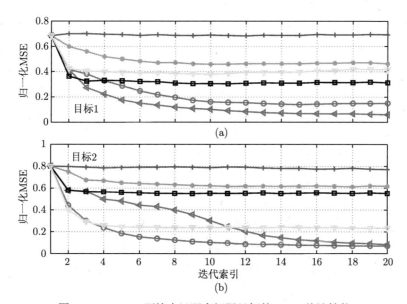

图 3.6 ACGN 环境中远距离间隔目标的 TSC 估计性能

(a) 目标 1 的 TSC 估计归一化 MSE;(b) 目标 2 的 TSC 估计归一化 MSE(本图标注与图 3.3 相同)

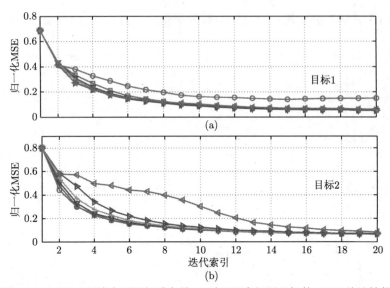

图 3.7　ACGN 环境中不同权重向量 α 时远距离间隔目标的 TSC 估计性能

(a) 目标 1 的 TSC 估计归一化 MSE；(b) 目标 2 的 TSC 估计归一化 MSE (本图标注与图 3.4 相同)

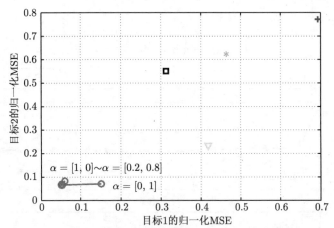

图 3.8　AWGN 环境中远距离间隔目标的联合 TSC 估计性能

本图标注与图 3.5 相同

3.5.2　针对多个近距离间隔扩展型目标的波形优化

　　本节主要针对多个近距离目标进行 TSC 估计性能的仿真测试。与针对远距离目标的仿真测试相同，对于多个近距离目标也分别给出了两种噪声环境下的性能仿真。

　　如图 3.9(a) 和图 3.9(b) 所示为在 AWGN 环境下不同发射波形的 TSC 估计性能。针对目标 1，分别采用对比算法和本章所提出的算法进行波形优化，结果表明,本章所提出的算法相比对比算法,TSC 估计性能提升约 30%;针对目标 2,两种算法的 TSC 估计性能基本一致。同时,图 3.10(a) 和图 3.10(b) 中给出了权重向量

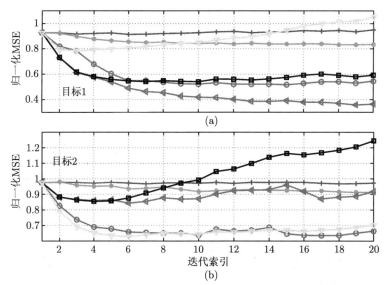

图 3.9 AWGN 环境中近距离间隔目标的 TSC 估计性能

(a) 目标 1 的 TSC 估计归一化 MSE;(b) 目标 2 的 TSC 估计归一化 MSE (本图标注与图 3.3 相同)

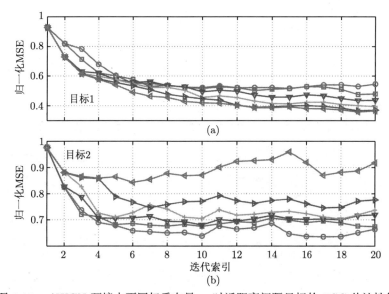

图 3.10 AWGN 环境中不同权重向量 α 时近距离间隔目标的 TSC 估计性能

(a) 目标 1 的 TSC 估计归一化 MSE;(b) 目标 2 的 TSC 估计归一化 MSE (本图标注与图 3.4 相同)

对估计性能的影响。从图中可以看出，通过优化权重系数，可以改善多个目标的估计结果。图 3.11 所示为多个目标的联合估计性能。从图中可以看出，与其他波形优化算法相比，本章所提出的波形优化算法可以获得更好的 TSC 估计性能。

　　图 3.12(a) 和图 3.12(b) 所示为 ACGN 环境下的近距离间隔目标的 TSC 估计性能。针对目标 1，采用本章所提出的优化算法和对比算法进行波形优化，

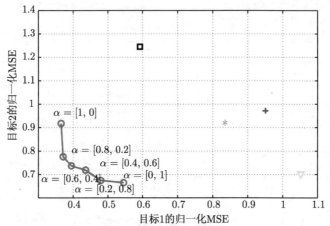

图 3.11　AWGN 环境中近距离间隔目标的联合 TSC 估计性能

本图标注与图 3.5 相同

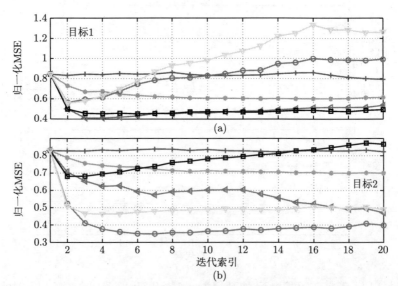

图 3.12　ACGN 环境中近距离间隔目标的 TSC 估计性能

(a) 目标 1 的 TSC 估计归一化 MSE；(b) 目标 2 的 TSC 估计归一化 MSE (本图标注与图 3.3 相同)

可以看出两种算法的估计性能相当；然而针对目标 2，采用本章所提出的算法能够获得 20% 的性能提升。图 3.13(a) 和图 3.13(b) 为不同权重系数条件下的 TSC 估计性能，联合估计性能如图 3.14 所示，综合仿真结果可以看出，和对比算法相比，本章所提出的优化算法可以获得更好的目标 TSC 联合估计性能。

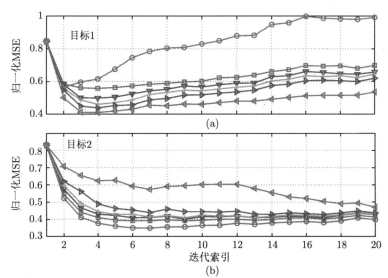

图 3.13   ACGN 环境中不同权重向量 α 时近距离间隔目标的 TSC 估计性能

(a) 目标 1 的 TSC 估计归一化 MSE；(b) 目标 2 的 TSC 估计归一化 MSE (本图标注与图 3.4 相同)

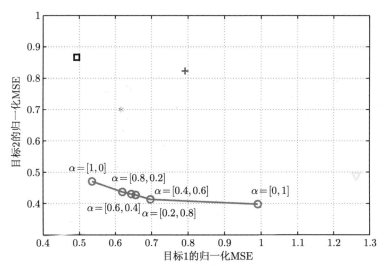

图 3.14   ACGN 环境中近距离间隔目标的联合 TSC 估计性能

本图标注与图 3.5 相同

3.6　讨　　论

本章通过优化设计多个扩展型目标的发射波形，实现了 TSC 估计性能的提升，中间并没有考虑杂波信号对估计性能的干扰。一般情况下，可以采用 Swerling 模型来描述 TSC，根据文献 [47]、[107] 的描述，杂波干扰与扩展型目标的建模方法相同，可以用杂波冲激响应来描述杂波干扰，因此，杂波的回波信号可以看作近距离间隔扩展型目标的回波信号，也就是说，本章所提的针对多个近距离间隔目标的模型优化算法也适用于含有杂波干扰情况的发射波形优化，通过优化选择合适的权重向量，便可以有效抑制杂波干扰。

3.7　本 章 小 结

针对多个时域相关扩展型目标的 TSC 估计问题，本章通过优化设计雷达发射波形，并提出一种基于 KF 联合 TSC 估计方法，实现了多个目标 TSC 估计性能的提高。针对多个远距离和近距离扩展型目标，本章提出了基于权重向量的联合波形优化算法，在 KF 的每一步迭代过程中，均以最小化 TSC 估计的 MSE 为目的。同时，在波形优化过程中，通过将原始的非凸优化问题转换为一个 SPD 问题，克服了非凸优化问题难以求解的困难。仿真结果表明，与对比算法相比，采用本章所提出的联合波形优化算法可以显著提高多个扩展型目标的 TSC 估计性能。

第 4 章 基于压缩感知的参数估计与波形优化

4.1 引　言

压缩感知 (CS) 理论目前已广泛应用于雷达、无线通信、图像处理及生物医学等领域，基于 CS 理论，可以采用远少于传统采样理论要求的测量数据来重构稀疏信号 [16-21]。在雷达系统中，通过测量发射信号和回波信号之间的多普勒频移和时延等，可以估计出目标的速度、距离等参数信息。由于上述目标参数可以建模为时延多普勒平面上相应的点，因此，通过充分挖掘这些点在时延多普勒平面上的稀疏特性，结合 CS 理论，可以实现目标参数的稀疏重构，完成对目标参数的估计 [23]。现有研究表明，CS 雷达能够在远少于传统雷达测量数据的条件下，获得几乎与其一致的估计性能 [58]。例如，文献 [59] 提出一种基于 CS 的 MIMO 雷达系统，通过采用窄带步进频波形便可达到高精度的目标距离、角度以及速度估计。

通常，CR 系统能够通过优化发射波形来适应不同的工作环境，从而实现良好的目标检测、跟踪与定位性能 [25-28]。在传统 CR 系统中，主要针对以下 2 个指标进行优化 [39-44]：

(1) 回波波形与扩展型目标之间的互信息量；

(2) 回波信号的 SINR。

然而对于基于 CS 的 CR 系统来说，其波形优化算法与目标函数都与传统 CR 系统有着很大的不同，特别当存在多个扩展型目标时，优化设计复杂环境下基于 CS 的 CR 系统依然充满了挑战。有研究表明，对于基于 CS 的 CR 系统，可以通过分别优化发射波形和感知矩阵来提高系统的稀疏重构性能 [62]。一般情况下，感知矩阵服从次高斯分布，并满足 RIP 准则 [16]，因此，发射波形优化成为提升压缩感知 CR 系统稀疏重构性能的关键。

由于 RIP 准则是一个 NP-hard (non-deterministic polynomial-time hard) 问题，对此文献 [90] 指出可以用字典矩阵的互相干系数来代替 RIP 准则，因此，针对远场点目标，大量基于最小化字典矩阵互相干系数的波形优化算法被提出 [3,32,63]。然而，对于扩展型目标的压缩感知 CR 系统模型和波形优化算法，现有文献仍涉及较少。针对上述现状和挑战，本章将主要考虑多个扩展型目标的距离和速度估计问题，同时给出一种基于 CS 理论的 CR 系统模型。

4.2　多个扩展型目标的雷达系统建模

4.2.1　接收信号模型

　　现有基于 CS 的雷达模型多采用点目标模型进行描述，那么来自目标的回波信号便是原始发射波形的时延或者多普勒频移。然而，当目标占用多个分辨单元时，将其描述为扩展型目标则更为合理 [47]。如图 4.1 所示，采用目标冲激响应 (TIR) 来描述该雷达系统中的 L 个扩展型目标。假设第 l 个扩展型目标的速度、距离以及目标冲激响应分别为 v_l、D_l 以及 $h_l(t)$，则来自第 l 个目标的回波信号可以表示为

$$g_l(\tau_l, f_{D,l}, t) = h_l(t - \tau_l) * s(t - \tau_l)\, \mathrm{e}^{\mathrm{j}2\pi f_{D,l}t}, \quad t \in [0, T) \tag{4.1}$$

其中，$*$ 表示卷积运算；$s(t)$ 表示发射波形；t 表示连续时间；T 表示脉冲持续时间；$\tau_l = \dfrac{2D_l}{c}$ 表示时延；$f_{D,l} = \dfrac{2v_l}{c} f_C$ 表示由于目标运动而引起的多普勒频移，f_C 表示载波频率，c 表示电磁波传播速度。因此，所有目标回波叠加形成的接收信号为

$$r(t) = \sum_{l=0}^{L-1} g_l(\tau_l, f_{D,l}, t) + n(t) \tag{4.2}$$

其中，$n(t)$ 表示加性高斯白噪声 (AWGN)。

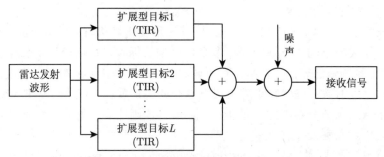

图 4.1　针对多个扩展型目标的雷达系统模型

　　方便起见，将连续时间信号 $r(t)$ 表示为离散向量形式。由于接收信号向量 $r(t)$ 中包含了时延和多普勒频移信息，因此，接收信号可以通过以下两个步骤进行简化。

　　(1) 时延：只考虑时延 τ_l，以采样频率 f_S 对信号 $g_l(\tau_l, 0, t)$ 进行采样，得到离散向量如下：

$$\boldsymbol{g}_l(\tau_l, 0) = \left[\boldsymbol{0}_{N_{\tau_l}}, \boldsymbol{g}_l^{\mathrm{T}}, \boldsymbol{0}_{N_R - N_{\tau_l} - N}\right]^{\mathrm{T}} \tag{4.3}$$

其中，$\boldsymbol{g}_l \triangleq \boldsymbol{g}_l(0,0)$ 表示信号 $g_l(0,0,t)$ 的向量形式，向量长度为 $N = \lfloor Tf_S \rfloor$；$\boldsymbol{0}_{N_{\tau_l}}$ 表示长度为 $N_{\tau_l} = \lfloor \tau_l f_S \rfloor$ 的零向量；N_R 为向量 $\boldsymbol{g}(D_l,0)$ 的长度。

(2) 多普勒频移：若只考虑多普勒频移 $f_{D,l}$，以采样频率 f_S 对信号 $g_l(0,v_l,t)$ 进行采样，得到离散向量如下：

$$\boldsymbol{g}_l(0,f_{D,l}) = \boldsymbol{E}_N(f_{D,l})\boldsymbol{g}_l \tag{4.4}$$

其中，对角矩阵 $\boldsymbol{E}_N(f_{D,l}) \in \mathbb{C}^{N \times N}$ 的定义如下：

$$\boldsymbol{E}_N(f_{D,l}) \triangleq \mathrm{diag}\left\{ \mathrm{e}^{\mathrm{j}2\pi\frac{f_{D,l}}{f_S}}, \mathrm{e}^{\mathrm{j}2\pi\frac{2f_{D,l}}{f_S}}, \cdots, \mathrm{e}^{\mathrm{j}2\pi\frac{Nf_{D,l}}{f_S}} \right\} \tag{4.5}$$

定义 $h_l(t)$ 的向量表示为 $\boldsymbol{h}_l \in \mathbb{C}^{N \times 1}$，可以得到卷积矩阵如下：

$$\boldsymbol{H}_l \triangleq \begin{bmatrix} h_l(0) & h_l(N-1) & \dots & h_l(1) \\ h_l(1) & h_l(0) & \dots & h_l(2) \\ \vdots & \vdots & & \vdots \\ h_l(N-2) & h_l(N-3) & \dots & h_l(N-1) \\ h_l(N-1) & h_l(N-2) & \dots & h_l(0) \end{bmatrix} \tag{4.6}$$

其中，$h_l(i)$ $(i = 0,1,\cdots,N-1)$ 表示 $\boldsymbol{h}_l$ 的第 i 个元素。因此，当同时考虑时延和多普勒频移时，信号 $g(\tau_l,f_{D,l},t)$ 的向量表示如下：

$$\begin{aligned} \boldsymbol{g}_l(\tau_l,f_{D,l}) &= \boldsymbol{E}_{N_R}(f_{D,l})\boldsymbol{g}_l(D_l,0) \\ &= \boldsymbol{M}(f_{D,l})\boldsymbol{D}(\tau_l)\boldsymbol{H}_l\boldsymbol{s} \end{aligned} \tag{4.7}$$

其中，$\boldsymbol{D}(\tau_l) \triangleq \left[\boldsymbol{0}_{N_{\tau_l} \times N}^{\mathrm{T}}, \boldsymbol{I}_N, \boldsymbol{0}_{(N_R-N-N_{\tau_l}) \times N}^{\mathrm{T}} \right]^{\mathrm{T}}$，$\boldsymbol{0}_{N_{\tau_l} \times N}$ 表示 $N_{\tau_l} \times N$ 的零矩阵；$\boldsymbol{s} \in \mathbb{C}^{N \times 1}$ 表示 $s(t)$ 的向量形式，并且有 $\boldsymbol{M}(f_{D,l}) \triangleq \boldsymbol{E}_{N_R}(f_{D,l})$。

最后，可以得到式 (4.2) 给出的接收信号向量形式为

$$\boldsymbol{r} = \sum_{l=1}^{L} \boldsymbol{g}_l(\tau_l,f_{D,l}) + \boldsymbol{n} \tag{4.8}$$

其中，$\boldsymbol{n} \sim \mathcal{CN}(\boldsymbol{0},\sigma_n^2\boldsymbol{I}_{N_R})$。

4.2.2 基于压缩感知的稀疏系统建模

如图 4.2 所示，对于时延为 τ_l，多普勒频移为 $f_{D,l}$ 的第 l 个扩展型目标 (target) 来说，其在时延多普勒平面上可用一个点来表示，因此，扩展型目标在时延多普勒平面上是稀疏的，可以采用基于 CS 的模型进行描述。

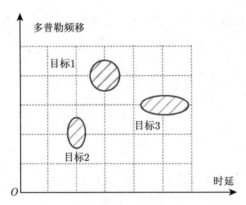

图 4.2　时延多普勒平面上的多个扩展型目标

用 P 和 Q 分别表示时延和多普勒频移的离散点数，则时延和多普勒频移可以分别表示为以下离散形式：$(0, 1, \cdots, P-1)\Delta\tau$ 和 $(0, 1, \cdots, Q-1)\Delta f_D$，其中，$\Delta\tau$ 和 Δf_D 分别表示时延和多普勒频移的分辨率。通过收集所有回波信号的时延和多普勒频移，便可得到针对每个扩展型目标的过完备字典矩阵。第 l 个扩展型目标的字典矩阵可以表示为

$$\boldsymbol{A}_l \triangleq \left[\boldsymbol{g}_l\left(0 \cdot \Delta\tau, 0 \cdot \Delta f_D\right), \cdots, \boldsymbol{g}_l\left((P-1) \cdot \Delta\tau, (Q-1) \cdot \Delta f_D\right) \right] \tag{4.9}$$

$$= \boldsymbol{K}^{\mathrm{T}} \left[\boldsymbol{I}_{PQ} \otimes \left(\boldsymbol{H}_l \boldsymbol{s}\right)^{\mathrm{T}} \right]^{\mathrm{T}}$$

其中，$\otimes$ 表示 Kronecker 乘积，并且有

$$\boldsymbol{K} \triangleq \begin{bmatrix} \boldsymbol{D}^{\mathrm{T}}\left(0 \cdot \Delta\tau\right) \boldsymbol{M}^{\mathrm{T}}\left(0 \cdot \Delta f_D\right) \\ \vdots \\ \boldsymbol{D}^{\mathrm{T}}\left((P-1) \cdot \Delta\tau\right) \boldsymbol{M}^{\mathrm{T}}\left((Q-1) \cdot \Delta f_D\right) \end{bmatrix} \tag{4.10}$$

因此，回波信号可以重写为

$$\boldsymbol{g}_l\left(\tau_l, f_{D,l}\right) = \boldsymbol{A}_l \boldsymbol{x}_l \tag{4.11}$$

其中，$\boldsymbol{x}_l$ 表示长度为 $P \times Q$ 的系数向量。并且 $\boldsymbol{x}_l$ 的非零元素表示散射系数，非零元素对应的索引表示目标时延和多普勒频移。

将所有扩展型目标的字典矩阵收集起来，可以得到系统的字典矩阵如下：

$$\boldsymbol{A} \triangleq \left[\boldsymbol{A}_1, \boldsymbol{A}_2, \cdots, \boldsymbol{A}_L\right] = \begin{bmatrix} \left[\boldsymbol{I}_{PQ} \otimes \left(\boldsymbol{H}_1 \boldsymbol{s}\right)^{\mathrm{T}}\right] \boldsymbol{K} \\ \vdots \\ \left[\boldsymbol{I}_{PQ} \otimes \left(\boldsymbol{H}_L \boldsymbol{s}\right)^{\mathrm{T}}\right] \boldsymbol{K} \end{bmatrix}^{\mathrm{T}} \tag{4.12}$$

$$= \boldsymbol{K}^{\mathrm{T}} \begin{bmatrix} (\boldsymbol{I}_{PQ} \otimes \boldsymbol{H}_1) \\ \vdots \\ (\boldsymbol{I}_{PQ} \otimes \boldsymbol{H}_L) \end{bmatrix} (\boldsymbol{I}_{PQ} \otimes \boldsymbol{s})$$

因此，可以将式 (4.8) 重写为

$$\boldsymbol{r} = \sum_{l=1}^{L} \boldsymbol{A}_l \boldsymbol{x}_l + \boldsymbol{n} = \boldsymbol{A}\boldsymbol{x} + \boldsymbol{n} \tag{4.13}$$

其中，$\boldsymbol{x} \triangleq \left[\boldsymbol{x}_1^{\mathrm{T}}, \cdots, \boldsymbol{x}_L^{\mathrm{T}}\right]^{\mathrm{T}}$ 表示长度为 $W \triangleq PQL$ 的稀疏向量。

采用感知矩阵 $\boldsymbol{\Phi} \in \mathbb{R}^{M \times N_R}$ 来观测接收信号 $\boldsymbol{r}$，可以得到

$$\boldsymbol{y} = \boldsymbol{\Phi}\boldsymbol{r} = \underbrace{\boldsymbol{\Phi}\boldsymbol{A}}_{\boldsymbol{\Psi}}\boldsymbol{x} + \underbrace{\boldsymbol{\Phi}\boldsymbol{n}}_{\boldsymbol{\eta}} \tag{4.14}$$

其中，$\boldsymbol{\Psi} \triangleq [\boldsymbol{\Psi}_1, \boldsymbol{\Psi}_2, \cdots, \boldsymbol{\Psi}_L]$，$\boldsymbol{\Psi}_l \triangleq \boldsymbol{\Phi}\boldsymbol{A}_l$。通常 $\boldsymbol{\Phi}$ 的元素满足高斯分布或者随机 ± 1 分布 [123]。因此，通过挖掘 $\boldsymbol{y}$ 的稀疏特性，只需少量测量 (即 $M \ll N_R$) 便可以重构出稀疏向量 $\boldsymbol{x}$。

4.3 波形优化算法

4.3.1 最小化互相干系数

CS 理论指出，当 $\boldsymbol{\Psi}$ 满足 RIP 准则时，$\boldsymbol{x}$ 在很大概率上可以由 $\boldsymbol{y}$ 重构得到。然而，验证测量矩阵是否满足 RIP 条件有一定的困难。因此，根据文献 [124]、[125] 中的描述，可以用矩阵 $\boldsymbol{\Psi}$ 的互相干系数代替 RIP 准则来描述稀疏重构性能。定义互相干系数如下：

$$\mu(\boldsymbol{\Psi}) \triangleq \max_{i \neq j} \left\{ \frac{|\boldsymbol{\Psi}^{\mathrm{H}}(i)\boldsymbol{\Psi}(j)|}{\|\boldsymbol{\Psi}(i)\|_2 \|\boldsymbol{\Psi}(j)\|_2} \right\} \tag{4.15}$$

其中，$\boldsymbol{\Psi}(i)$ 表示 $\boldsymbol{\Psi}$ ($i \in \{1, 2, \cdots, W\}$) 的第 i 行，第 j 列。

为了最小化互相干系数 $\mu(\boldsymbol{\Psi})$，可以通过优化发射波形来最小化如下矩阵的非对角元素：

$$\boldsymbol{G} \triangleq \boldsymbol{\Psi}^{\mathrm{H}}\boldsymbol{\Psi} = \boldsymbol{A}^{\mathrm{H}}\boldsymbol{\Phi}^{\mathrm{H}}\boldsymbol{\Phi}\boldsymbol{A} \approx \boldsymbol{A}^{\mathrm{H}}\boldsymbol{A} \tag{4.16}$$

式 (4.16) 中的近似条件之所以成立，主要是由于 $\boldsymbol{\Phi}$ 服从标准高斯分布，因此 $\boldsymbol{\Phi}^{\mathrm{H}}\boldsymbol{\Phi}$ 可以近似为一个单位阵。进而，式 (4.15) 中的 $\mu(\boldsymbol{\Psi})$ 可以近似表示为

$$\mu(\boldsymbol{\Psi}) \approx \mu(\boldsymbol{G}) \triangleq \max_{i \neq j} \left\{ \frac{G_{ij}}{\sqrt{G_{ii}G_{jj}}} \right\} \tag{4.17}$$

其中，G_{ij} 表示 $\boldsymbol{G}$ 的第 (i,j) 个元素。

根据上述描述可知，优化发射波形可以改善稀疏重构性能，从而提升系统的参数估计性能。基于此，接下来本节将给出一种新的优化方法用以优化发射波形 $\boldsymbol{s}$。

4.3.2　两步波形优化法

本节主要给出一种新的两步波形优化法来优化发射波形并最小化字典矩阵的互相干系数。第一步分别单独最小化每一个扩展型目标的互相干系数，得到最优化发射波形；第二步采用迭代算法得到权重向量。最后将各个最优发射波形结合权重向量得到所有扩展型目标的最优发射波形。图 4.3 所示为所提出两步波形优化法的波形优化框图，具体描述如下。

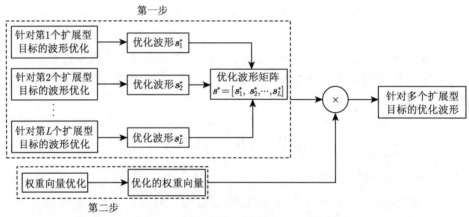

图 4.3　两步波形优化法的波形优化框图

1. 第一步：单独优化

对第 l 个扩展型目标来说，根据式 (4.9) 和式 (4.16)，可以得到

$$\boldsymbol{G}_l \triangleq \boldsymbol{\Psi}_l^{\mathrm{H}}\boldsymbol{\Psi}_l = (\boldsymbol{I}_{PQ} \otimes \boldsymbol{H}_l\boldsymbol{s})^{\mathrm{H}}\left(\boldsymbol{K}\boldsymbol{K}^{\mathrm{H}}\right)^{\mathrm{T}}\left[\boldsymbol{I}_{PQ} \otimes (\boldsymbol{H}_l\boldsymbol{s})\right] \tag{4.18}$$

因此，对第 l 个目标的波形优化可以构建为以下最优化问题：

$$\begin{cases} \min\limits_{\boldsymbol{s}} & \mu\left(\boldsymbol{G}_l\right) \\ \text{s.t.} & \|\boldsymbol{s}\|_2^2 \leqslant E_s \end{cases} \tag{4.19}$$

其中，E_s 表示最大发射功率。定义一个对角矩阵 $\tilde{\boldsymbol{G}}_l$，其对角元素与矩阵 $\boldsymbol{G}_l$ 的对角元素相同。若矩阵 $\boldsymbol{\Psi}$ 的列与列之间相互正交，则矩阵 $\boldsymbol{G}_l$ 的所有非对角元素都为零，从而矩阵 $\boldsymbol{G}_l$ 变为 $\tilde{\boldsymbol{G}}_l$。因此，为了最小化 $\mu(\boldsymbol{\Psi})$，应该使矩阵 $\boldsymbol{G}_l$ 列与列之间的相干性尽可能小，那么，可以得到等效的最优化问题如下：

$$\begin{cases} \min_{\boldsymbol{s}} & \left\| \boldsymbol{G}_l - \tilde{\boldsymbol{G}}_l \right\|_{\max} \\ \text{s.t.} & \|\boldsymbol{s}\|_2^2 \leqslant E_s \end{cases} \tag{4.20}$$

定义 $\|\boldsymbol{A}\|_{\max} \triangleq \max\limits_{i,j}\{|A_{ij}|\}$ 表示矩阵 $\boldsymbol{A}$ 中绝对值最大的元素。

由于式 (4.20) 为非凸优化问题，无法直接有效求解，对此，将式 (4.20) 进行如下变化[126]：

$$\begin{cases} \min_{\boldsymbol{s}} & \left\| \boldsymbol{G}_l - \tilde{\boldsymbol{G}}_l \right\|_{\mathrm{F}} \\ \text{s.t.} & \|\boldsymbol{s}\|_2^2 \leqslant E_s \end{cases} \tag{4.21}$$

其中，Frobenius 范数定义为 $\|\boldsymbol{A}\|_{\mathrm{F}} \triangleq \sqrt{\sum\limits_i \sum\limits_j |A_{ij}|^2}$。为了求解式 (4.21)，本节提出一种迭代算法，具体如下。

(1) 由于矩阵 $\boldsymbol{G}_l$ 和 $\tilde{\boldsymbol{G}}_l$ 的对角元素都是非负的，因此矩阵 $\tilde{\boldsymbol{G}}_l$ 可以分解为

$$\tilde{\boldsymbol{G}}_l = \tilde{\boldsymbol{G}}_l^{'\mathrm{H}} \boldsymbol{U}_l^{\mathrm{H}} \boldsymbol{U}_l \tilde{\boldsymbol{G}}_l^{'} \tag{4.22}$$

其中，$\tilde{\boldsymbol{G}}_l^{'} \triangleq \mathrm{diag}\left\{\sqrt{G_{11}}, \sqrt{G_{22}}, \cdots, \sqrt{G_{NN}}\right\}$；$\boldsymbol{U}_l$ 为酉矩阵，并且有 $\boldsymbol{U}_l^{\mathrm{H}}\boldsymbol{U}_l = \boldsymbol{I}$。注意，根据式 (4.18) 有 $\boldsymbol{G}_l = \boldsymbol{\Psi}_l^{\mathrm{H}}\boldsymbol{\Psi}_l$，那么可以将式 (4.21) 转化为

$$\begin{cases} \min_{\boldsymbol{U}_l,\boldsymbol{s}} & f\left(\boldsymbol{U}_l, \boldsymbol{s}\right) \\ \text{s.t.} & \|\boldsymbol{s}\|_2^2 \leqslant E_s \end{cases} \tag{4.23}$$

其中，$f\left(\boldsymbol{U}_l, \boldsymbol{s}\right) \triangleq \|\boldsymbol{\Psi}_l - \boldsymbol{U}_l\tilde{\boldsymbol{G}}_l^{'}\|_{\mathrm{F}}$。

(2) 将式 (4.18) 代入 $f\left(\boldsymbol{U}_l, \boldsymbol{s}\right)$，有

$$f\left(\boldsymbol{U}_l, \boldsymbol{s}\right) = \left\| \boldsymbol{K}^{\mathrm{T}}\left[\boldsymbol{I}_{PQ} \otimes (\boldsymbol{H}_l\boldsymbol{s})\right] - \boldsymbol{U}_l\tilde{\boldsymbol{G}}_l^{'} \right\|_{\mathrm{F}} \tag{4.24}$$

(3) 对于给定波形 $\boldsymbol{s}$，最小化 $f\left(\boldsymbol{U}_l, \boldsymbol{s}\right)$ 的酉矩阵 $\boldsymbol{U}_l$ 为

$$\boldsymbol{U}_l^* = \boldsymbol{U}_{l,1}\boldsymbol{U}_{l,2}^{\mathrm{H}} \tag{4.25}$$

其中，$\boldsymbol{U}_{l,1}$ 和 $\boldsymbol{U}_{l,2}^{\mathrm{H}}$ 为酉矩阵，并且满足[127]

$$\boldsymbol{K}^{\mathrm{T}}\left[\boldsymbol{I}_{PQ} \otimes (\boldsymbol{H}_l\boldsymbol{s})\right]\tilde{\boldsymbol{G}}_l^{'-1} = \boldsymbol{U}_{l,1}\boldsymbol{\Sigma}_l\boldsymbol{U}_{l,2}^{\mathrm{H}} \tag{4.26}$$

(4) 得到 $\boldsymbol{U}_l^*$ 之后，有

$$f\left(\boldsymbol{U}_l^*, \boldsymbol{s}_l\right) = \left\| \boldsymbol{K}^{\mathrm{T}}\left[\boldsymbol{I}_{PQ} \otimes (\boldsymbol{H}_l\boldsymbol{s})\right] - \boldsymbol{U}_l^*\tilde{\boldsymbol{G}}_l^{'} \right\|_{\mathrm{F}} \tag{4.27}$$

$$= \left\| \boldsymbol{K}' \left(\boldsymbol{H}_l \boldsymbol{s} \right) - \mathrm{vec} \left\{ \boldsymbol{U}_l^* \tilde{\boldsymbol{G}}_l' \right\} \right\|_2$$

其中，$\mathrm{vec}\{\cdot\}$ 表示矩阵拉直后的列向量，并且

$$\boldsymbol{K}' \triangleq \begin{bmatrix} \boldsymbol{M}\left(0 \cdot \Delta f_D\right) \boldsymbol{D}\left(0 \cdot \Delta \tau\right) \\ \vdots \\ \boldsymbol{M}\left((Q-1)\cdot \Delta f_D\right) \boldsymbol{D}\left(0 \cdot \Delta \tau\right) \\ \vdots \\ \boldsymbol{M}\left((Q-1)\cdot \Delta f_D\right) \boldsymbol{D}\left((P-1)\cdot \Delta \tau\right) \end{bmatrix} \tag{4.28}$$

通过最小化 $f\left(\boldsymbol{U}_l^*, \boldsymbol{s}_l\right)$，便可以得到针对第 l 个扩展型目标的优化波形 $\boldsymbol{s}_l^*$，即

$$\boldsymbol{s}_l^* = \left(\boldsymbol{K}' \boldsymbol{H}_l\right)^+ \mathrm{vec} \left\{ \boldsymbol{U}_l^* \tilde{\boldsymbol{G}}_l' \right\} \tag{4.29}$$

其中，$(\cdot)^+$ 表示矩阵的 Moore-Penrose 伪逆。

(5) 若相干系数单调递减，则跳转到步骤 (3)，计算出新的酉矩阵，进而根据步骤 (4) 得到新的优化波形，不断迭代步骤 (3) 和 (4) 直至到达最大迭代次数停止迭代，并输出 $\boldsymbol{s}_l^*$。

2. 第二步：权重向量优化

通过第一步得到各个扩展型目标的最佳优化波形 $\boldsymbol{s}_l^*$ ($l = 1, 2, \cdots, L$) 后，便可以采用权重向量 $\boldsymbol{\alpha} = [\alpha_1, \alpha_2, \cdots, \alpha_L]^{\mathrm{T}}$ 来优化设计适用于所有扩展型目标的最优波形，即

$$\boldsymbol{s}^* = \sqrt{E_s} \frac{\boldsymbol{S}^* \boldsymbol{\alpha}}{\|\boldsymbol{S}^* \boldsymbol{\alpha}\|_2} \tag{4.30}$$

其中，波形矩阵 $\boldsymbol{S}^* \triangleq [\boldsymbol{s}_1^*, \boldsymbol{s}_2^*, \cdots, \boldsymbol{s}_L^*]$。算法 4.1 给出一种迭代算法对权重向量进行优化，根据该算法得到最优的权重向量 $\boldsymbol{\alpha}^*$，进而可得到最优发射波形为 $\boldsymbol{s}^* = \boldsymbol{S}^* \boldsymbol{\alpha}^*$。

算法 4.1 针对多个扩展型目标的权重向量优化算法

1: 输入：最优化波形矩阵 $\boldsymbol{S}^*$，发射功率 E_s，步长 δ，最大迭代次数 K，目标个数 L。

2: 初始化：$\boldsymbol{\alpha}_0 = \boldsymbol{1}_L$。

3: **for** $k = 0, \cdots, K-1$ **do**

4: 　　$\boldsymbol{s}_k = \dfrac{\sqrt{E_s} \boldsymbol{S}^* \boldsymbol{\alpha}_k}{\|\boldsymbol{S}^* \boldsymbol{\alpha}_k\|_2}$。

5: 　　根据 $\boldsymbol{s}_k$，根据式 (4.9) 得到字典矩阵 $\boldsymbol{A}_{k,l}$ ($1 \leqslant l \leqslant L$)。

6: 　　得到高斯随机矩阵 $\boldsymbol{\Phi}$。

7: 　　$\boldsymbol{\Psi}_{k,l} = \boldsymbol{\Phi} \boldsymbol{A}_{k,l}$ ($1 \leqslant l \leqslant L$)，以及 $\boldsymbol{\Psi}_k \triangleq [\boldsymbol{\Psi}_{k,1}, \boldsymbol{\Psi}_{k,2}, \cdots, \boldsymbol{\Psi}_{k,L}]$。

8: 　　$\boldsymbol{G}_k = \boldsymbol{\Psi}_k^{\mathrm{H}} \boldsymbol{\Psi}_k$。

9: 　根据式 (4.17) 得到 $\mu\left(\boldsymbol{G}_k\right)$。

10: 　$\boldsymbol{\alpha}_a = \boldsymbol{\alpha}_k$，$\boldsymbol{\alpha}_s = \boldsymbol{\alpha}_k$，$\boldsymbol{\alpha}_{k+1} = \boldsymbol{\alpha}_k$，以及 $\mu\left(\boldsymbol{G}_{k+1}\right) = \mu\left(\boldsymbol{G}_k\right)$。

11: 　**for** $l = 1, \cdots, L$ **do**

12: 　　$\tilde{\boldsymbol{\alpha}}_a = \boldsymbol{\alpha}_a$，以及 $[\tilde{\boldsymbol{\alpha}}_a]_l = [\tilde{\boldsymbol{\alpha}}_a]_l + \delta$。

13: 　　$\tilde{\boldsymbol{\alpha}}_s = \boldsymbol{\alpha}_s$，以及 $[\tilde{\boldsymbol{\alpha}}_s]_l = [\tilde{\boldsymbol{\alpha}}_s]_l - \delta$。

14: 　　$\boldsymbol{s}_a = \dfrac{\sqrt{E_s}\boldsymbol{S}^* \tilde{\boldsymbol{\alpha}}_a}{\left\|\boldsymbol{S}^* \tilde{\boldsymbol{\alpha}}_a\right\|_2}$。

15: 　　$\boldsymbol{s}_s = \dfrac{\sqrt{E_s}\boldsymbol{S}^* \tilde{\boldsymbol{\alpha}}_s}{\left\|\boldsymbol{S}^* \tilde{\boldsymbol{\alpha}}_s\right\|_2}$。

16: 　　根据 $\boldsymbol{s}_a$，由式 (4.9) 得到字典矩阵 $\boldsymbol{A}_{a,l}$ $(1 \leqslant l \leqslant L)$。

17: 　　根据 $\boldsymbol{s}_s$，由式 (4.9) 得到字典矩阵 $\boldsymbol{A}_{s,l}$ $(1 \leqslant l \leqslant L)$。

18: 　　$\boldsymbol{\Psi}_{a,l} = \boldsymbol{\Phi}\boldsymbol{A}_{a,l}$ $(1 \leqslant l \leqslant L)$，以及 $\boldsymbol{\Psi}_a \triangleq [\boldsymbol{\Psi}_{a,1}, \boldsymbol{\Psi}_{a,2}, \cdots, \boldsymbol{\Psi}_{a,L}]$。

19: 　　$\boldsymbol{\Psi}_{s,l} = \boldsymbol{\Phi}\boldsymbol{A}_{s,l}$ $(1 \leqslant l \leqslant L)$，以及 $\boldsymbol{\Psi}_s \triangleq [\boldsymbol{\Psi}_{s,1}, \boldsymbol{\Psi}_{s,2}, \cdots, \boldsymbol{\Psi}_{s,L}]$。

20: 　　$\boldsymbol{G}_a = \boldsymbol{\Psi}_a^{\mathrm{H}}\boldsymbol{\Psi}_a$ 以及 $\boldsymbol{G}_s = \boldsymbol{\Psi}_s^{\mathrm{H}}\boldsymbol{\Psi}_s$。

21: 　　由式 (4.17) 得到 $\mu\left(\boldsymbol{G}_a\right)$ 和 $\mu\left(\boldsymbol{G}_s\right)$。

22: 　　$\boldsymbol{c}_1 = \boldsymbol{\alpha}_{k+1}$，$\boldsymbol{c}_2 = \boldsymbol{\alpha}_a$，以及 $\boldsymbol{c}_3 = \boldsymbol{\alpha}_s$。

23: 　　$\mu_1 = \mu\left(\boldsymbol{G}_{k+1}\right)$，$\mu_2 = \mu\left(\boldsymbol{G}_a\right)$，以及 $\mu_3 = \mu\left(\boldsymbol{G}_s\right)$。

24: 　　$i^* = \underset{i}{\arg\min}\left\{\mu_i\right\}$。

25: 　　$\mu\left(\boldsymbol{G}_{k+1}\right) \leftarrow \mu_{i^*}$，$\boldsymbol{\alpha}_{k+1} \leftarrow \boldsymbol{c}_{i^*}$，$\boldsymbol{\alpha}_a \leftarrow \boldsymbol{c}_{i^*}$，以及 $\boldsymbol{\alpha}_s \leftarrow \boldsymbol{c}_{i^*}$。

26: 　**end for**

27: 　**if** $\boldsymbol{\alpha}_k = \boldsymbol{\alpha}_{k+1}$ **then**

28: 　　停止。

29: 　**end if**

30: **end for**

31: 输出：优化的权重向量 $\boldsymbol{\alpha}^* = \boldsymbol{\alpha}_k$。

在算法 4.1 中，将初始波形权重向量 $\boldsymbol{\alpha}_0$ 的所有元素都设为 1，以步长 δ 进行权重向量的迭代修正。在第 k 次迭代中，对权重向量 $\boldsymbol{\alpha}_k$ 以步长 δ 添加和删除一个元素，可以分别得到两个新的权重向量 $\boldsymbol{\alpha}_a$ 和 $\boldsymbol{\alpha}_s$。因此，利用权重向量 $\boldsymbol{\alpha}_k$、$\boldsymbol{\alpha}_a$ 和 $\boldsymbol{\alpha}_s$ 便可分别得到 3 个优化波形，即 $\boldsymbol{s}_k$、$\boldsymbol{s}_a$ 和 $\boldsymbol{s}_s$。利用波形 $\boldsymbol{s}_k$、$\boldsymbol{s}_a$ 和 $\boldsymbol{s}_s$ 便可以得到所有扩展型目标的字典矩阵 $\boldsymbol{\Psi}_k$、$\boldsymbol{\Psi}_a$ 和 $\boldsymbol{\Psi}_s$。通过计算所有字典矩阵的相干系数，进而可以得到相干系数最小时对应的最优发射波形和字典矩阵。权重向量 $\boldsymbol{\alpha}_k$ 继续迭代得到 $\boldsymbol{\alpha}_{k+1}$，重复上述步骤，直至 $\boldsymbol{\alpha}_{k+1} = \boldsymbol{\alpha}_k$ 时，停止迭代，输出最优化权重向量 $\boldsymbol{\alpha}^* = \boldsymbol{\alpha}_k$。最后，根据式 (4.30) 计算得到最终的最优发射波形。

在算法 4.1 中，步长 δ 可以控制计算权重向量 $\boldsymbol{\alpha}$ 的收敛速度。由于在每一步的迭代过程中均选择所得到的最小相干系数，因此迭代得到的相干系数是单调递减的，适当增加步长 δ 可以提高收敛速度。4.4 节仿真对比了不同步长参数对性能的影响。步长 δ 的设置需要综合考虑，以取得收敛速度和准确度的折中，在本章的仿真中，将步长设定为 $\delta = 10^{-2}$。

4.4　仿真结果

4.4.1　最小化互相干系数的波形优化算法

本节将仿真验证所提出的两步波形优化法的性能，考虑典型 CS 雷达系统场景[24,63,123,128-130]，本节仿真参数设置如表 4.1 所示。仿真过程中，首先将接收信号的 SNR 设置为 20 dB，后续仿真时 SNR 值可根据系统条件的改变而改变。此外，若没有额外说明，本节中所有仿真参数与表 4.1 相同。

表 4.1　CS 雷达系统的仿真参数

参数	取值
距离分辨率	50 m
速度分辨率	10 m/s
距离单元个数	10
速度单元个数	10
压缩率	4 : 5
目标个数	3
总发射功率 E_s	1

在本章所提出的两步法中，首先单独对每一个扩展型目标进行波形优化。如图 4.4 所示为存在 3 个扩展型目标时的波形优化过程。从图中可以看出，随着迭代次数的增加，互相干系数逐渐减小并趋于收敛。同时，仿真中采用了不同的初始波形进行波形优化，可以看出初始波形的选择对最终互相干系数的收敛性能影响不大。这也说明，第一步的波形优化过程对初始波形并不敏感，因此，在实际的雷达系统中，可以先采用多个随机波形作为第一步迭代的初始波形，然后选择最小互相干系数对应的波形作为每一个扩展型目标的最优化波形。

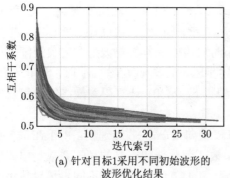
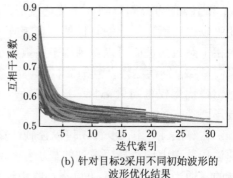

(a) 针对目标1采用不同初始波形的　　　　(b) 针对目标2采用不同初始波形的
　　　波形优化结果　　　　　　　　　　　　　波形优化结果

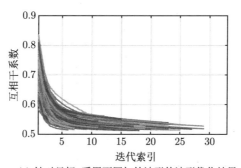

(c) 针对目标3采用不同初始波形的波形优化结果

图 4.4　多个扩展型目标的波形优化结果

获得每一扩展型目标的最优发射波形后，根据式 (4.18) 便可以获得不同目标和波形的字典矩阵以及互相干系数。如图 4.5 所示给出了 3 个扩展型目标相应的优化波形，由于针对某一个扩展型目标所得到的优化波形，并不能保证该优化波形对于其他目标来说也可以获得最小的互相干系数，因此，需要采用算法的第二步将各个目标的优化波形进行联合优化，以得到适用于所有扩展型目标的最优波形。

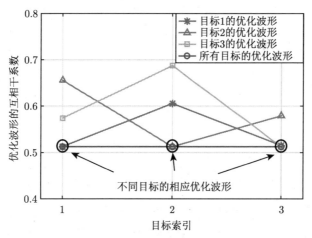

图 4.5　不同优化波形的互相干系数

在两步波形优化法的第二步中，需要求解第一步所得到每个优化波形的权重向量 $\boldsymbol{\alpha}_s$。如图 4.6 所示，在算法 4.1 求解权重向量的迭代过程中，收敛性能与步长 δ 的选取有关，为了在收敛速度和精确度间取得折中，仿真将步长设置为 $\delta = 10^{-2}$，此时得到 3 个目标各自优化波形的权重向量为 $\boldsymbol{\alpha}^* = [0.8359, 0.6189, 0.3901]^{\mathrm{T}}$。图 4.7 给出了针对所有扩展型目标的优化波形。从图中可以看出，所得到的用于所有扩展型目标的最优波形与各个目标的优化波形并不相同。但是，由图 4.5

可以看出，最终的优化波形对于每一个扩展型目标来说都能够获得较小的互相干系数。

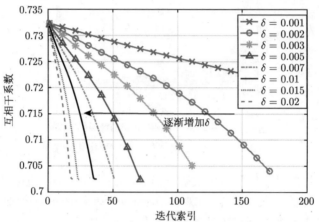

图 4.6   不同步长 δ 的收敛性能

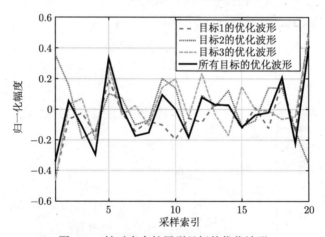

图 4.7   针对多个扩展型目标的优化波形

常用的压缩感知重构算法包括正交匹配追踪 (OMP) 算法和基追踪 (BP) 算法等[124,131]。本节分别采用 OMP 算法和 BP 算法对目标散射系数进行稀疏重建，图 4.8(a) 和图 4.9(a) 分别给出了时延多普勒平面上目标真实散射系数和重构后散射系数的对比结果。另外，图 4.8(a) 和图 4.9(a) 采用随机发射波形，图 4.8(b) 和图 4.9(b) 采用 Alltop 波形，其中 Alltop 序列的定义为[132,133]

$$s_A(n) = \frac{1}{\sqrt{N}} \mathrm{e}^{\mathrm{j}\frac{2\pi}{N}n^3}, \quad n = 1, 2, \cdots, N \tag{4.31}$$

其中，N 表示发射波形的采样点数。在传统雷达系统中，Alltop 序列具有理想的自相关特性。图 4.8(c) 和图 4.9(c) 给出了优化后波形的稀疏重构性能。由仿真结果可以看出，两步波形优化法所得到的优化波形无论采用 OMP 算法还是 BP 算法，都可以获得优于随机波形和 Alltop 波形的重构结果。然而，当 SNR $\geqslant 20$ dB 时，优化波形所带来的增益效果并不显著。因此，接下来将针对 3 种发射波形，给出不同 SNR、不同目标个数以及不同测量次数条件下稀疏重构的归一化均方误差 (MSE)。

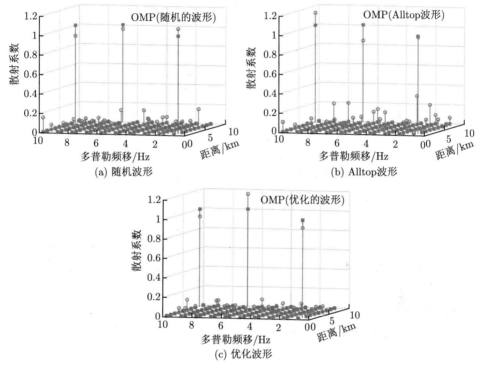

图 4.8　时延多普勒平面上基于 OMP 算法的稀疏重构结果

圆圈表示真实值；星号表示估计值

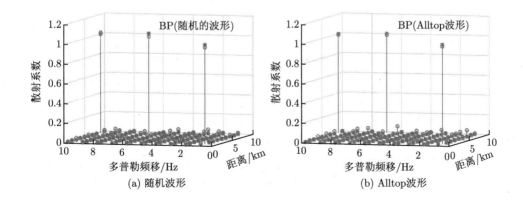

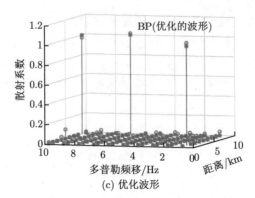

(c) 优化波形

图 4.9　时延多普勒平面上基于 BP 算法的稀疏重构结果

4.4.2　不同 SNR 下的稀疏重构性能

　　本节对比了不同 SNR 条件下随机波形、Alltop 波形以及优化波形的估计性能。分别采用 OMP 算法和 BP 算法进行稀疏重构，仿真结果如图 4.10所示。由图 4.10(a) 可以看出，采用 OMP 算法进行稀疏重构，3 种发射波形中优化波形始终优于其他两种波形，尤其在 SNR ⩾ 15 dB 时。同样，由图 4.10(b) 的仿真结果可以看出，采用 BP 算法在高 SNR 条件下 (SNR > 10 dB)，优化波形的性能优于随机波形以及 Alltop 波形。本节仿真表明，所提出的波形优化算法在高 SNR 情况下更为有效。

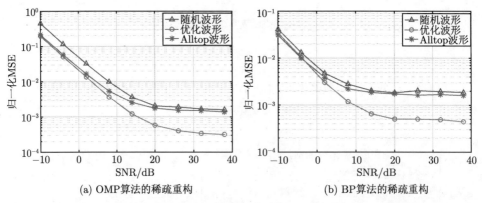

(a) OMP算法的稀疏重构　　　　　　　　(b) BP算法的稀疏重构

图 4.10　不同 SNR 条件下的稀疏重构性能

4.4.3　不同目标个数条件下的稀疏重构性能

　　本节主要测试目标个数对系统性能的影响，发射波形同样选用随机波形、Alltop 波形以及优化波形，设置接收信号 SNR 为 5 dB。图 4.11 给出了采用 OMP 算法和 BP 算法时重构性能的归一化 MSE。图 4.11(a) 为采用 OMP 算法，目标个数从 1 增加到 7 时, 三种波形的重构性能。可以看出, 优化波形的性能远优于随机波形和 Alltop 波形。同样由图 4.11(b) 可以看出, 采用 BP 算法, 优化波形依然可以获得最优的性能。仿真结果表明, 通过优化发射波形, 可以有效降低字典矩阵的互相干系数, 进而提高 CS 重构算法在目标个数变化时的稀疏重构性能。

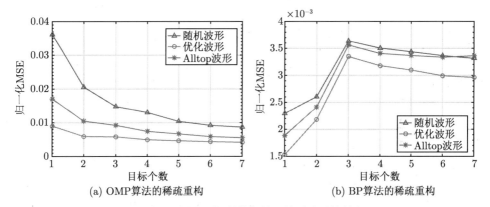

(a) OMP算法的稀疏重构   (b) BP算法的稀疏重构

图 4.11   不同目标个数条件下的稀疏重构性能

4.4.4 不同测量次数条件下的稀疏重构性能

本节仿真测量次数对系统性能的影响。发射波形同样采用随机波形、Alltop 波形以及优化波形。图 4.12 给出了分别采用 OMP 算法和 BP 算法时重构性能的归一化 MSE,其中,接收信号的 SNR 设为 8 dB。由图 4.12(a) 和图 4.12(b) 可以看出,当测量次数为 $M = 12$ 时,优化波形的归一化 MSE 最小,即当测量次数 M 过小或

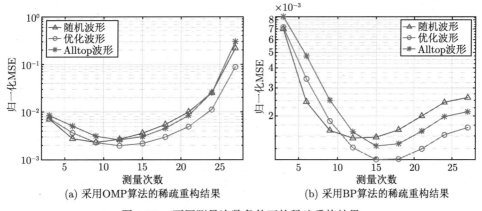

(a) 采用OMP算法的稀疏重构结果   (b) 采用BP算法的稀疏重构结果

图 4.12   不同测量次数条件下的稀疏重构结果

过大时，归一化 MSE 均会增大。这主要由于，若测量次数 M 过小，则无法完成精确的稀疏重构，若 M 过大，则字典矩阵的互相干系数增加，从而导致稀疏重构性能的降低。图 4.12(a) 所示为采用 OMP 算法时 3 种波形的重构性能。从图中可以看出，当 $M > 10$ 时，采用优化波形可以获得优于随机波形以及 Alltop 波形的稀疏重构性能。图 4.12(b) 给出了采用 BP 算法时的稀疏重构结果。从图中可以看出，当 $M \geqslant 12$ 时，采用优化波形可以获得优于其他两种波形的稀疏重构性能。

4.5　讨　　论

为了给出目标个数和测量次数对稀疏重构性能的影响，图 4.13 仿真测试了不同目标个数和测量次数条件下的稀疏重构结果。其中，图 4.13(a) 采用 OMP 算法，图 4.13(b) 采用 BP 算法。当采用 OMP 算法时，使得归一化 MSE 最小的测量次数随着目标个数增加而增加。但是，由于目标冲激响应以及优化波形在不同扩展型目标中并不相同，所以增加测量次数或者减少目标个数并不能保证重构性能的提升，因此，针对不同的目标个数，须选取合适的测量次数。当采用 BP 算法时，如图 4.13(b) 所示，不能依靠简单地增加或减少测量次数提高重构性能。仿真结果表明，无论采用 OMP 算法还是 BP 算法，当目标个数由 1 增加到 7 时，最佳测量次数均为 15 次左右。同时需要注意的是，测量次数应根据系统条件的不同而慎重选取。

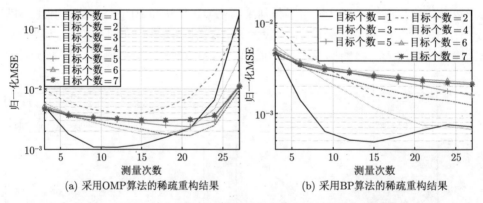

(a) 采用OMP算法的稀疏重构结果　　　　　(b) 采用BP算法的稀疏重构结果

图 4.13　不同目标个数以及测量次数条件下的稀疏重构性能

4.6　本章小结

本章提出一种基于 CS 的针对多个扩展型目标的 CR 系统模型，通过挖掘扩展型目标在时延多普勒平面上的稀疏特性，结合传统的稀疏重构算法，如 OMP

算法和 BP 算法，给出各扩展型目标的距离和速度估计。此外，为了最小化字典矩阵的互相干系数并提高估计性能，本章提出一种两步波形优化法用于雷达发射波形的优化。仿真结果表明，所提出的两步波形优化法能够迭代收敛并且可以有效提升针对多个扩展型目标的估计性能。

第 5 章 运动目标检测与波形优化

5.1 引 言

与传统阵列雷达不同，在 MIMO 雷达系统中，每根天线独立发射不同的波形，因此通过充分挖掘多天线的空间和波形分集特征，可以实现高精度的目标的检测、估计以及跟踪等。若将 MIMO 雷达系统放置在运动平台上，使 MIMO 雷达有更多的机会来接近和探测目标，将会进一步提高系统性能。基于上述优点，本章将给出一种新的多运动平台的 MIMO 雷达系统，系统的每个运动平台上均配备有集中式 MIMO 雷达，因此该系统同时具备了分布式和集中式 MIMO 雷达的特点。针对该系统，本章主要分析运动目标的检测与波形优化问题。

在目标检测问题上，来自目标的回波信号会受到来自杂波回波信号的干扰，这里主要将杂波分为以下 2 种。

(1) 同质杂波。杂波分布在检测区域以及相邻区域是相同的，检测区域的杂波信息可以通过相邻区域估计得到 [134-136]。

(2) 异质杂波。雷达工作环境是非平稳的，导致杂波在不同分辨单元中的分布是不相同的，并且还可能会随着时间的变化而变化 [2]，无法从相邻区域估计得到。

当在同质杂波环境中进行目标检测时，可以通过估计与目标相邻的区域得到杂波信息，例如，通过估计杂波的协方差矩阵，文献 [137]、[138] 给出了基于广义似然比检测（GLRT）的目标检测方法；文献 [139] 通过估计复合高斯杂波参数，给出了基于 GLRT 的运动目标检测方法。然而，当存在异质杂波干扰时，杂波的分布不仅与地理位置有关，还会随着时间变化，所以只能通过目标检测区域而不是相邻非目标检测区域进行杂波参数的估计 [140-143]。因此，在异质杂波估计过程中，需要首先对杂波进行描述与建模，例如，文献 [143] 将异质杂波描述为不同均值和方差的高斯分布；在分布式 MIMO 雷达系统中，也可以将异质杂波通过随机矩阵 [121]、自回归模型 [144] 或者低秩子空间 [145] 来描述。然后，利用估计得到的异质杂波参数，采用相应的算法进行目标的检测，例如，基于 GLRT[146] 或者基于 Rao-and-Wald[147] 的目标检测算法等。

另外，为了进一步提高目标的检测和估计性能，可以根据目标、杂波以及噪声的特征对发射信号进行优化。在 MIMO 雷达系统中，一般有以下 2 种优化方法。

(1) 波束方向图优化。优化设计发射波形以及权重向量，使得波束方向图逼近目标形状 [44,127,148]。

(2) 波形优化。由于 MIMO 雷达可以在每根天线上发射不同波形，因此通过优化发射波形或对发射波形和接收滤波器进行联合优化，能够提高特定的性能参数。例如，可以最大化接收信号与目标冲激响应之间的互信息量 [107]；存在杂波和噪声干扰时，可以提高目标的检测与估计性能 [149-151]。常见的 MIMO 雷达系统波形优化算法包括基于投影的方法 [152]、基于模糊函数的方法 [153,154] 等。

上述优化方法大多基于对目标相邻区域的估计得到杂波和噪声参数，即基于同质杂波的假设。然而，本章所考虑的雷达平台是运动的，杂波的分布在每个分辨单元并不相同，属于异质杂波，因此现有的优化方法并不适用。

基于上述讨论，本章将给出在检测区域中估计目标和异质杂波参数的方法，同时提出一种新的在线波形优化算法来最大化接收信号的信杂噪比 (SCNR)。其中，异质杂波的检测通过充分挖掘杂波的稀疏特性，给出一种杂波的稀疏表示方法。考虑杂波散射点位于离散化网格上 (On-Grid) 和网格偏离 (Off-Grid) 两种情况：若为 On-Grid，则可以采用传统基于 CS 的方法重构稀疏信号，主要包括 ℓ_1 范数松弛方法、贪婪算法等；若为 Off-Grid，则可以采用联合 CS 重构算法，如 JOMP 算法等来重构稀疏向量。此外，为了进一步提高 CS 的重构性能，本章将给出一种新的两步 OMP 算法：首先，根据字典矩阵及其一阶导数得到稀疏向量和 Off-Grid 的估计，并利用接收信号进行目标和杂波信息的估计，接着采用 GLRT 方法检测目标是否存在。然后，根据参数估计结果进行发射波形优化，进一步提高系统的检测性能。

5.2　基于多个运动平台的集中式 MIMO 雷达系统

根据分布式和集中式 MIMO 雷达的特征，本章提出一种结合了分布式和集中式 MIMO 雷达特点的新型雷达系统，如图 5.1 所示为该雷达系统的示意图。该雷达系统由多个分布式运动平台组成，在每一个运动平台上布置集中式 MIMO 天线，因此，该雷达系统可以提供更多的波形分集增益，并且通过优化发射波形还可以进一步提高目标的检测性能。在该雷达系统中，所有的接收信号都会被发送到一个融合中心，由融合中心对所有的接收信号进行联合处理。由于 TX 和 RX 的间距较大，因此，该雷达系统也可以认为是双基地 MIMO 雷达的扩展。

假设发射平台和接收平台的个数分别为 M 和 N，第 m $(0 \leqslant m \leqslant M-1)$ 个发射平台和第 n $(0 \leqslant n \leqslant N-1)$ 个接收平台的天线个数分别为 P_m 和 Q_n。每个雷达平台上的天线间隔均为 d_T，且 d_T 等于发射波形的半个波长。第 m 个 TX、第 n 个 RX 以及目标的速度分别为 $\boldsymbol{v}_{T,m} \in \mathbb{R}^2$、$\boldsymbol{v}_{R,n} \in \mathbb{R}^2$ 和 $\boldsymbol{v} \in \mathbb{R}^2$。假设 $\boldsymbol{v}_{T,m}$

和 $\boldsymbol{v}_{R,n}$ 已知，$\boldsymbol{v}$ 未知，并且 $\boldsymbol{p} \in \mathbb{R}^2$、$\boldsymbol{p}_{T,m} \in \mathbb{R}^2$ 和 $\boldsymbol{p}_{R,n} \in \mathbb{R}^2$ 分别表示目标、第 m 个发射平台以及第 n 个接收平台的位置。

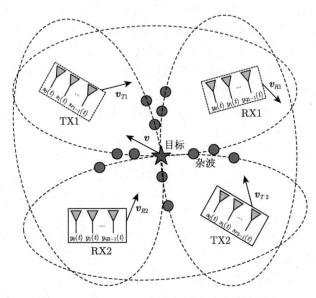

图 5.1　多运动平台的集中式 MIMO 雷达系统

从图 5.1 中可以看出，每一对收发平台的检测区域为一个椭圆，收发平台分别位于椭圆的两个焦点处，接收信号中不仅包含了目标回波，还包括了与目标位于同一椭圆上的杂波回波干扰。对于该系统来说，雷达平台和目标都是运动的，因此，杂波在每一收发平台对构成的椭圆上会呈现不同的分布，即表现为异质杂波。而对异质杂波的估计只能从目标的探测区域内获取，从而增加了目标探测的难度。此外，运动的雷达平台与杂波之间还存在相对运动，使得杂波的多普勒频移为非零值，给系统的目标探测带来更多的困难。

图 5.2 给出了运动目标与雷达平台之间的角度关系示意图。用 (m, p) 表示第 m 个 TX 的第 p 根天线，$0 \leqslant p \leqslant P_m - 1$；用 (n, q) 表示第 n 个 RX 的第 q 根天线，$0 \leqslant q \leqslant Q_n - 1$。则从第 (m, p) 个 TX 天线发射的连续时间信号可以表示为 $\mathrm{Re}\left\{s_{m,p}(t)\,\mathrm{e}^{\mathrm{j}2\pi f_C t}\right\}$，其中，$s_{m,p}(t)$ 表示复基带波形，f_C 表示载波频率，$0 \leqslant t \leqslant T$，$T$ 表示脉冲持续时间。假设一个脉冲重复周期 T_p 内发射脉冲数为 K，$MT \ll T_p$，并且不同 TX 间的发射信号相互正交，那么，第 m 个 TX 发射的第 $k\,(0 \leqslant k \leqslant K - 1)$ 个脉冲信号，被第 (n, q) 个 RX 天线接收后的信号表达式为

$$y_{m,(n,q)}\left(t'_k\right) = \mathrm{Re}\left\{\sum_{p=0}^{P_m-1} \alpha_{m,n} s_{m,p}\left(t'_k\right)\mathrm{e}^{\mathrm{j}2\pi t'_k f'}\right\} \tag{5.1}$$

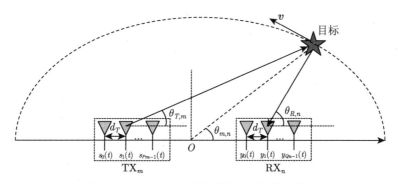

图 5.2 运动目标与雷达平台之间的角度关系

其中，$f' \triangleq f_C + f_{d,m,n}(\theta_{m,n}, \boldsymbol{v})$；$t'_k \triangleq t - \tau_{(m,p),(n,q)}(\theta_{m,n}) - kT_p$，$0 \leqslant t'_k \leqslant T_p$；$\alpha_{m,n}$ 表示目标散射系数。从第 (m,p) 个 TX 天线到第 (n,q) 个 RX 天线的时延可以定义为 $\tau_{(m,p),(n,q)}(\theta_{m,n})$，该时延是目标角度 $\theta_{m,n}$ 的函数。为了简化表达，所有的时延都以第 0 个 TX 天线到第 0 个 RX 天线为参考，即 $\tau_{(m,p),(n,q)}(\theta_{m,n}) \leftarrow \tau_{(m,p),(n,q)}(\theta_{m,n}) - \tau_{(m,0),(n,0)}(\theta_{m,n})$。并且，将第 m 个 TX 和第 n 个 RX 间的多普勒频移记为 $f_{d,m,n}(\theta_{m,n}, \boldsymbol{v})$，该多普勒频移是目标角度 $\theta_{m,n}$ 和速度 $\boldsymbol{v}$ 的函数。由于 TX 和 RX 的速度已知，因此，在 $f_{d,m,n}(\theta_{m,n}, \boldsymbol{v})$ 中去掉了 $\boldsymbol{v}_{T,m}$ 和 $\boldsymbol{v}_{R,n}$。附录 A 给出了 $\tau_{(m,p),(n,q)}(\theta_{m,n})$、$f_{d,m,n}(\theta_{m,n}, \boldsymbol{v})$、第 m 个 TX 到目标的可视角 $\theta_{T,m}$ 以及第 n 个 RX 到目标的可视角 $\theta_{R,n}$ 的表达式。

为了分析方便，用向量 $\boldsymbol{s}_{m,p} \in \mathbb{C}^{L \times 1}$ 表示发射波形 $s_{m,p}(t)$，则经过下变频之后，可以得到式 (5.1) 的离散表达式为

$$\boldsymbol{y}_{m,(n,q)}(k) \triangleq \sum_{p=0}^{P_m-1} \alpha_{m,n} \boldsymbol{s}_{m,p} \mathrm{e}^{-\mathrm{j}2\pi f_C \tau_{(m,p),(n,q)}(\theta_{m,n})} \mathrm{e}^{-\mathrm{j}2\pi k T_p f_{d,m,n}(\theta_{m,n}, \boldsymbol{v})}$$

$$= \alpha_{m,n} b_{n,q}(\theta_{m,n}) d_k(f_{d,m,n}(\theta_{m,n}, \boldsymbol{v})) \sum_{p=0}^{P_m-1} a_{m,p}(\theta_{m,n}) \boldsymbol{s}_{m,p}$$

$$= \alpha_{m,n} b_{n,q}(\theta_{m,n}) d_k(f_{d,m,n}(\theta_{m,n}, \boldsymbol{v})) \boldsymbol{S}_m \boldsymbol{a}_m(\theta_{m,n}) \tag{5.2}$$

其中，$\boldsymbol{S}_m \triangleq [\boldsymbol{s}_{m,0}, \boldsymbol{s}_{m,1}, \ldots, \boldsymbol{s}_{m,P_m-1}]$ 表示第 m 个 TX 的发射信号矩阵，详细的采样过程见附录 A。$a_{m,p}(\theta_{m,n})$ 和 $b_{n,q}(\theta_{m,n})$ 分别表示向量 $\boldsymbol{a}_m(\theta_{m,n})$ 和 $\boldsymbol{b}_n(\theta_{m,n})$ 的第 p 个和第 q 个元素，并且有

$$\boldsymbol{a}_m(\theta_{m,n}) \triangleq \left[1, \mathrm{e}^{-\mathrm{j}2\pi \frac{f_C}{c} d_T \cos\theta_{T,m}}, \ldots, \mathrm{e}^{-\mathrm{j}2\pi \frac{f_C}{c}(P_m-1)d_T \cos\theta_{T,m}}\right]^{\mathrm{T}} \tag{5.3}$$

$$\boldsymbol{b}_n(\theta_{m,n}) \triangleq \left[1, \mathrm{e}^{-\mathrm{j}2\pi \frac{f_C}{c} d_T \cos\theta_{R,n}}, \ldots, \mathrm{e}^{-\mathrm{j}2\pi \frac{f_C}{c}(Q_n-1)d_T \cos\theta_{R,n}}\right]^{\mathrm{T}} \tag{5.4}$$

在 K 个脉冲期间内，第 m 个 TX 和第 n 个 RX 间多普勒频移的向量表示为

$$\boldsymbol{d}(f_{d,m,n}(\theta_{m,n}, \boldsymbol{v})) = \left[1, \mathrm{e}^{\mathrm{j}2\pi f_{d,m,n}(\theta_{m,n}, \boldsymbol{v})T_p}, \ldots, \mathrm{e}^{\mathrm{j}2\pi f_{d,m,n}(\theta_{m,n}, \boldsymbol{v})(K-1)T_p}\right]^{\mathrm{T}} \tag{5.5}$$

定义 $d_k\left(f_{d,m,n}\left(\theta_{m,n},\boldsymbol{v}\right)\right)$ 表示 $\boldsymbol{d}\left(f_{d,m,n}\left(\theta_{m,n},\boldsymbol{v}\right)\right)$ 的第 k 个元素。

进一步，将 Q_n 个天线上接收到的信号收集起来，可以得到系统接收信号矩阵 $\boldsymbol{Y}_{m,n}(k)\in\mathbb{C}^{L\times Q_n}$，表达式如下：

$$\begin{aligned}
\boldsymbol{Y}_{m,n}(k)&\triangleq\left[\boldsymbol{y}_{m,n,0}(k),\cdots,\boldsymbol{y}_{m,(n,q)}(k),\cdots,\boldsymbol{y}_{m,(n,Q_n-1)}(k)\right]\\
&=\alpha_{m,n}d_k\left(f_{d,m,n}\left(\theta_{m,n},\boldsymbol{v}\right)\right)\boldsymbol{S}_m\boldsymbol{a}_m\left(\theta_{m,n}\right)\boldsymbol{b}_n^{\mathrm{T}}\left(\theta_{m,n}\right)
\end{aligned}\tag{5.6}$$

其中

$$\begin{aligned}
\boldsymbol{y}_{m,n}(k)&\triangleq\operatorname{vec}\left\{\boldsymbol{Y}_{m,n}(k)\right\}\tag{5.7}\\
&=\alpha_{m,n}d_k\left(f_{d,m,n}\left(\theta_{m,n},\boldsymbol{v}\right)\right)\boldsymbol{A}_{m,n}\left(\theta_{m,n}\right)\boldsymbol{s}_m\tag{5.8}
\end{aligned}$$

并且

$$\boldsymbol{s}_m\triangleq\operatorname{vec}\left\{\boldsymbol{S}_m\right\}\tag{5.9}$$

$$\boldsymbol{A}_{m,n}\left(\theta_{m,n}\right)\triangleq\left[\boldsymbol{b}_n\left(\theta_{m,n}\right)\boldsymbol{a}_m^T\left(\theta_{m,n}\right)\right]\otimes\boldsymbol{I}_L\tag{5.10}$$

通过收集 K 个脉冲的信号矩阵 $\boldsymbol{Y}_{m,n}(k)$，可以得到一个 LKQ_n 维的接收信号向量，如下：

$$\begin{aligned}
\boldsymbol{y}_{m,n}&\triangleq\left[\boldsymbol{y}_{m,n}^{\mathrm{T}}(0),\cdots,\boldsymbol{y}_{m,n}^{\mathrm{T}}(k),\cdots,\boldsymbol{y}_{m,n}^{\mathrm{T}}(K-1)\right]^{\mathrm{T}}\tag{5.11}\\
&=\alpha_{m,n}\underbrace{\boldsymbol{d}\left(f_{d,m,n}\left(\theta_{m,n},\boldsymbol{v}\right)\right)\otimes\left[\boldsymbol{A}_{m,n}\left(\theta_{m,n}\right)\boldsymbol{s}_m\right]}_{\boldsymbol{h}_{m,n}(\theta_{m,n},\boldsymbol{v})}
\end{aligned}$$

根据以上描述得到目标的回波信号之后，可以采用同样的方法得到杂波的回波信号。如图 5.1 所示，来自目标的回波信号会受到同一个椭圆上的杂波回波信号干扰，采用与信号回波相同的推导方法，可以得到杂波的回波信号为

$$\boldsymbol{z}_{m,n}=\sum_{c=0}^{C_{m,n}-1}\beta_{m,n,c}\boldsymbol{h}_{m,n}\left(\zeta_{m,n,c}\right)\tag{5.12}$$

其中，$C_{m,n}$ 为位于同一椭圆上的杂波数；$\beta_{m,n,c}$ 和 $\zeta_{m,n,c}$ 分别表示第 c 个杂波的散射系数和角度。由于杂波是平稳信号，所以有 $\boldsymbol{h}_{m,n}\left(\zeta_{m,n,c}\right)\triangleq\boldsymbol{h}_{m,n}\left(\zeta_{m,n,c},\boldsymbol{0}\right)$。

那么，第 n 个 RX 接收到的第 m 个 TX 发射的信号为

$$\begin{aligned}
\boldsymbol{r}_{m,n}&=\boldsymbol{z}_{m,n}+\boldsymbol{y}_{m,n}+\boldsymbol{n}_{m,n}\\
&=\sum_{c=0}^{C_{m,n}-1}\beta_{m,n,c}\boldsymbol{h}_{m,n}\left(\zeta_{m,n,c}\right)+\alpha_{m,n}\boldsymbol{h}_{m,n}\left(\theta_{m,n},\boldsymbol{v}\right)+\boldsymbol{n}_{m,n}
\end{aligned}\tag{5.13}$$

其中，$\boldsymbol{n}_{m,n} \sim \mathcal{CN}\left(\boldsymbol{0}, \sigma_n^2 \boldsymbol{I}_{LKQ_n}\right)$ 为加性高斯白噪声；σ_n^2 为噪声方差；LKQ_n 为接收信号向量 $\boldsymbol{r}_{m,n}$ 的长度。

以上推导过程的前提是基于平台速度 $(\boldsymbol{v}_{T,m}、\boldsymbol{v}_{R,n})$ 以及位置 $(\boldsymbol{p}_{T,m}、\boldsymbol{p}_{R,n})$ 已知的假设。由图 5.1 可以看出，运动目标位于多个椭圆的交叉点，因此，也可以假设目标的可视角 $\theta_{m,n}$ 和位置 $\boldsymbol{p}$ 已知，而参数 $\alpha_{m,n}$、$\boldsymbol{v}$、$\beta_{m,n,c}$ 和 $\zeta_{m,n,c}$ 未知。

5.3 运动目标检测

在现有的 MIMO 雷达系统中，一般多假设雷达是静止的，而目标可以是静止也可以是运动的 [155-157]，对于运动平台和运动目标的检测研究涉及较少。对此，本节将针对图 5.1 所示的场景，给出一种基于 GLRT 的运动平台和运动目标的检测方法。

首先，基于 5.2 节给出的信号模型，可以将检测问题描述为

$$H_0 : \boldsymbol{r} = \boldsymbol{z} + \boldsymbol{n} \tag{5.14}$$

$$H_1 : \boldsymbol{r} = \boldsymbol{y} + \boldsymbol{z} + \boldsymbol{n} \tag{5.15}$$

其中，H_0 和 H_1 分别表示假设检验中目标不存在和目标存在事件。定义 $\boldsymbol{r} \triangleq \mathrm{vec}\{\boldsymbol{R}\}$，$\boldsymbol{y} \triangleq \mathrm{vec}\{\boldsymbol{Y}\}$，$\boldsymbol{z} \triangleq \mathrm{vec}\{\boldsymbol{Z}\}$，$\boldsymbol{n} \triangleq \mathrm{vec}\{\boldsymbol{N}\}$，且

$$\boldsymbol{R} \triangleq \begin{bmatrix} \boldsymbol{r}_{0,0} & \boldsymbol{r}_{0,1} & \cdots & \boldsymbol{r}_{0,N-1} \\ \boldsymbol{r}_{1,0} & \boldsymbol{r}_{1,1} & \cdots & \boldsymbol{r}_{1,N-1} \\ \vdots & \vdots & & \vdots \\ \boldsymbol{r}_{M-1,0} & \boldsymbol{r}_{M-1,1} & \cdots & \boldsymbol{r}_{M-1,N-1} \end{bmatrix} \tag{5.16}$$

矩阵 $\boldsymbol{Y}$、$\boldsymbol{Z}$、$\boldsymbol{N}$ 的定义与矩阵 $\boldsymbol{R}$ 类似，只需要变换相应的元素即可，在此不再赘述。

由于该系统的杂波属于异质杂波，因此传统基于统计信息的目标检测方法，如协方差矩阵或者子空间检测方法等不再适用。为了解决上述问题，本节采用基于 GLRT 检测器的目标检测方法，在不使用目标和杂波统计信息的条件下，估计出目标和杂波的回波信号。GLRT 检测器可以表示为

$$\mathcal{T}_{\mathrm{GLRT}} = \frac{\max\limits_{\alpha, \boldsymbol{v}, \beta, \zeta} p(\boldsymbol{r} \,|\, H_1, \alpha, \boldsymbol{v}, \beta, \zeta)}{\max\limits_{\beta, \zeta} p(\boldsymbol{r} \,|\, H_0, \beta, \zeta)} \underset{H_0}{\overset{H_1}{\gtrless}} \lambda_G \tag{5.17}$$

其中，λ_G 为检测阈值，并且有

$$\alpha \triangleq \{\alpha_{m,n}, 0 \leqslant m \leqslant M-1, 0 \leqslant n \leqslant N-1\} \tag{5.18}$$

$$\beta \triangleq \{\beta_{m,n}, 0 \leqslant m \leqslant M-1, 0 \leqslant n \leqslant N-1\} \tag{5.19}$$

$$\zeta \triangleq \{\zeta_{m,n,c}, 0 \leqslant m \leqslant M-1, 0 \leqslant n \leqslant N-1, 0 \leqslant c \leqslant C_{m,n}-1\} \tag{5.20}$$

式 (5.17) 所描述的 GLRT 检测器在不同参数条件下可以有以下 3 种特例。

(1) 静止的分布式 MIMO 雷达。假设发射天线数为 $P_m = 1$ $(0 \leqslant m \leqslant M-1)$，接收天线数为 $Q_n = 1$ $(0 \leqslant n \leqslant N-1)$，雷达平台静止，目标运动。此时只考虑由于目标运动而引起的多普勒频移。

(2) 运动的分布式 MIMO 雷达。假设发射天线数为 $P_m = 1$ $(0 \leqslant m \leqslant M-1)$，接收天线数为 $Q_n = 1$ $(0 \leqslant n \leqslant N-1)$，雷达平台和目标均处于运动状态。该场景主要考虑雷达和目标同时运动引起的多普勒频移。

(3) 集中式 MIMO 雷达。雷达平台内设置集中式 MIMO 阵列，平台和目标均处于运动状态的场景。假设系统发射平台数为 $M = 1$，接收平台数为 $N = 1$，该场景主要考虑由于雷达和目标运动引起的多普勒频移[158]。

式 (5.17) 给出了分布式和集中式 MIMO 雷达的统一表达，并结合了上述 3 种特例的特点，因此式 (5.17) 可以处理静止或运动的雷达平台及目标。后续再结合波形优化算法，以及给每个运动雷达平台配备更多的天线，可以进一步提高检测性能。

根据式 (5.14) 和式 (5.15) 所描述的接收信号，可以得到服从高斯分布的条件分布如下：

$$r \,|H_1, y, z \sim \mathcal{CN}\left(y + z, \sigma_n^2 I_{\sum\limits_{n=1}^{N} MKLQ_n}\right) \tag{5.21}$$

$$r \,|H_0, z \sim \mathcal{CN}\left(z, \sigma_n^2 I_{\sum\limits_{n=1}^{N} MKLQ_n}\right) \tag{5.22}$$

其中，$\sum\limits_{n=1}^{N} MKLQ_n$ 表示接收信号向量 r 的维度。由于 y 是 (α, v) 的函数，z 是 (β, ζ) 的函数，所以 GLRT 检测器可以简化为

$$\mathcal{T}_{\mathrm{GLR}} = \frac{\max\limits_{y,z} \exp\left(-\dfrac{1}{\sigma_n^2} g_1(r, z, y)\right)}{\max\limits_{z} \exp\left(-\dfrac{1}{\sigma_n^2} g_0(r, z)\right)} \tag{5.23}$$

其中，$g_0(r, z) \triangleq \|r - z\|_2^2$；$g_1(r, z, y) \triangleq \|r - y - z\|_2^2$。

目标不存在的情况下，可以将根据杂波回波得到的信号估计记为

$$\hat{z}_0 \triangleq \arg\max_{z} \exp\left(-\frac{1}{2\sigma_n^2} \|r - z\|_2^2\right) = \arg\min_{z} g_0(r, z) \tag{5.24}$$

目标存在的情况下，可以将根据目标和杂波的回波得到的信号估计记为

$$\{\hat{\boldsymbol{z}}_1, \hat{\boldsymbol{y}}\} \triangleq \arg\max_{\boldsymbol{z}, \boldsymbol{y}} \exp\left(-\frac{1}{2\sigma_n^2}\|\boldsymbol{r} - \boldsymbol{y} - \boldsymbol{z}\|_2^2\right) = \arg\min_{\boldsymbol{z}, \boldsymbol{y}} g_1(\boldsymbol{r}, \boldsymbol{z}, \boldsymbol{y}) \quad (5.25)$$

那么，式 (5.17) 的 GLRT 检测器可以写为如下形式：

$$g(\boldsymbol{r}, \hat{\boldsymbol{z}}_0, \hat{\boldsymbol{z}}_1, \hat{\boldsymbol{y}}) \underset{H_0}{\overset{H_1}{\gtrless}} \lambda'_G \quad (5.26)$$

其中

$$\begin{aligned} g(\boldsymbol{r}, \hat{\boldsymbol{z}}_0, \hat{\boldsymbol{z}}_1, \hat{\boldsymbol{y}}) &\triangleq g_0(\boldsymbol{r}, \hat{\boldsymbol{z}}_0) - g_1(\boldsymbol{r}, \hat{\boldsymbol{z}}_1, \hat{\boldsymbol{y}}) \\ &= 2\mathrm{Re}\left\{\boldsymbol{r}^{\mathrm{H}}(\hat{\boldsymbol{y}} + \hat{\boldsymbol{z}}_1 - \hat{\boldsymbol{z}}_0) - \hat{\boldsymbol{z}}_1^{\mathrm{H}}\hat{\boldsymbol{y}}\right\} + \|\hat{\boldsymbol{z}}_0\|_2^2 - \|\hat{\boldsymbol{z}}_1\|_2^2 - \|\hat{\boldsymbol{y}}\|_2^2 \quad (5.27) \end{aligned}$$

检测阈值 λ_G 可以根据雷达工作所要求的虚警概率来设定。即首先假设无目标存在，在此条件下仿真得到广义似然比的分布，然后根据设定的虚警概率确定相应的检测阈值 λ_G。

5.4 回波信号估计

根据麻省理工学院林肯实验室第一阶段实验的雷达数据[159] 以及杂波谱中特征值的相对功率[160] 可以得知，MIMO 雷达系统的杂波 PSD 主要由一些较强的分量组成，并且组成分量呈现稀疏特征，因此，可以假设杂波在检测区域内是稀疏分布的，以该假设为前提，本节提出一种基于压缩感知 (CS) 的稀疏模型来描述杂波分布区域的稀疏性并采用稀疏重构算法计算出式 (5.24) 和式 (5.25) 中的回波信号。

在目标的检测过程中，首先需要确定目标的存在性。一般可以分别假设目标不存在和目标存在两种情况，根据假设条件进行相应的参数估计。然后对所得到的估计值进行比较，选择最符合实际情况的假设，即判断目标是否存在[161]。确定目标存在后，进而给出目标检测的数学表达，并确定式 (5.17) 中的检测阈值，最终完成目标的检测。接下来，将给出上述两种假设条件下的参数估计过程。

5.4.1 目标不存在时的信号估计

根据式 (5.12) 可以看出回波信号 $\boldsymbol{z}_{m,n}$ 为杂波散射系数和角度的函数。因此，可以将探测区域按照角度进行离散化，进而结合 CS 算法进行参数估计和稀疏重构。如图 5.3 所示，离散步长为 $\Delta\zeta$，杂波所在的角度区域可以被离散化为一个长度是 Z 的向量 $\boldsymbol{\zeta} = [\zeta_0, \zeta_1, \cdots, \zeta_{Z-1}]^{\mathrm{T}}$，则可以得到如下的字典矩阵，该字典矩阵中包含了所有回波信号的角度 $\boldsymbol{\zeta}$：

$$\boldsymbol{H}_{m,n}(\boldsymbol{\zeta}) \triangleq \left[\boldsymbol{h}_{m,n}(\zeta_0), \boldsymbol{h}_{m,n}(\zeta_1), \cdots, \boldsymbol{h}_{m,n}(\zeta_{Z-1})\right] \quad (5.28)$$

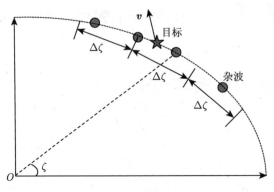

图 5.3　离散化角度

需要注意的是，上述字典矩阵 $\boldsymbol{H}_{m,n}(\boldsymbol{\zeta})$ 是在以下参数已知的前提下给出的，具体包括：

(1) 发射波形 $\boldsymbol{s}_m$；

(2) 雷达发射和接收平台的速度 $\boldsymbol{v}_{T,m}$、$\boldsymbol{v}_{R,n}$，收发平台位置 $\boldsymbol{p}_{T,m}$、$\boldsymbol{p}_{R,n}$；

(3) 目标的角度 $\theta_{m,n}$ 和位置 $\boldsymbol{p}$；

(4) 检测区域的角度向量 $\boldsymbol{\zeta}$。

虽然采用基于 CS 的重构算法可以在杂波角度和散射系数未知的情况下，实现回波信号的估计和目标检测，然而，在离散化杂波角度区域的过程中，有可能出现杂波角度未准确落在离散网格点上的情况，因此，杂波散射系数和角度的估计问题就变成了存在网格偏离 (Off-Grid) 的 CS 重构问题 [162, 163]。

一般情况下，存在 Off-Grid 时第 c 个杂波的回波信号 $\beta_{m,n,c}\boldsymbol{h}_{m,n}$ 可以用其一阶泰勒级数展开来近似表示，即

$$\beta_{m,n,c}\boldsymbol{h}_{m,n}(\zeta_{m,n,c}) \approx \beta_{m,n,c}\left[\boldsymbol{h}_{m,n}(\zeta_z) + \zeta'\nabla\boldsymbol{h}_{m,n}(\zeta_z)\right] \tag{5.29}$$

其中，$\nabla\boldsymbol{h}_{m,n}(\zeta_z) \triangleq \left.\dfrac{\partial\boldsymbol{h}_{m,n}(\zeta)}{\partial\zeta}\right|_{\zeta=\zeta_z}$，$-\dfrac{\Delta\zeta}{2} \leqslant \zeta' < \dfrac{\Delta\zeta}{2}$ 表示角度偏移量。进而，杂波角度 $\zeta_{m,n,c}$ 可以近似表示为

$$\zeta_{m,n,c} \approx \zeta_z + \zeta' \tag{5.30}$$

因此，存在 Off-Grid 时可以将式 (5.12) 中的杂波回波信号重写为

$$\boldsymbol{z}_{m,n} = \boldsymbol{H}_{m,n}(\boldsymbol{\zeta})\boldsymbol{x}_{m,n} + \nabla\boldsymbol{H}_{m,n}(\boldsymbol{\zeta})\left(\boldsymbol{p}_{m,n} \odot \boldsymbol{x}_{m,n}\right) \tag{5.31}$$

其中，$\odot$ 表示 Hadamard 乘积；$\boldsymbol{x}_{m,n}$ 为稀疏向量，其非零元素的对应杂波散射系数；$\boldsymbol{p}_{m,n}$ 是由角度偏离量组成的稀疏向量。例如，在式 (5.29) 中，第 c 个杂波

的散射系数为 $\beta_{m,n,c}$，对应着 $\boldsymbol{x}_{m,n}$ 中的第 z 个杂波元素，即 $x_{m,n,z} = \beta_{m,n,c}$，角度偏离量 ζ' 对应了 $\boldsymbol{p}_{m,n}$ 中的第 z 个元素，即 $p_{m,n,z} = \zeta'$。

进而，可将接收信号的表达式 (5.14) 重写为

$$\boldsymbol{r}_{m,n} = \underbrace{\left(\boldsymbol{H}_{m,n}\left(\boldsymbol{\zeta}\right), \nabla\boldsymbol{H}_{m,n}\left(\boldsymbol{\zeta}\right)\right)}_{\boldsymbol{\Phi}_{m,n}}\begin{bmatrix}\boldsymbol{x}_{m,n}\\\boldsymbol{t}_{m,n}\end{bmatrix} + \boldsymbol{n}_{m,n} \tag{5.32}$$

其中，$\boldsymbol{t}_{m,n} \triangleq \boldsymbol{p}_{m,n} \odot \boldsymbol{x}_{m,n}$。因此，对回波信号的估计便转换为对稀疏向量 $\boldsymbol{x}_{m,n}$ 和 $\boldsymbol{p}_{m,n}$ 的估计过程。一般情况下，稀疏向量 $\left(\boldsymbol{x}_{m,n}^{\mathrm{T}}, \boldsymbol{t}_{m,n}^{\mathrm{T}}\right)^{\mathrm{T}}$ 可以采用 JOMP 算法进行重构，并且 $\boldsymbol{x}_{m,n}$ 和 $\boldsymbol{p}_{m,n}$ 具有相同的支撑集。

JOMP 算法对矩阵 $\boldsymbol{H}_{m,n}\left(\boldsymbol{\zeta}\right)$ 和 $\nabla\boldsymbol{H}_{m,n}\left(\boldsymbol{\zeta}\right)$ 的处理是同等的，然而更为合理的方式应该是根据字典矩阵 $\boldsymbol{H}_{m,n}\left(\boldsymbol{\zeta}\right)$ 来重构稀疏向量，根据导数矩阵 $\nabla\boldsymbol{H}_{m,n}\left(\boldsymbol{\zeta}\right)$ 来估计角度偏移向量。基于上述思想，本节将给出一种新的两步 OMP (Two-Step OMP) 算法来重构稀疏向量 $\boldsymbol{x}_{m,n}$ 和 $\boldsymbol{p}_{m,n}$。

定义 $\boldsymbol{X}_{m,n} \triangleq \mathrm{diag}\left\{\boldsymbol{x}_{m,n}\right\}$，则式 (5.32) 可以重写为

$$\boldsymbol{r}_{m,n} = \boldsymbol{H}_{m,n}\left(\boldsymbol{\zeta}\right)\boldsymbol{x}_{m,n} + \left[\nabla\boldsymbol{H}_{m,n}\left(\boldsymbol{\zeta}\right)\boldsymbol{X}_{m,n}\right]\boldsymbol{p}_{m,n} + \boldsymbol{n}_{m,n} \tag{5.33}$$

本章所提出的 Two-Step OMP 算法主要在以下两个步骤间迭代，具体如下。

(1) 根据字典矩阵 $\boldsymbol{H}_{m,n}\left(\boldsymbol{\zeta}\right)$ 来重构稀疏向量 $\boldsymbol{x}_{m,n}$，同时把式 (5.33) 中的最后两项 $\left[\nabla\boldsymbol{H}_{m,n}\left(\boldsymbol{\zeta}\right)\boldsymbol{X}_{m,n}\right]\boldsymbol{p}_{m,n} + \boldsymbol{n}_{m,n}$ 当作噪声处理。重构后的稀疏向量记为 $\hat{\boldsymbol{x}}_{m,n}$，其支撑集为 Λ。

(2) 定义 $\hat{\boldsymbol{X}}_{\Lambda} \triangleq \mathrm{diag}\left\{\hat{\boldsymbol{x}}_{m,n,\Lambda}\right\}$，将矩阵 $\nabla\boldsymbol{H}_{m,n,\Lambda}\left(\boldsymbol{\zeta}\right)\hat{\boldsymbol{X}}_{\Lambda}$ 定义为新的字典矩阵，并用该矩阵从 $\left(\boldsymbol{r}_{m,n} - \boldsymbol{H}_{m,n,\Lambda}\left(\boldsymbol{\zeta}\right)\hat{\boldsymbol{x}}_{m,n,\Lambda}\right)$ 中估计角度偏移量 $\hat{\boldsymbol{p}}_{m,n,\Lambda}$。因此，第二步不是稀疏重构问题，而且 $\hat{\boldsymbol{x}}_{m,n}$ 和 $\hat{\boldsymbol{p}}_{m,n}$ 具有相同的支撑集 Λ。这里 $\boldsymbol{x}_{\Lambda}$ 表示索引集合 Λ 所对应的 $\boldsymbol{x}$ 子向量，$\boldsymbol{H}_{m,n,\Lambda}$ 表示 $\boldsymbol{H}_{m,n}$ 中列索引在集合 Λ 中构成的子字典矩阵。

算法 5.1 求解式 (5.24) Two-Step OMP 的算法

1: 输入：字典矩阵 $\boldsymbol{H}_{m,n}\left(\boldsymbol{\zeta}\right)$，字典矩阵的一阶导数 $\nabla\boldsymbol{H}_{m,n}\left(\boldsymbol{\zeta}\right)$，接收信号 $\boldsymbol{r}_{m,n}$，停止阈值 ϵ，最大迭代次数 K_I，离散角度个数 Z。

2: 初始化：$\hat{\boldsymbol{p}}_{m,n} = \boldsymbol{0}$，$\boldsymbol{r}_1 = \boldsymbol{r}_{m,n}$，归一化矩阵 $\boldsymbol{H}_{m,n}\left(\boldsymbol{\zeta}\right)$ 的每一列。

3: **for** $k_I = 1$ to K_I **do**

4:    $\Lambda \leftarrow \varnothing$，以及 $\boldsymbol{b} \leftarrow \boldsymbol{r}_1$。

5:    **for** $k_I' = 1$ to Z **do**

6:       $\Lambda \leftarrow \Lambda \cup \lambda$，其中，$\lambda = \arg\max_i \left|\left[\boldsymbol{H}_{m,n}^{\mathrm{H}}\left(\boldsymbol{\zeta}\right)\boldsymbol{b}\right]_i\right|^2$。

7:       $\hat{\boldsymbol{x}}_{m,n,\Lambda} = \arg\min_{\boldsymbol{x}_{m,n,\Lambda}} \left\|\boldsymbol{r}_1 - \boldsymbol{H}_{m,n,\Lambda}\left(\boldsymbol{\zeta}\right)\boldsymbol{x}_{m,n,\Lambda}\right\|_2^2$。

8:       $\boldsymbol{b} = \boldsymbol{r}_1 - \boldsymbol{H}_{m,n,\Lambda}\left(\boldsymbol{\zeta}\right)\hat{\boldsymbol{x}}_{m,n,\Lambda}$。

9:　　　**if** $\|b\|_2^2 \leqslant \epsilon$ **then**

10:　　　　退出。

11:　　　**end if**

12:　　**end for**

13:　　$r_2 = r_{m,n} - H_{m,n,\Lambda}(\zeta)\,\hat{x}_{m,n,\Lambda},\ D_\Lambda = \nabla H_{m,n,\Lambda}(\zeta)\,\mathrm{diag}\{\hat{x}_{m,n,\Lambda}\}.$

14:　　$\hat{p}_{m,n,\Lambda} = \underset{p_{m,n,\Lambda}}{\arg\min}\ \left\| r_2 - D_\Lambda p_{m,n,\Lambda} \right\|_2^2$

　　　　　　　$\mathrm{s.t.}\ -\dfrac{\Delta\zeta}{2} \leqslant p_{m,n,i} < \dfrac{\Delta\zeta}{2}, \forall i \in \Lambda$

15:　　$r_1 = r_{m,n} - D_\Lambda \hat{p}_{m,n,\Lambda}.$

16: **end for**

17: 输出：重构的稀疏向量 $\hat{x}_{m,n}$, $\hat{p}_{m,n}$。

当假设检测区域不存在目标时，根据算法 5.1进行杂波散射系数向量和角度偏移向量的稀疏重构。该算法一次迭代过程的计算复杂度为 $\mathcal{O}(ZLKQ_nC_{m,n}) + \mathcal{O}(C_{m,n})$。需要说明的是，本节所提出的算法与单纯采用两次 OMP 算法不同，原因在于，传统基于 OMP 的算法不能够处理 Off-Grid 的杂波估计和稀疏重构问题。而本节提出的 Two-Step OMP 算法可以估计出不在网格点上的稀疏杂波，因此，能够进一步提高雷达系统对杂波的估计性能。

完成稀疏向量 $\hat{x}_{m,n}$ 和 $\hat{p}_{m,n}$ 的重构后，便可以得到杂波的回波信号估计为

$$\hat{z}_{m,n} = H_{m,n}(\zeta)\,\hat{x}_{m,n} + \nabla H_{m,n}(\zeta)\,\mathrm{diag}\{\hat{x}_{m,n}\}\,\hat{p}_{m,n} \tag{5.34}$$

收集所有的杂波向量，最终得到回波信号估计为

$$\hat{Z} = [\hat{z}_{m,n}],\quad 0 \leqslant m \leqslant M-1, 0 \leqslant n \leqslant N-1 \tag{5.35}$$

并且，式 (5.27) 中的杂波回波波形估计可以由 $\hat{z}_0 = \mathrm{vec}\{\hat{Z}\}$ 给出。

5.4.2　目标存在时的信号估计

当探测区域存在目标时，接收信号中同时包括了杂波和目标的回波信号，对此，本节给出一种迭代算法，来估计式 (5.25) 中的杂波稀疏向量 $\hat{z}_1$ 和目标稀疏向量 $\hat{y}$。具体描述见算法 5.2。

算法 5.2 求解式 (5.25) 的迭代算法

1: 输入：字典矩阵 $H_{m,n}(\zeta)$，字典矩阵的一阶导数 $\nabla H_{m,n}(\zeta)$，接收信号 $r_{m,n}$，停止阈值 ϵ，最大迭代次数 K_I。

2: 初始化：$\hat{z}_{1,m,n} = 0_{LKQ_n}$，归一化字典矩阵 $H_{m,n}(\zeta)$ 的每一列。

3: **for** $k_I = 1$ to K_I **do**

4:　　$\hat{v} = \underset{v}{\arg\min} \sum\limits_{m=0}^{M-1}\sum\limits_{n=0}^{N-1} \left\| P^\perp(h_{m,n}(\theta_{m,n}, v))\,(r_{m,n} - \hat{z}_{1,m,n}) \right\|_2^2$

　　　其中，$P^\perp(h_{m,n}(\theta_{m,n}, v)) \triangleq I_{LKQ_n} - \dfrac{h_{m,n}(\theta_{m,n}, v)h_{m,n}^{\mathrm{H}}(\theta_{m,n}, v)}{h_{m,n}^{\mathrm{H}}(\theta_{m,n}, v)h_{m,n}(\theta_{m,n}, v)}.$

5:　　**for** $m = 0, \cdots, M-1$，$n = 0, \cdots, N-1$ **do**

6:　　　　$\hat{\alpha}_{m,n} = \dfrac{\boldsymbol{h}_{m,n}^{\mathrm{H}}(\theta_{m,n}, \hat{\boldsymbol{v}})(\boldsymbol{r}_{m,n} - \hat{\boldsymbol{z}}_{1,m,n})}{\boldsymbol{h}_{m,n}^{\mathrm{H}}(\theta_{m,n}, \hat{\boldsymbol{v}})\boldsymbol{h}_{m,n}(\theta_{m,n}, \hat{\boldsymbol{v}})}$。

7:　　　　$\hat{\boldsymbol{y}}_{m,n} = \hat{\alpha}_{m,n}\boldsymbol{h}_{m,n}(\theta_{m,n}, \hat{\boldsymbol{v}})$。

8:　　　　采用算法 5.1，从 $\boldsymbol{r}_{m,n} - \hat{\boldsymbol{y}}_{m,n}$ 中重建 $\hat{\boldsymbol{x}}_{m,n}$ 和 $\hat{\boldsymbol{p}}_{m,n}$。

9:　　　　$\hat{\boldsymbol{z}}_{1,m,n} = \nabla\boldsymbol{H}_{m,n}(\boldsymbol{\zeta})\,\mathrm{diag}\{\hat{\boldsymbol{x}}_{m,n}\}\hat{\boldsymbol{p}}_{m,n} + \boldsymbol{H}_{m,n}(\boldsymbol{\zeta})\hat{\boldsymbol{x}}_{m,n}$。

10:　　**end for**

11:　　$\hat{\boldsymbol{y}} = \mathrm{vec}\{[\hat{\boldsymbol{y}}_{m,n}]\}$。

12:　　$\hat{\boldsymbol{z}}_1 = \mathrm{vec}\{[\hat{\boldsymbol{z}}_{1,m,n}]\}$。

13:　　**if** $\|\boldsymbol{r} - \hat{\boldsymbol{y}} - \hat{\boldsymbol{z}}_1\|_2^2 \leqslant \epsilon$ **then**

14:　　　　退出。

15:　　**end if**

16: **end for**

17: 输出：估计的杂波回波波形 $\hat{\boldsymbol{z}}_1$，目标散射系数 $\hat{\alpha}_{m,n}$ 和速度 $\hat{\boldsymbol{v}}$，目标回波波形 $\hat{\boldsymbol{y}}$。

　　在算法 5.2 的第 4 步中，由于目标是运动的，因此需要首先估计出目标的速度 $\boldsymbol{v}$，可以将目标速度离散化，并采用最小化正交投影来获得速度的估计值 $\hat{\boldsymbol{v}}$；然后，估计目标散射系数 $\hat{\alpha}_{m,n}$，则接收信号中的目标分量可以表示为 $\hat{\boldsymbol{y}}_{m,n} = \hat{\alpha}_{m,n}\boldsymbol{h}_{m,n}(\theta_{m,n}, \hat{\boldsymbol{v}})$；接着采用算法 5.1，用 $\boldsymbol{r} - \hat{\boldsymbol{y}}$ 得到 $\hat{\boldsymbol{z}}_1$。进一步，再由 $\boldsymbol{r} - \hat{\boldsymbol{z}}_1$ 估计出目标的回波信号 $\hat{\boldsymbol{y}}$。以上步骤循环迭代，直到满足停止条件。

　　最后，给定估计值 $\hat{\boldsymbol{y}}$、$\hat{\boldsymbol{z}}_1$ 和 $\hat{\boldsymbol{z}}_0$，便可计算式 (5.26) 中的 GLRT 检测器。此外，即便在同一距离分辨单元和天线主波束内同时出现多个散射点，本节提出的目标探测方法依然适用。

5.5　发射波形优化

　　通过计算 GLRT 检测器可以估计出杂波和目标的散射系数及角度信息，进一步利用所得到的参数，结合在线波形优化算法优化发射波形 $\{s_{m,p}, m = 0, \cdots, M-1, p = 0, \cdots, P_m-1\}$ 可以进一步提高系统的目标检测性能。对第 m 个 TX 来说，可以在发射功率约束下通过最大化 SCNR 进行发射波形的优化。由于所有的 RX 都能够接收到第 m 个 TX 的发射信号，所以利用所有 RX 接收到的信号便可以计算得到第 m 个 TX 的 SCNR。

5.5.1　问题描述

　　如 5.4 节所述，杂波稀疏向量 $\hat{\boldsymbol{x}}_{m,n}$ 和 Off-Grid 向量 $\hat{\boldsymbol{p}}_{m,n}$ 可以通过算法 5.1 重构得到，之后由向量 $\hat{\boldsymbol{x}}_{m,n}$ 和 $\hat{\boldsymbol{p}}_{m,n}$ 中的非零元素便可以分别得到杂波散射系数 $\hat{\beta}_{m,n}$ 和角度偏移量 $\hat{\boldsymbol{\zeta}}_{m,n}$。同时，根据算法 5.2 可以估计得到目标散射系数 $\hat{\alpha}_{m,n}$

以及速度 $\hat{\boldsymbol{v}}$。根据式 (5.10)，可以得到目标回波信号功率为

$$
\begin{aligned}
P_{T,m,n} &= \left\|\boldsymbol{y}_{m,n}\right\|_2^2 \\
&= |\alpha_{m,n}|^2 \left\{ \boldsymbol{d}\left(f_{d,m,n}\left(\theta_{m,n},\boldsymbol{v}\right)\right) \otimes \left[\boldsymbol{A}_{m,n}\left(\theta_{m,n}\right)\boldsymbol{s}_m\right]\right\}^{\mathrm{H}} \\
&\qquad \left\{\boldsymbol{d}\left(f_{d,m,n}\left(\theta_{m,n},\boldsymbol{v}\right)\right) \otimes \left[\boldsymbol{A}_{m,n}\left(\theta_{m,n}\right)\boldsymbol{s}_m\right]\right\} \\
&\overset{(5.38)}{=} |\alpha_{m,n}|^2 \left\{ \boldsymbol{d}^{\mathrm{H}}\left(f_{d,m,n}\left(\theta_{m,n},\boldsymbol{v}\right)\right)\boldsymbol{d}\left(f_{d,m,n}\left(\theta_{m,n},\boldsymbol{v}\right)\right)\right\} \\
&\qquad \otimes \left\{ \left[\boldsymbol{A}_{m,n}\left(\theta_{m,n}\right)\boldsymbol{s}_m\right]^{\mathrm{H}}\left[\boldsymbol{A}_{m,n}\left(\theta_{m,n}\right)\boldsymbol{s}_m\right]\right\} \\
&= |\alpha_{m,n}|^2 \left\|\boldsymbol{d}^{\mathrm{H}}\left(f_{d,m,n}\left(\theta_{m,n},\boldsymbol{v}\right)\right)\right\|_2^2 \boldsymbol{s}_m^{\mathrm{H}} \left\{\left[\boldsymbol{b}_n\left(\theta_{m,n}\right)\boldsymbol{a}_m^{\mathrm{T}}\left(\theta_{m,n}\right)\right]\otimes\boldsymbol{I}_L\right\}^{\mathrm{H}} \\
&\qquad \left\{\left[\boldsymbol{b}_n\left(\theta_{m,n}\right)\boldsymbol{a}_m^{\mathrm{T}}\left(\theta_{m,n}\right)\right]\otimes\boldsymbol{I}_L\right\}\boldsymbol{s}_m \\
&\overset{(5.38)}{=} \underbrace{|\alpha_{m,n}|^2 \left\|\boldsymbol{d}\left(f_{d,m,n}(\theta_{m,n},\boldsymbol{v})\right)\right\|_2^2 \left\|\boldsymbol{b}_n(\theta_{m,n})\right\|_2^2}_{u_{m,n}} \\
&\qquad \boldsymbol{s}_m^{\mathrm{H}}\left[\left(\boldsymbol{a}_m(\theta_{m,n})\boldsymbol{a}_m^{\mathrm{H}}(\theta_{m,n})\right)^{\mathrm{T}}\otimes\boldsymbol{I}_L\right]\boldsymbol{s}_m \\
&= \boldsymbol{s}_m^{\mathrm{H}}\left[\underbrace{u_{m,n}\left(\boldsymbol{a}_m(\theta_{m,n})\boldsymbol{a}_m^{\mathrm{H}}(\theta_{m,n})\right)^{\mathrm{T}}}_{\boldsymbol{T}_{m,n}}\otimes\boldsymbol{I}_L\right]\boldsymbol{s}_m \\
&\overset{(5.39)}{=} \boldsymbol{s}_m^{\mathrm{H}}\,\mathrm{vec}\left\{\boldsymbol{S}_m\boldsymbol{T}_{m,n}^{\mathrm{T}}\right\} \\
&\overset{(5.40)}{=} \mathrm{tr}\left\{\boldsymbol{S}_m^{\mathrm{H}}\boldsymbol{S}_m\boldsymbol{T}_{m,n}^{\mathrm{T}}\right\}
\end{aligned}
\tag{5.36}
$$

其中，矩阵的运算规则如下：

$$
(\boldsymbol{A}\otimes\boldsymbol{B})^{\mathrm{H}} = \boldsymbol{A}^{\mathrm{H}}\otimes\boldsymbol{B}^{\mathrm{H}}
\tag{5.37}
$$

$$
(\boldsymbol{A}\otimes\boldsymbol{B})(\boldsymbol{C}\otimes\boldsymbol{D}) = \boldsymbol{A}\boldsymbol{C}\otimes\boldsymbol{B}\boldsymbol{D}
\tag{5.38}
$$

$$
\mathrm{tr}\left\{\boldsymbol{A}\boldsymbol{X}\boldsymbol{B}\right\} = (\boldsymbol{B}^{\mathrm{H}}\otimes\boldsymbol{A})\,\mathrm{vec}\left\{\boldsymbol{X}\right\}
\tag{5.39}
$$

$$
\mathrm{tr}\left\{\boldsymbol{A}^{\mathrm{H}}\boldsymbol{Y}\right\} = \mathrm{vec}\left\{\boldsymbol{A}\right\}^{\mathrm{H}}\mathrm{vec}\left\{\boldsymbol{Y}\right\}
\tag{5.40}
$$

同理，根据式 (5.12) 可得杂波回波信号的总功率为

$$
\begin{aligned}
&P_{C,m,n} \\
&= \left\|\boldsymbol{z}_{m,n}\right\|_2^2 \\
&= \left\{\sum_{c=0}^{C_{m,n}-1}\beta_{m,n,c}\boldsymbol{d}\left(f_{d,m,n}\left(\zeta_{m,n,c}\right)\right)\otimes\left[\left(\left(\boldsymbol{b}_n\left(\zeta_{m,n,c}\right)\boldsymbol{a}_m^{\mathrm{T}}\left(\zeta_{m,n,c}\right)\right)\otimes\boldsymbol{I}_L\right)\boldsymbol{s}_m\right]\right\}^{\mathrm{H}} \\
&\quad \left\{\sum_{c=0}^{C_{m,n}-1}\beta_{m,n,c}\boldsymbol{d}\left(f_{d,m,n}\left(\zeta_{m,n,c}\right)\right)\otimes\left[\left(\left(\boldsymbol{b}_n\left(\zeta_{m,n,c}\right)\boldsymbol{a}_m^{\mathrm{T}}\left(\zeta_{m,n,c}\right)\right)\otimes\boldsymbol{I}_L\right)\boldsymbol{s}_m\right]\right\}
\end{aligned}
$$

$$= \sum_{c_1=0}^{C_{m,n}-1} \sum_{c_2=0}^{C_{m,n}-1}$$

$$\underbrace{\beta_{m,n,c2} \beta_{m,n,c1}^{\mathrm{H}} \boldsymbol{d}^{\mathrm{H}} \left(f_{d,m,n} \left(\zeta_{m,n,c1} \right) \right) \boldsymbol{d} \left(f_{d,m,n} \left(\zeta_{m,n,c2} \right) \right) \left[\boldsymbol{b}_n^{\mathrm{H}} \left(\zeta_{m,n,c1} \right) \boldsymbol{b}_n \left(\zeta_{m,n,c2} \right) \right]}_{v_{c_1,c_2}}$$

$$\boldsymbol{s}_m^{\mathrm{H}} \left(\left[\boldsymbol{a}_m \left(\zeta_{m,n,c2} \right) \boldsymbol{a}_m^{\mathrm{H}} \left(\zeta_{m,n,c1} \right) \right]^{\mathrm{T}} \otimes \boldsymbol{I}_L \right) \boldsymbol{s}_m$$

$$= \boldsymbol{s}_m^{\mathrm{H}} \Bigg(\underbrace{\sum_{c_1=0}^{C_{m,n}-1} \sum_{c_2=0}^{C_{m,n}-1} v_{c_1,c_2} \left[\boldsymbol{a}_m \left(\zeta_{m,n,c2} \right) \boldsymbol{a}_m^{\mathrm{H}} \left(\zeta_{m,n,c1} \right) \right]^{\mathrm{T}}}_{\boldsymbol{C}_{m,n}} \otimes \boldsymbol{I}_L \Bigg) \boldsymbol{s}_m$$

$$= \boldsymbol{s}_m^{\mathrm{H}} \operatorname{vec} \left\{ \boldsymbol{S}_m \boldsymbol{C}_{m,n}^{\mathrm{T}} \right\}$$

$$= \operatorname{tr} \left\{ \boldsymbol{S}_m^{\mathrm{H}} \boldsymbol{S}_m \boldsymbol{C}_{m,n}^{\mathrm{T}} \right\} \tag{5.41}$$

第 m 个 TX 发射的信号由所有的 RX 接收后发送到融合中心，得到回波信号中杂波信号的总功率为

$$P_{C,m} = \sum_{n=0}^{N-1} P_{C,m,n}$$

$$= \operatorname{tr} \left\{ \boldsymbol{S}_m^{\mathrm{H}} \boldsymbol{S}_m \Big(\underbrace{\sum_{n=0}^{N-1} \boldsymbol{C}_{m,n}}_{\boldsymbol{C}_m} \Big)^{\mathrm{T}} \right\}$$

$$= \operatorname{tr} \left\{ \boldsymbol{S}_m^{\mathrm{H}} \boldsymbol{S}_m \boldsymbol{C}_m^{\mathrm{T}} \right\} \tag{5.42}$$

目标回波信号的总功率为

$$P_{T,m} = \sum_{n=0}^{N-1} P_{T,m,n} = \operatorname{tr} \left\{ \boldsymbol{S}_m^{\mathrm{H}} \boldsymbol{S}_m \Big(\underbrace{\sum_{n=0}^{N-1} \boldsymbol{T}_{m,n}}_{\boldsymbol{T}_m} \Big)^{\mathrm{T}} \right\} = \operatorname{tr} \left\{ \boldsymbol{S}_m^{\mathrm{H}} \boldsymbol{S}_m \boldsymbol{T}_m^{\mathrm{T}} \right\} \tag{5.43}$$

因此，第 m 个 TX 的 SCNR 为

$$f_m \left(\boldsymbol{S}_m \right) = \frac{P_{T,m}}{P_{C,m} + P_{N,m}} = \frac{\operatorname{tr} \left\{ \boldsymbol{S}_m^{\mathrm{H}} \boldsymbol{S}_m \boldsymbol{T}_m^{\mathrm{T}} \right\}}{\operatorname{tr} \left\{ \boldsymbol{S}_m^{\mathrm{H}} \boldsymbol{S}_m \boldsymbol{C}_m^{\mathrm{T}} \right\} + P_{N,m}} \tag{5.44}$$

其中，噪声功率为 $P_{N,m} = \sigma_n^2 LK \sum\limits_{n=0}^{N-1} Q_n$。进而可以构建第 m 个 TX 发射波形的

优化问题如下：

$$\begin{cases} \max_{\boldsymbol{S}_m} \ f_m\left(\boldsymbol{S}_m\right) \\ \text{s.t.}\,\text{tr}\left\{\boldsymbol{S}_m^{\mathrm{H}}\boldsymbol{S}_m\right\} \leqslant E_s \end{cases} \tag{5.45}$$

其中，E_s 为第 m 个 TX 的总发射功率约束。

5.5.2 波形优化问题求解

对于优化问题 (5.45) 可以将其重写如下：

$$\begin{cases} \max_{\boldsymbol{W}_m} \quad f_m\left(\boldsymbol{W}_m\right) = \dfrac{\text{tr}\left\{\boldsymbol{T}_m\boldsymbol{W}_m\right\}}{\text{tr}\left\{\boldsymbol{C}_m\boldsymbol{W}_m\right\} + P_{N,m}} \\ \text{s.t.} \quad \text{tr}\left\{\boldsymbol{W}_m\right\} \leqslant E_s \\ \boldsymbol{W}_m \triangleq \left(\boldsymbol{S}_m^{\mathrm{H}}\boldsymbol{S}_m\right)^{\mathrm{T}} \end{cases} \tag{5.46}$$

注意，最优解满足 $\text{tr}\left\{\boldsymbol{W}_m\right\} = E_s$。对此可用反证法来证明：若 $\text{tr}\left\{\boldsymbol{W}_m\right\} < E_s$，则 $\gamma = \dfrac{E_s}{\text{tr}\left\{\boldsymbol{W}_m\right\}} > 1$，$\boldsymbol{W}_m' = \gamma\boldsymbol{W}_m$，进而 $\text{tr}\left\{\boldsymbol{W}_m'\right\} = E_s$，$f_m(\boldsymbol{W}_m') > f_m(\boldsymbol{W}_m)$，这与最优解的假设矛盾，因此得证。

式 (5.46) 中的目标函数可以化简为

$$\begin{aligned} f_m\left(\boldsymbol{W}_m\right) &= \dfrac{\text{tr}\left\{\boldsymbol{T}_m\boldsymbol{W}_m\right\}}{\text{tr}\left\{\boldsymbol{C}_m\boldsymbol{W}_m\right\} + \dfrac{P_{N,m}}{E_s}\text{tr}\left\{\boldsymbol{W}_m\right\}} \\ &= \dfrac{\text{tr}\left\{\boldsymbol{T}_m\boldsymbol{W}_m\right\}}{\text{tr}\left\{\left(\boldsymbol{C}_m + \dfrac{P_{N,m}}{E_s}\boldsymbol{I}_{P_m}\right)\boldsymbol{W}_m\right\}} \end{aligned} \tag{5.47}$$

定义 $\boldsymbol{D}_m \triangleq \boldsymbol{C}_m + \dfrac{P_{N,m}}{E_s}\boldsymbol{I}_{P_m}$，则波形优化问题可以表示为

$$\begin{cases} \max_{\boldsymbol{W}_m} \quad f_m\left(\boldsymbol{W}_m\right) = \dfrac{\text{tr}\left\{\boldsymbol{T}_m\boldsymbol{W}_m\right\}}{\text{tr}\left\{\boldsymbol{D}_m\boldsymbol{W}_m\right\}} \\ \text{s.t.} \quad \text{tr}\left\{\boldsymbol{W}_m\right\} = E_s \\ \quad\quad \text{rank}\left\{\boldsymbol{W}_m\right\} \leqslant L \\ \quad\quad \boldsymbol{W}_m \succeq \boldsymbol{0} \end{cases} \tag{5.48}$$

其中，约束条件中的秩与半正定约束可以保证 $\boldsymbol{W}_m$ 能够分解为 $\boldsymbol{W}_m^{\mathrm{T}} = \boldsymbol{S}_m^{\mathrm{H}}\boldsymbol{S}_m$。式 (5.48) 中，目标函数是拟凸线性分式函数 [113]，并且除了秩约束以外其他所有

约束条件都是凸的。由于 $\boldsymbol{W}_m = (\boldsymbol{S}_m^H \boldsymbol{S}_m)^T \in \mathbb{C}^{P_m \times P_m}$ 且 $\mathrm{rank}\{\boldsymbol{W}_m\} \leqslant P_m$，因此可以分以下两种情况进行讨论。

(1) 若 $P_m \leqslant L$，即

$$\mathrm{rank}\{\boldsymbol{W}_m\} \leqslant P_m \leqslant L \tag{5.49}$$

那么，可以去掉式 (5.48) 中的秩约束，从而得到如下最优化问题：

$$\begin{cases} \max\limits_{\boldsymbol{W}_m} & f_m(\boldsymbol{W}_m) = \dfrac{\mathrm{tr}\{\boldsymbol{T}_m \boldsymbol{W}_m\}}{\mathrm{tr}\{\boldsymbol{D}_m \boldsymbol{W}_m\}} \\ \mathrm{s.t.} & \mathrm{tr}\{\boldsymbol{W}_m\} = E_s \\ & \boldsymbol{W}_m \succeq \boldsymbol{0} \end{cases} \tag{5.50}$$

定义 $\boldsymbol{X}_m = \dfrac{\boldsymbol{W}_m}{\mathrm{tr}\{\boldsymbol{D}_m \boldsymbol{W}_m\}}$ 和 $d_m = \dfrac{1}{\mathrm{tr}\{\boldsymbol{D}_m \boldsymbol{W}_m\}}$，根据 Charnes-Cooper 变换 [164] 可以得到等价的线性目标函数为

$$\begin{cases} \max\limits_{\boldsymbol{X}_m, d_m} & \mathrm{tr}\{\boldsymbol{T}_m \boldsymbol{X}_m\} \\ \mathrm{s.t.} & \mathrm{tr}\{\boldsymbol{D}_m \boldsymbol{X}_m\} = 1 \\ & \mathrm{tr}\{\boldsymbol{X}_m\} = d_m E_s \\ & d_m \geqslant 0 \\ & \boldsymbol{X}_m \succeq \boldsymbol{0} \end{cases} \tag{5.51}$$

由于凸优化问题 (5.51) 是 SDP 问题 [115]，因此可以采用 CVX 工具箱 [116] 或者内点法 [113] 求解，从而得到式 (5.50) 的最优解为

$$\boldsymbol{W}_m = \frac{1}{d_m} \boldsymbol{X}_m \tag{5.52}$$

对其进行特征值分解，有

$$\boldsymbol{W}_m = \sum_{i=0}^{\Gamma_m - 1} \lambda_{m,i} \boldsymbol{v}_{m,i} \boldsymbol{v}_{m,i}^H + \sum_{i=\Gamma_m - 1}^{L-1} \boldsymbol{0}_{P_m \times P_m} = (\boldsymbol{S}^H \boldsymbol{S})^T \tag{5.53}$$

其中，$\Gamma_m = \mathrm{rank}\{\boldsymbol{W}_m\}$；$\lambda_{m,i}$ 和 $\boldsymbol{v}_{m,i}$ 分别是第 i 个最大的特征值及其所对应的特征向量。那么，最优发射波形矩阵可以表示为

$$\boldsymbol{S}_m = \left(\sqrt{\lambda_{m,0}} \boldsymbol{v}_{m,0}, \sqrt{\lambda_{m,1}} \boldsymbol{v}_{m,1}, \ldots, \sqrt{\lambda_{m,\Gamma_m-1}} \boldsymbol{v}_{m,\Gamma_m-1}, \boldsymbol{0}_{P_m \times (L-\Gamma_m)}\right)^T \tag{5.54}$$

(2) 若 $P_m > L$，同样可以去掉秩约束 $\mathrm{rank}\{\boldsymbol{W}_m\} \leqslant L$，求解式 (5.50) 的松弛问题，得到式 (5.55) 和式 (5.56)。

① 如果 $\Gamma_m \leqslant L$，松弛问题得到的最优波形矩阵为

$$S_m = \left(\sqrt{\lambda_{m,0}}\boldsymbol{v}_{m,0}, \sqrt{\lambda_{m,1}}\boldsymbol{v}_{m,1}, \cdots, \sqrt{\lambda_{m,\Gamma_m-1}}\boldsymbol{v}_{m,\Gamma_m-1}, \boldsymbol{0}_{P_m\times(L-\Gamma_m)}\right)^{\mathrm{T}} \quad (5.55)$$

② 如果 $\Gamma_m > L$，利用最大的 L 个特征值对应的 L 个特征向量得到波形优化的次优解为

$$S_m = p_m\left(\sqrt{\lambda_{m,0}}\boldsymbol{v}_{m,0}, \cdots, \sqrt{\lambda_{m,L-1}}\boldsymbol{v}_{m,L-1}\right)^{\mathrm{T}} \quad (5.56)$$

其中，参数 p_m 用于确保发射波形满足功率约束，即 $\mathrm{tr}\left\{\boldsymbol{S}_m^{\mathrm{H}}\boldsymbol{S}_m\right\} = E_s$。

5.6 仿 真 结 果

本节将给出多个运动雷达平台对运动目标的检测性能仿真。如图 5.4 所示，TX 数为 $M = 2$，RX 数为 $N = 2$，且每个 TX 和 RX 配备 $P_m = Q_n = 4$ 根天线 $(m = 1, 2; n = 1, 2)$，TX 和 RX 的位置和天线角度如表 5.1 所示，其中天线角度定义为天线阵列与图 5.4 中 X 轴的夹角。载波频率为 $f_C = 1\ \mathrm{GHz}$，电磁波传播速度为 $c = 3 \times 10^8\ \mathrm{m/s}$，发射波形波长 $\lambda = 0.3\ \mathrm{m}$，天线间间距为 $d_T = \dfrac{\lambda}{2} = 0.15\ \mathrm{m}$，脉冲数目为 $K = 8$，PRI 为 $T_p = 0.25\ \mathrm{ms}$，脉冲重复频率为 $\dfrac{1}{T_p} = 4\ \mathrm{kHz}$，信号长度为 $L = 16$。

假设杂波散射点数目为 $C_{m,n} = 3, (m = 1, 2; n = 1, 2)$，每一对 TX-RX 的目标和杂波散射系数为 $\alpha_{m,n} = \beta_{m,n,c} = 1$。定义 SCR 的计算公式为

$$\mathrm{SCR} \triangleq \frac{\mathbb{E}\left\{\boldsymbol{y}^{\mathrm{H}}\boldsymbol{y}\right\}}{\mathbb{E}\left\{\boldsymbol{z}^{\mathrm{H}}\boldsymbol{z}\right\}} \quad (5.57)$$

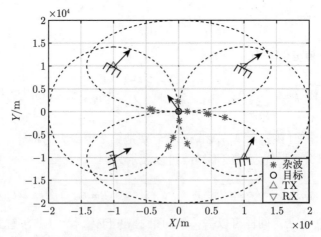

图 5.4   仿真的运动目标和 MIMO 雷达平台方位图

表 5.1　目标与雷达参数

索引	位置/m	速度/(m/s)	天线角度/(°)
TX1	$\boldsymbol{p}_{T,1} = \left(-10^4, 10^4\right)^{\mathrm{T}}$	$\boldsymbol{v}_{T,1} = (43.31, 47.03)^{\mathrm{T}}$	329.77
TX2	$\boldsymbol{p}_{T,2} = \left(10^4, -10^4\right)^{\mathrm{T}}$	$\boldsymbol{v}_{T,2} = (21.35, 43.70)^{\mathrm{T}}$	190.05
RX1	$\boldsymbol{p}_{R,1} = \left(10^4, 10^4\right)^{\mathrm{T}}$	$\boldsymbol{v}_{R,1} = (32.94, 31.98)^{\mathrm{T}}$	321.88
RX2	$\boldsymbol{p}_{R,2} = \left(-10^4, -10^4\right)^{\mathrm{T}}$	$\boldsymbol{v}_{R,2} = (34.51, 38.75)^{\mathrm{T}}$	96.71

则 SCNR 的计算公式为

$$\text{SCNR} \triangleq \frac{\mathbb{E}\left\{\boldsymbol{y}^{\mathrm{H}}\boldsymbol{y}\right\}}{\mathbb{E}\left\{\boldsymbol{z}^{\mathrm{H}}\boldsymbol{z}\right\} + \mathbb{E}\left\{\boldsymbol{n}^{\mathrm{H}}\boldsymbol{n}\right\}} \tag{5.58}$$

由于积累检测可以极大地抑制噪声，所以系统检测性能主要受杂波的影响。在雷达的探测区域内，强杂波多呈现稀疏分布，而地面等背景杂波则表现为非稀疏低强度且均匀分布在每一个分辨单元内。本节将给出 −28 dB 和 −31 dB 两种 SCNR 情况下的仿真测试，强杂波和背景杂波的功率比为 10 dB。采用算法 5.1 进行散射系数向量和杂波角度向量的估计，其中字典矩阵的角度分辨率为 $\Delta\zeta = 2°$，检测角度区域 ζ 为目标附近 $100°$ 范围。以 TX1-RX1 收发对为例，假设目标角度为 $\theta_{1,1} = 90°$，则角度检测区域 ζ 为 $40° \sim 140°$。仿真 10^4 次，以得到系统的平均目标检测性能。雷达平台和目标的速度向量 $\boldsymbol{v} = [v_x, v_y]^{\mathrm{T}}$ 在 $0 \sim 100$ m/s 区间内服从均匀分布，即 $\{v_x, v_y\} \sim \text{unif}\,[0, 100]$ m/s，杂波在目标周围服从均匀分布。

5.6.1　波形优化对检测性能的影响分析

首先假设目标和杂波参数已知，以验证波形优化设计对检测性能的影响。采用 5.5 节给出的方法进行发射波形优化，得到接收机的操作特性 (ROC) 曲线如图 5.5 所示，其中采用随机波形得到的 ROC 曲线通过平均 10^4 条高斯随机波形

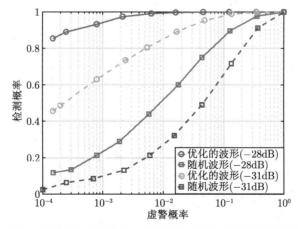

图 5.5　波形优化前后 ROC 曲线对比 (已知目标和杂波信息)

的 ROC 曲线得到。由于参数已知，因此可以采用似然比检测方法 (而不是 GLRT 方法) 来检测运动目标。由图 5.5 可以看出，波形优化后 ROC 性能得到了显著提升，说明优化发射波形可以有效提高目标检测性能。然而在实际雷达场景中，目标和杂波的参数大多是未知的，因此需要采用算法 5.1 和算法 5.2 得到相关信息的估计。

5.6.2   目标和杂波参数估计对检测性能的影响

利用算法 5.1 和算法 5.2 估计得到杂波的位置、目标速度以及散射系数等参数后，可以根据式 (5.26) 进行运动目标的 GLRT 检测。图 5.6 中给出了估计出目标和杂波的信息后所得到的雷达系统 ROC 性能曲线，图中分别对比了 3 种雷达发射波形的 ROC 性能，包括随机波形、已知目标和杂波参数的最优化波形、估计出目标和杂波参数的最优化波形。同样由仿真结果可以看出，通过优化设计发射波形，运动目标的检测性能显著提高。并且，利用随机波形的回波信号估计出目标和杂波参数后，再进行发射波形优化，可以获得与已知目标和杂波采用最优波形一致的目标检测性能。

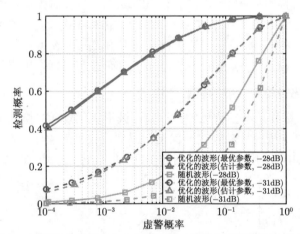

图 5.6   波形优化前后 ROC 曲线对比 (估计得到目标和杂波参数)

5.6.3   与其他算法对比

将本章所提 Two-Step OMP 算法分别与 NESTA[165]、OMP[61] 和 OGSBI[163] 算法的 ROC 性能曲线进行对比，这里 OMP 和 NESTA 算法都是 On-Grid 算法，而 OGSBI 算法是 Off-Grid 的贝叶斯重构算法，结果如图 5.7 所示。由于 On-Grid 算法会导致更多的旁瓣，从而降低杂波的估计性能，因此，可以看出，Two-Step OMP 算法 (本章所提算法) 比 OMP 算法和 NESTA 算法的检测性能更好。同时，由于 OGSBI 算法主要用于多次测量向量 (MMV) 场景中，而本章所提雷达系统只采用一次测量进行杂波参数的估计，从而导致 OGSBI 算法的目标检测性能不如其他算法。仿真结果表明，与 OMP、OGSBI 以及 NESTA 算法相比，Two-Step OMP 算法可以获得最优的目标检测性能。另外，由于 Two-Step OMP 算法是基于 OMP 算法的，所以该算法可以在参数估计和计算复杂度方面取得良好的性能折中。

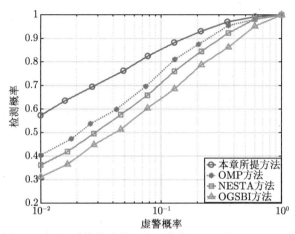

图 5.7　不同重构算法的 ROC 曲线 (SCNR = −31 dB)

5.6.4　与分布式 MIMO 雷达对比

进一步对比本章所提出的雷达系统与分布式 MIMO 雷达系统的 ROC 性能，如图 5.8所示，仿真中首先选择发射随机波形，然后利用算法 5.1 和算法 5.2 估计

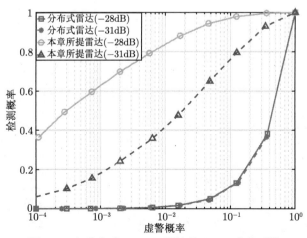

图 5.8　与分布式 MIMO 雷达的 ROC 曲线对比

出目标和杂波参数，进而，根据估计得到的参数对发射波形进行优化，最后，采用优化后波形进行运动目标的 GLRT 检测。分布式 MIMO 雷达的系统参数设置与本章所提出的雷达系统参数相同，只是在每个雷达运动平台上只配置一根天线，即 $P_m = Q_n = 1, m = 1, 2; n = 1, 2$，因此分布式 MIMO 系统无法提供额外的自由度，以提高 SCNR。分布式 MIMO 雷达的每一根天线上都采用固定幅度的全功率信号，针对 SCNR = −28 dB 和 SCNR = −31 dB 两种情况进行仿真对比，可以看出，提高 SCNR 后，相比分布式 MIMO 雷达系统，本章所提出雷达系统的 ROC 性能提升更为明显。

5.6.5　与集中式 MIMO 雷达对比

图 5.9 给出了本章所提出的雷达系统与集中式双基地 MIMO 雷达系统的 ROC 性能曲线对比。集中式双基地 MIMO 雷达可通过设定 $M = N = 1$ 得到。由于雷达平台的位置、速度以及天线角度都会影响目标的检测性能，因此本章所提出的雷达系统与集中式双基地 MIMO 雷达系统采用相同的参数，由图可以看出，由于本章所提出的雷达系统可以提供更多的平台分集，所以相比集中式双基地 MIMO 雷达可以获得更优的 ROC 性能。

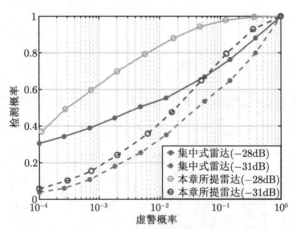

图 5.9　与集中式 MIMO 雷达的 ROC 曲线对比

5.6.6　不同参数对检测性能的影响

1. 目标速度

根据速度和多普勒频移的不同可以区分目标和杂波，因此图 5.10 给出了不同目标速度对检测性能的影响。将目标速度设定为均匀随机分布 $\{v_x, v_y\} \sim \text{unif}\,[0,$ $100]$ m/s 和 $\{v_x, v_y\} \sim \text{unif}\,[50, 150]$ m/s 两种情况。由仿真结果可以看出，增加目标速度可以提高本章所提出雷达系统的目标检测性能。然而，对于分布式 MIMO

雷达系统来说，其目标检测性能并未有显著提高。同时可以看出，在目标速度给定的情况下，本章所提出的雷达系统可以获得优于分布式和集中式 MIMO 雷达系统的目标检测性能。

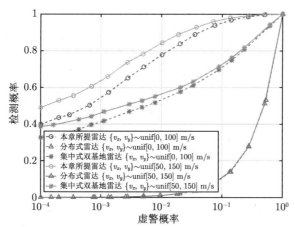

图 5.10　不同目标速度下各雷达系统的 ROC 曲线 (SCNR $= -28$ dB)

2. 天线数目

图 5.11 给出了天线个数对目标检测性能的影响。收发天线数设置如下：$P_m = Q_n \in \{2, 4, 6, 8\}(m = 1, 2; n = 1, 2)$。由仿真结果可以看出，随着天线数目的增加，系统的 ROC 性能逐渐改善。这是由于增加天线数目可以提高波形优化的自由度，因此，为了获得较好的检测性能，可在系统允许的范围内设置较多的天线个数。

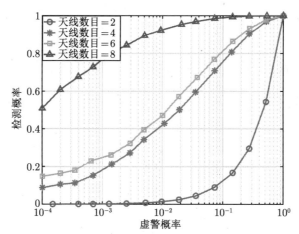

图 5.11　不同天线个数的 ROC 曲线 (SCNR $= -28$ dB)

3. 杂波数目

图 5.12 给出了不同杂波数目条件下的 ROC 性能，其中每一个 TX-RX 收发对的杂波数量设置为 $C_{m,n} = \{3, 5\}(m = 1, 2;\ n = 1, 2)$。可以看出，增加杂波数目会导致目标检测性能的降低，这是因为在 GLRT 目标检测过程中，需要首先根据算法 5.1 估计出杂波的参数，而杂波数量的增加会导致估计性能的降低，从而影响目标的检测性能。

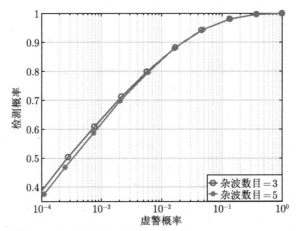

图 5.12　不同杂波数目的 ROC 曲线 (SCNR = −28 dB)

5.7　本 章 小 结

本章提出一种基于多运动平台的运动目标雷达检测系统，该系统中每个雷达平台均采用集中式 MIMO 天线。通过挖掘杂波分布的稀疏特性，本章提出一种基于 CS 的杂波模型，并给出一种 Two-Step OMP 算法用于解决 Off-Grid 问题。与 NESTA、OGSBI 等算法相比，Two-Step OMP 算法在保持 OMP 算法良好效率的同时仍具有良好的估计性能，即可以在估计性能和计算复杂度之间取得良好的折中，进而在融合中心采用基于 GLRT 的方法检测运动目标。为了进一步提高目标的检测性能，针对每个运动平台进行发射波形优化，以最大化接收信号的SCNR。仿真结果表明，本章所提出的雷达系统在运动目标检测方面优于现有的分布式和集中式 MIMO 雷达系统，基于参数估计结果进行波形优化后，可以实现目标检测性能的进一步提高。

第 6 章 基于压缩感知的多目标定位与多天线位置优化

6.1 引　　言

在 MIMO 雷达系统中，天线阵列通过发射不同的波形可以获得更多的空间和波形分集增益，因此，相比传统雷达系统，MIMO 雷达可以实现更高的目标检测、估计与定位精度 [9]。根据天线间距的不同，MIMO 雷达可以分为集中式和分布式两大类。其中，集中式 MIMO 雷达的天线间距较近，可以提供更多的波形分集增益，因此能够提高目标检测与估计性能；分布式 MIMO 雷达的天线间距较远，通过充分挖掘目标 RCS 的空间分集特性，可以提高雷达的检测性能。另外，通过联合估计 TX 与 RX 之间的时延参数，分布式 MIMO 雷达还可以提高针对特定目标的定位性能。

基于此，本章主要讨论分布式 MIMO 雷达系统中，针对多个平稳目标的定位问题。通过将检测区域均匀划分成许多离散网格，并建立包含所有网格回波信号的过完备字典矩阵，从而将目标定位问题构建为一个稀疏重构问题，其中稀疏信号的支撑集对应于目标位置，因此，通过充分挖掘目标的稀疏特性，采用 CS 的方法进行稀疏重构可以实现目标的定位。本章还将推导当雷达天线随机分布时字典矩阵互相干系数的概率分布，给出天线数目趋于无穷大时的理论分析。另外，由于目标定位性能与分布式 MIMO 雷达的 TX 以及 RX 的位置有关 [166,167]，优化天线的地理分布可以进一步提高定位性能 [168,169]，对此，本章给出一种用于优化 TX 和 RX 天线位置的迭代算法，以进一步提高稀疏重构性能。

6.2 分布式 MIMO 雷达系统模型

图 6.1 所示为用于多个平稳目标的分布式 MIMO 雷达定位系统模型，其中 TX、RX 和目标的个数分别为 M、N 和 K。所有的 TX、RX 以及目标分布在区域 $(0, x_0) \times (0, y_0)$ 内，且天线之间间隔较远。假设每一个 TX 独立发射正交波形，并将第 m 个 TX 的发射波形记为 $\mathrm{Re}\left\{s_m(t)\,\mathrm{e}^{\mathrm{j}2\pi f_C t}\right\}$，其中，$s_m(t)$ $(0 \leqslant t \leqslant T)$ 表示复基带信号，f_C 表示载波频率，T 为脉冲持续时间，t 表示连续观测时间。

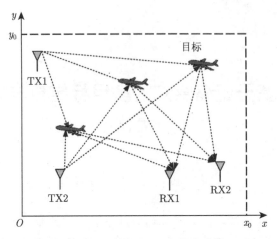

图 6.1　分布式 MIMO 雷达系统

假设第 m 个 TX 的发射波形经第 k 个目标反射后被第 n 个 RX 接收，那么，可以得到接收信号的表达式如下：

$$y_{m,n,k}(t) = \mathrm{Re}\left\{\alpha_k s_m\left(t - \tau_{m,n,k}\right)\mathrm{e}^{\mathrm{j}2\pi f_C\left(t - \tau_{m,n,k}\right)}\right\} \tag{6.1}$$

其中，α_k 表示第 k 个目标的散射系数。由于本章主要考虑 MIMO 雷达系统的天线位置优化问题，因此为了分析方便，假设不同目标的散射系数不同，而同一个目标不同视角的散射系数相同 [24, 170, 171]；$\tau_{m,n,k}$ 表示第 k 个目标的时延，表达式如下：

$$\tau_{m,n,k} = \frac{1}{c}\left(\left\|\boldsymbol{p}_{T,m} - \boldsymbol{t}_k\right\|_2 + \left\|\boldsymbol{p}_{R,n} - \boldsymbol{t}_k\right\|_2\right) \tag{6.2}$$

其中，$\boldsymbol{p}_{T,m} \in \mathbb{R}^2$、$\boldsymbol{p}_{R,n} \in \mathbb{R}^2$ 以及 $\boldsymbol{t}_k \in \mathbb{R}^2$ 分别表示第 m 个 TX、第 n 个 RX 以及第 k 个目标的位置向量；c 表示电磁波传播速度。收集所有 TX 发射信号经目标反射后的回波，可以得到第 n 个 RX 的接收信号为

$$y_n(t) = \sum_{k=0}^{K-1}\sum_{m=0}^{M-1} y_{m,n,k}(t) \tag{6.3}$$

在接收端，每一个 RX 均配置 M 个匹配滤波器来处理接收到的混合正交波形。对第 m 个发射波形来说，其相应的匹配滤波器为 $h_m(t) = s_m^{\mathrm{H}}(T - t)$。经下变频和匹配滤波后，第 n 个 RX 的第 m 个匹配滤波器输出信号表达式如下：

$$y'_{n,m}(t) = \sum_{k=0}^{K-1}\alpha_k\mathrm{e}^{-\mathrm{j}2\pi f_C\tau_{m,n,k}}\int s_m(t' - \tau_{m,n,k})h_m(t - t')\,\mathrm{d}t' \tag{6.4}$$

对于第 n 个 RX 来说，假设第 k 个目标位于网格点上，在 $t = T + \tau_{m,n,k}$ 时刻对整形后的波形进行采样，其中 $\tau_{m,n,k}$ 表示第 k 个目标的时延，则第 m 个匹配滤波器的采样信号为

$$y_{m,n} = \sum_{k=0}^{K-1} a_k \mathrm{e}^{-\mathrm{j}2\pi f_C \tau_{m,n,k}} = \phi_{m,n}^{\mathrm{T}} \boldsymbol{\alpha} \tag{6.5}$$

其中，发射功率为 $\int_0^T s_m^{\mathrm{H}}(t) s_m(t)\, \mathrm{d}t = 1$，散射系数向量 $\boldsymbol{\alpha} \triangleq [\alpha_0, \alpha_1, \cdots, \alpha_{K-1}]^{\mathrm{T}}$，则时延导致的相位偏移向量为

$$\phi_{m,n} \triangleq \left[\mathrm{e}^{-\mathrm{j}2\pi f_C \tau_{m,n,0}}, \mathrm{e}^{-\mathrm{j}2\pi f_C \tau_{m,n,1}}, \cdots, \mathrm{e}^{-\mathrm{j}2\pi f_C \tau_{m,n,(K-1)}} \right]^{\mathrm{T}} \tag{6.6}$$

将所有 RX 接收信号的采样信号 $y_{m,n}$ 收集起来，得到系统接收信号的向表示如下：

$$\boldsymbol{y} \triangleq \mathrm{vec}\{\boldsymbol{Y}\} = \boldsymbol{\Phi}\boldsymbol{\alpha} \tag{6.7}$$

其中，矩阵 $\boldsymbol{Y}$ 的第 m 行、第 n 列即为 $y_{m,n}$，并且有

$$\boldsymbol{\Phi} \triangleq \left[\phi_{0,0}, \cdots, \phi_{(M-1),0}, \phi_{0,1}, \cdots, \phi_{(M-1),(N-1)} \right]^{\mathrm{T}} \tag{6.8}$$

将式 (6.8) 叠加高斯白噪声 $\boldsymbol{n}$，可以得到接收信号为

$$\boldsymbol{r} = \boldsymbol{\Phi}\boldsymbol{\alpha} + \boldsymbol{n} \tag{6.9}$$

其中，$\boldsymbol{n} \sim \mathcal{CN}\left(\boldsymbol{0}, \sigma_n^2 \boldsymbol{I}_{MN}\right)$，$\sigma_n^2$ 表示噪声方差。

6.3　基于压缩感知的多目标定位方法

本节将给出基于 CS 算法定位多个平稳目标的具体过程。如图 6.2 所示，首先将检测区域 $(0, x_0) \times (0, y_0)$ 划分为 $P \times Q$ 个离散网格，其中，$x_0 = P\Delta (P \in \mathbb{N}_+)$，$y_0 = Q\Delta (Q \in \mathbb{N}_+)$，$\Delta$ 表示距离分辨率。进而，通过收集所有网格的回波信号，可以得到过完备字典矩阵 $\boldsymbol{\Psi}$，表达式如下：

$$\boldsymbol{\Psi} \triangleq [\psi_0, \psi_1, \cdots, \psi_{PQ-1}] \in \mathbb{C}^{MN \times PQ} \tag{6.10}$$

其中，$PQ \gg MN$；$\psi_a\ (0 \leqslant a \leqslant PQ-1)$ 表示字典矩阵 $\boldsymbol{\Psi}$ 的第 a 列，指示了第 a 个网格点的回波信号。因此，ψ_a 可以表示为

$$\psi_a = \left[\mathrm{e}^{-\mathrm{j}2\pi f_C \tau_{0,0,a}} \ldots \mathrm{e}^{-\mathrm{j}2\pi f_C \tau_{0,N-1,a}} \ldots \mathrm{e}^{-\mathrm{j}2\pi f_C \tau_{m,0,a}} \ldots \mathrm{e}^{-\mathrm{j}2\pi f_C \tau_{M-1,N-1,a}} \right]^{\mathrm{T}} \in \mathbb{C}^{MN \times 1} \tag{6.11}$$

其中，$\tau_{m,n,a}$ 表示第 n 个 RX 接收到的第 m 个 TX 发射信号经第 a 个网格点的回波时延，可以通过将式 (6.2) 中的目标位置替换为网格点位置计算得到。

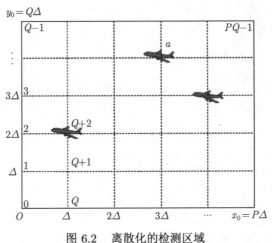

图 6.2　离散化的检测区域

那么，可以将式 (6.9) 的接收信号重写如下：

$$\boldsymbol{r} = \boldsymbol{\Psi}\boldsymbol{x} + \boldsymbol{n} \tag{6.12}$$

其中，$\boldsymbol{x} \in \mathbb{C}^{PQ \times 1}$ 表示稀疏向量，$\boldsymbol{x}$ 中的非零元素数量对应着目标个数，非零元素值对应着目标的散射系数 $\boldsymbol{\alpha}$，非零元素的位置索引对应着各个目标的位置。例如，第 k 个目标的散射系数为 α_k，目标位置为 $\boldsymbol{t}_k$ 且在第 b 个网格点上，则 $\boldsymbol{x}$ 的第 b 个元素 $(0 \leqslant b \leqslant PQ - 1)$ 便可以用 x_b 来表示，并且有 $x_b = \alpha_k$。

因此，通过对接收信号 $\boldsymbol{r}$ 中的稀疏向量 $\boldsymbol{x}$ 进行重构，便可以得到目标的位置和散射系数估计，进而可以构建如下的 CS 优化问题：

$$\begin{cases} \min\limits_{x} & \|\boldsymbol{x}\|_0 \\ \text{s.t.} & \|\boldsymbol{r} - \boldsymbol{\Psi}\boldsymbol{x}\|_2 \leqslant \epsilon \end{cases} \tag{6.13}$$

其中，参数 ϵ 用于控制重构精度，通常设置 $\epsilon = \sigma_n$，ℓ_0 范数用于统计非零元素个数。

一般地，CS 重构算法可以分为两类：一类是基于 ℓ_1 范数的最优化方法；另一类是贪婪算法。在 ℓ_1 范数最优化方法中，通过将式 (6.13) 中的 ℓ_0 范数松弛为 ℓ_1 范数，从而得到如下凸优化问题：

$$\begin{cases} \min\limits_{x} & \|\boldsymbol{x}\|_1 \\ \text{s.t.} & \|\boldsymbol{r} - \boldsymbol{\Psi}\boldsymbol{x}\|_2 \leqslant \epsilon \end{cases} \tag{6.14}$$

问题 (6.14) 可以采用凸优化方法求解，进一步通过引入额外的参数 λ，可以得到如下的无约束最优化问题 [172]：

$$\min_x \ \lambda \|\boldsymbol{x}\|_1 + \frac{1}{2} \|\boldsymbol{r} - \boldsymbol{\Psi} \boldsymbol{x}\|_2 \tag{6.15}$$

通过选择合适的 λ 和 ϵ，问题 (6.14) 和 (6.15) 便可以获得相同的解 [173]。

进一步，ℓ_1 范数的最优化问题可以表示为一个 LASSO(least absolute selection and shrinkage operator) 问题 [174]，即

$$\begin{cases} \min_x \ \|\boldsymbol{r} - \boldsymbol{\Psi} \boldsymbol{x}\|_2 \\ \text{s.t.} \ \|\boldsymbol{x}\|_1 \leqslant \epsilon' \end{cases} \tag{6.16}$$

其中，$\epsilon' > 0$，通过设置合理的 ϵ' 可以得到问题 (6.14) 相同的解。也就是说，通过选择合适的 ϵ、λ 和 ϵ'，凸优化问题 (6.14)~(6.16) 可以得到相同的解。

由于 ℓ_1 范数优化为凸优化问题，因此可以采用拉格朗日乘子法和基于内点法的 KKT(Karush-Kuhn-Tucker) 条件来求解。同时，为了降低计算复杂度，也可以采用一些复杂度较低的方法，如近似消息传递 (approximate message passing, AMP) 算法 [175]，快速迭代阈值收缩算法 (fast adaptive shrinkage/thresholding algorithm, FASTA) 算法 [176] 或者 ℓ_1 范数谱投影梯度算法 (ℓ_1-based spectral projection gradient, SPGL1) 等 [177]。除了 ℓ_1 范数最优化，也可以采用贪婪算法来求解 ℓ_0 范数最优化问题，例如，MP 算法 [178]、OMP 算法 [179]、分段正交匹配追踪 (stagewise OMP, StOMP) 算法 [180]、正则化 OMP (regularized OMP, ROMP) 算法 [181] 或者压缩采样匹配追踪 (compressive sampling MP, CoSaMP) 算法等 [182]。

根据上述讨论，建立式 (6.12) 所描述的 CS 雷达模型之后，便可以采用经典的基于 CS 的稀疏重构算法进行目标位置和散射系数的估计。为进一步提高估计性能，本章接下来将给出一种新的天线位置优化方法。

6.4 分布式 MIMO 雷达的天线位置优化

采用基于 CS 的稀疏重构算法进行目标定位时，定位性能通常取决于 CS 算法的稀疏重构性能。因此，本节将重点关注稀疏重构性能的改进。在 CS 理论中，一般采用有限等距准则 (RIP) 来保证重构性能，即为了重构一个稀疏度为 z 的信号 $\boldsymbol{x}$，字典矩阵 $\boldsymbol{\Psi}$ 必须满足以下条件：

$$(1 - \delta_z) \|\boldsymbol{x}\|_2^2 \leqslant \|\boldsymbol{\Psi} \boldsymbol{x}\|_2^2 \leqslant (1 + \delta_z) \|\boldsymbol{x}\|_2^2 \tag{6.17}$$

其中，$\delta_z, 0 \leqslant \delta_z \leqslant 1$ 为约束等距常数。对于一个维度较大的字典矩阵 $\boldsymbol{\Psi}$ 来说，估计其 RIP 条件非常困难，若 $\delta_z = 0$，那么矩阵 $\boldsymbol{\Psi}$ 即为一个正交阵，而当 δ_z 极小时，则可以认为矩阵 $\boldsymbol{\Psi}$ 的 z 列是 "近似正交" 的。即 RIP 可以看作一个矩阵中 z 列组成的子集与正交阵的相似程度。因此可以采用矩阵的互相干系数来代替 RIP。

矩阵 $\boldsymbol{\Psi}$ 的互相干系数可以表示如下：

$$\mu(\boldsymbol{\Psi}) \triangleq \max_{a \neq b} \frac{\left|\boldsymbol{\psi}_a^{\mathrm{H}} \boldsymbol{\psi}_b\right|}{\|\boldsymbol{\psi}_a\|_2 \|\boldsymbol{\psi}_b\|_2} \tag{6.18}$$

其中，$\boldsymbol{\psi}_a \ (0 \leqslant a \leqslant PQ-1)$ 与 $\boldsymbol{\psi}_b \ (0 \leqslant b \leqslant PQ-1)$ 分别表示矩阵 $\boldsymbol{\Psi}$ 的第 a 和第 b 列，进而可以得到 RIP 的上界为 $\delta_z \leqslant (z-1)\mu(\boldsymbol{\Psi})$。

根据以上讨论可知，最小化互相干系数 $\mu(\boldsymbol{\Psi})$ 可以有效提高 CS 算法的稀疏重构性能，从而提升系统的参数估计性能。因此，针对分布式 MIMO 雷达系统，本节将给出一种新的最小化字典矩阵互相干系数 $\mu(\boldsymbol{\Psi})$ 的方法，该方法通过优化 MIMO 雷达天线位置最小化字典矩阵的互相干系数。

根据式 (6.11) 中 $\boldsymbol{\psi}_a$ 的定义，有

$$\|\boldsymbol{\psi}_a\|_2 = \sqrt{\sum_{m=0}^{M-1} \sum_{n=0}^{N-1} \left|\mathrm{e}^{-\mathrm{j}2\pi f_C \tau_{m,n,a}}\right|^2} = \sqrt{MN} \tag{6.19}$$

$$\|\boldsymbol{\psi}_b\|_2 = \sqrt{\sum_{m=0}^{M-1} \sum_{n=0}^{N-1} \left|\mathrm{e}^{-\mathrm{j}2\pi f_C \tau_{m,n,b}}\right|^2} = \sqrt{MN} \tag{6.20}$$

因此，有 $\|\boldsymbol{\psi}_a\|_2 \|\boldsymbol{\psi}_b\|_2 = MN$，从而式 (6.18) 的分子可以简化为

$$\left|\boldsymbol{\psi}_a^{\mathrm{H}} \boldsymbol{\psi}_b\right| = \left|\sum_{n=0}^{N-1} \sum_{m=0}^{M-1} \mathrm{e}^{\mathrm{j}2\pi f_C \tau_{m,n,a}} \mathrm{e}^{-\mathrm{j}2\pi f_C \tau_{m,n,b}}\right| \tag{6.21}$$

$$= \left|\sum_{n=0}^{N-1} \sum_{m=0}^{M-1} B_{a,b}(\boldsymbol{p}_{T,m}) B_{a,b}(\boldsymbol{p}_{R,n})\right|$$

其中，定义

$$B_{a,b}(\boldsymbol{p}_{T,m}) \triangleq \mathrm{e}^{\mathrm{j}2\pi \frac{f_C}{c}\left(\|\boldsymbol{p}_{T,m}-\boldsymbol{t}_a\|_2 - \|\boldsymbol{p}_{T,m}-\boldsymbol{t}_b\|_2\right)} \tag{6.22}$$

$$B_{a,b}(\boldsymbol{p}_{R,n}) \triangleq \mathrm{e}^{\mathrm{j}2\pi \frac{f_C}{c}\left(\|\boldsymbol{p}_{R,n}-\boldsymbol{t}_a\|_2 - \|\boldsymbol{p}_{R,n}-\boldsymbol{t}_b\|_2\right)} \tag{6.23}$$

同时, 分别定义 $B_{a,b}(\boldsymbol{p}_{T,m})$ 与 $B_{a,b}(\boldsymbol{p}_{R,n})$ 的和为

$$A_{T,a,b}\mathrm{e}^{\mathrm{j}\beta_{T,a,b}} \triangleq \sum_{m=0}^{M-1} \frac{1}{M} B_{a,b}(\boldsymbol{p}_{T,m}), \quad 0 \leqslant A_{T,a,b} \leqslant 1 \tag{6.24}$$

$$A_{R,a,b}\mathrm{e}^{\mathrm{j}\beta_{R,a,b}} \triangleq \sum_{n=0}^{N-1} \frac{1}{N} B_{a,b}(\boldsymbol{p}_{R,n}), \quad 0 \leqslant A_{R,a,b} \leqslant 1 \tag{6.25}$$

其中, $A_{T,a,b}$ 和 $A_{R,a,b}$ 表示幅度; $\beta_{T,a,b}$ 和 $\beta_{R,a,b}$ 表示相位, 可以得到

$$\frac{1}{MN}\left|\boldsymbol{\psi}_a^{\mathrm{H}}\boldsymbol{\psi}_b\right| = \left|\left[\frac{1}{M}\sum_{m=0}^{M-1}B_{a,b}(\boldsymbol{p}_{T,m})\right]\left[\frac{1}{N}\sum_{n=0}^{N-1}B_{a,b}(\boldsymbol{p}_{R,n})\right]\right| \tag{6.26}$$
$$= \left|A_{T,a,b}\mathrm{e}^{\mathrm{j}\beta_{T,a,b}}A_{R,a,b}\mathrm{e}^{\mathrm{j}\beta_{R,a,b}}\right| = A_{T,a,b}A_{R,a,b}$$

因此, 式 (6.18) 中的互相干系数可以简化为

$$\mu(\boldsymbol{\Psi}) \triangleq \frac{1}{MN}\max_{a\neq b}\left|\boldsymbol{\psi}_a^{\mathrm{H}}\boldsymbol{\psi}_b\right| = \max_{a\neq b}A_{T,a,b}A_{R,a,b} \tag{6.27}$$

为了最小化互相干系数 $\mu(\boldsymbol{\Psi})$, 本节提出一种迭代增加 TX 和 RX 阵列的方法, 具体见算法 6.1。当 TX 和 RX 的数目分别为 m 和 n 时, 可以得到相应的互相干系数 $\mu(\boldsymbol{\Psi}_{m,n})$, 进一步增加 TX, 则可以得到互相干系数 $\mu(\boldsymbol{\Psi}_{m+1,n})$ (见式 (6.28))、互相干系数的上界 (见式 (6.29)) 以及下界 (见式 (6.30)) 分别为

$$\mu(\boldsymbol{\Psi}_{m+1,n}) \triangleq \frac{1}{(m+1)n}\max_{a\neq b}\left|\sum_{n_1=0}^{n-1}\sum_{m_1=0}^{m}B_{a,b}(\boldsymbol{p}_{T,m_1})B_{a,b}(\boldsymbol{p}_{R,n_1})\right| \tag{6.28}$$

$$= \frac{1}{(m+1)n}\max_{a\neq b}\left|B_{a,b}(\boldsymbol{p}_{T,m})\sum_{n_1=0}^{n-1}B_{a,b}(\boldsymbol{p}_{R,n_1}) + \sum_{n_1=0}^{n-1}\sum_{m_1=0}^{m-1}B_{a,b}(\boldsymbol{p}_{R,n_1})B_{a,b}(\boldsymbol{p}_{T,m_1})\right|$$

$$\mu(\boldsymbol{\Psi}_{m+1,n}) \leqslant \frac{1}{(m+1)n}\max_{a\neq b}\left\{\left|B_{a,b}(\boldsymbol{p}_{T,m})\sum_{n_1=0}^{n-1}B_{a,b}(\boldsymbol{p}_{R,n_1})\right|\right.$$

$$\left. + \left|\sum_{n_1=0}^{n-1}\sum_{m_1=0}^{m-1}B_{a,b}(\boldsymbol{p}_{R,n_1})\,B_{a,b}(\boldsymbol{p}_{T,m_1})\right|\right\}$$

$$\leqslant \frac{1}{(m+1)n}\max_{a\neq b}\left\{\left|B_{a,b}(\boldsymbol{p}_{T,m})\sum_{n_1=0}^{n-1}B_{a,b}(\boldsymbol{p}_{R,n_1})\right|\right\} + \frac{m}{m+1}\mu(\boldsymbol{\Psi}_{m,n})$$

$$\leqslant \frac{m\mu(\boldsymbol{\Psi}_{m,n}) + 1}{m+1} \tag{6.29}$$

$$\mu(\boldsymbol{\Psi}_{m+1,n}) \geqslant \frac{1}{(m+1)n} \max_{a \neq b} \left\{ \left\| \left| B_{a,b}(\boldsymbol{p}_{T,m}) \sum_{n_1=0}^{n-1} B_{a,b}(\boldsymbol{p}_{R,n_1}) \right| \right. \right.$$

$$\left. \left. - \left| \sum_{n_1=0}^{n-1} \sum_{m_1=0}^{m-1} B_{a,b}(\boldsymbol{p}_{R,n_1}) B_{a,b}(\boldsymbol{p}_{T,m_1}) \right| \right\| \right\}$$

$$= \frac{1}{(m+1)n} \max \left\{ \max_{a \neq b} \left\{ \left| B_{a,b}(\boldsymbol{p}_{T,m}) \sum_{n_1=0}^{n-1} B_{a,b}(\boldsymbol{p}_{R,n_1}) \right| \right. \right.$$

$$\left. \left. - \left| \sum_{n_1=0}^{n-1} B_{a,b}(\boldsymbol{p}_{R,n_1}) \sum_{m_1=0}^{m-1} B_{ab}(\boldsymbol{p}_{T,m_1}) \right| \right\}, \right.$$

$$\left. \max_{a \neq b} \left\{ \left| \sum_{n_1=0}^{n-1} B_{a,b}(\boldsymbol{p}_{R,n_1}) \sum_{m_1=0}^{m-1} B_{a,b}(\boldsymbol{p}_{T,m_1}) \right| - \left| B_{a,b}(\boldsymbol{p}_{T,m}) \sum_{n_1=0}^{n-1} B_{a,b}(\boldsymbol{p}_{R,n_1}) \right| \right\} \right\}$$

$$\geqslant \max \left\{ \max_{a \neq b} \left\{ \frac{1}{(m+1)n} \left| B_{a,b}(\boldsymbol{p}_{T,m}) \sum_{n_1=0}^{n-1} B_{a,b}(\boldsymbol{p}_{R,n_1}) \right| - \frac{m}{m+1} \right\}, \frac{m\mu(\boldsymbol{\Psi}_{m,n})-1}{m+1} \right\}$$

$$\geqslant \frac{m\mu(\boldsymbol{\Psi}_{m,n}) - 1}{m+1} \tag{6.30}$$

由式 (6.29) 和式 (6.30) 可以看出，增加 1 个 TX 之后，互相干系数的上界和下界为

$$\mu(\boldsymbol{\Psi}_{m+1,n}) \in \left[\frac{m\mu(\boldsymbol{\Psi}_{m,n}) - 1}{m+1}, \frac{m\mu(\boldsymbol{\Psi}_{m,n}) + 1}{m+1} \right] \tag{6.31}$$

采用同样的方法，增加一个 RX 时，得到互相干系数的上界和下界为

$$\mu(\boldsymbol{\Psi}_{m,n+1}) \in \left[\frac{n\mu(\boldsymbol{\Psi}_{m,n}) - 1}{n+1}, \frac{n\mu(\boldsymbol{\Psi}_{m,n}) + 1}{n+1} \right] \tag{6.32}$$

由于以下关系同样成立，即

$$\mu(\boldsymbol{\Psi}_{m,n}) \in \left[\frac{m\mu(\boldsymbol{\Psi}_{m,n}) - 1}{m+1}, \frac{m\mu(\boldsymbol{\Psi}_{m,n}) + 1}{m+1} \right] \tag{6.33}$$

$$\mu(\boldsymbol{\Psi}_{m,n}) \in \left[\frac{n\mu(\boldsymbol{\Psi}_{m,n}) - 1}{n+1}, \frac{n\mu(\boldsymbol{\Psi}_{m,n}) + 1}{n+1} \right] \tag{6.34}$$

以上分析表明，随机增加 TX 或者 RX，并不能保证字典矩阵的互相干系数减小，因此，在算法 6.1 的第 8 和第 16 步中，选择使得互相干系数最小时的方位作为新增加 TX 或 RX 的位置。

算法 6.1 MIMO 雷达系统天线位置优化算法

1: 输入： TX 的数目 M，RX 的数目 N，雷达检测区域 $(0, x_0) \times (0, y_0)$。

2: 初始化： TX 的位置 $\boldsymbol{p}_{T,m} = \mathbf{0}_2$ $(1 \leqslant m \leqslant M)$，RX 的位置 $\boldsymbol{p}_{R,n} = \mathbf{0}_2$ $(1 \leqslant n \leqslant N)$，
　　$m = 1$，$n = 1$，以及 $l = 1$。

3: **while** $l \leqslant \max\{M-1, N-1\}$ **do**

4: 　**if** $m \leqslant M$ **then**

5: 　　离散化 $(0, x_0) \times (0, y_0)$ 为 U 个位置 $\boldsymbol{p}_{T,m+1,u} \in \mathbb{R}^2$ $(0 \leqslant u \leqslant U-1)$。

6: 　　$\forall \boldsymbol{p}_{T,m+1,u}$，从式 (6.10) 中得到 $\boldsymbol{\Psi}_{m+1,n,u}$ $(0 \leqslant u \leqslant U-1)$。

7: 　　$\forall \boldsymbol{\Psi}_{m+1,n,u}$，从式 (6.27) 中计算 $\mu(\boldsymbol{\Psi}_{m+1,n,u})$ $(0 \leqslant u \leqslant U-1)$。

8: 　　$u^* = \underset{0 \leqslant u \leqslant U-1}{\arg\min}\ \mu(\boldsymbol{\Psi}_{m+1,n,u})$。

9: 　　$\boldsymbol{p}_{T,m+1} = \boldsymbol{p}_{T,m+1,u^*}$。

10: 　　$m \leftarrow m + 1$。

11: 　**end if**

12: 　**if** $n \leqslant N$ **then**

13: 　　离散化 $(0, x_0) \times (0, y_0)$ 到 V 个位置 $\boldsymbol{p}_{R,n+1,v} \in \mathbb{R}^2$ $(0 \leqslant v \leqslant V-1)$。

14: 　　$\forall \boldsymbol{p}_{R,n+1,u}$，根据式 (6.10) 计算 $\boldsymbol{\Psi}_{m,n+1,u}$ $(0 \leqslant v \leqslant V-1)$。

15: 　　$\forall \boldsymbol{\Psi}_{m,n+1,v}$，从式 (6.27) 中计算 $\mu(\boldsymbol{\Psi}_{m,n+1,v})$ $(0 \leqslant v \leqslant V-1)$。

16: 　　$v^* = \underset{0 \leqslant v \leqslant V-1}{\arg\min}\ \mu(\boldsymbol{\Psi}_{m,n+1,u})$。

17: 　　$\boldsymbol{p}_{R,n+1} = \boldsymbol{p}_{R,n+1,v^*}$。

18: 　　$n \leftarrow n + 1$。

19: 　**end if**

20: 　$l \leftarrow l + 1$。

21: **end while**

22: 输出：最优化的 TX 位置 $\boldsymbol{p}_{T,m}$ $(0 \leqslant m \leqslant M-1)$，最优化的 RX 位置 $\boldsymbol{p}_{T,n}$ $(0 \leqslant n \leqslant N-1)$。

6.5　统计性能分析

6.5.1　互相干系数概率分布

为了描述算法 6.1 在降低互相干系数方面的性能，本小节将分析天线阵列随机放置时互相干系数的分布情况。

假设网格点位置为 $\boldsymbol{t}_a$ 和 $\boldsymbol{t}_b$，定义如下变量：

$$x_{T,a,b,m} \triangleq \left\| \boldsymbol{p}_{T,m} - \boldsymbol{t}_a \right\|_2 - \left\| \boldsymbol{p}_{T,m} - \boldsymbol{t}_b \right\|_2 \tag{6.35}$$

$$x_{R,a,b,n} \triangleq \left\| \boldsymbol{p}_{R,n} - \boldsymbol{t}_a \right\|_2 - \left\| \boldsymbol{p}_{R,n} - \boldsymbol{t}_b \right\|_2 \tag{6.36}$$

当 M 个 TX 和 N 个 RX 随机放置在区域 $(0, x_0) \times (0, y_0)$ 内，且满足独立同分布 (independent and identically distributed，i.i.d.) 时，$x_{T,a,b,m}$ 和 $x_{R,a,b,n}$ 在 m、n 不同的情况下，也服从独立同分布。

将 $x_{T,a,b,m}$ 和 $x_{R,a,b,n}$ 的概率密度函数 (probability density function，PDF) 分别记为 $f_{x_{T,a,b}}(x_{T,a,b,m})$ 和 $f_{x_{R,a,b}}(x_{R,a,b,n})$，那么可以得到式 (6.24) 和式 (6.25) 中幅度 $A_{T,a,b}$ 和 $A_{R,a,b}$ 的 PDF 分别为 [183]

$$
\begin{aligned}
f_{A_{T,a,b}}(A_{T,a,b}) = {} & \frac{A_{T,a,b}}{2\pi\sqrt{s_{T1}s_{T2}}} \int_0^{2\pi} \exp\left[-\frac{(A_{T,a,b}\cos\theta - \gamma_{T1})^2}{2s_{T1}} \right. \\
& \left. -\frac{(A_{T,a,b}\sin\theta - \gamma_{T2})^2}{2s_{T2}} \right] \mathrm{d}\theta
\end{aligned}
\tag{6.37}
$$

$$
\begin{aligned}
f_{A_{R,a,b}}(A_{R,a,b}) = {} & \frac{A_{R,a,b}}{2\pi\sqrt{s_{R1}s_{R2}}} \int_0^{2\pi} \exp\left[-\frac{(A_{R,a,b}\cos\theta - \gamma_{R1})^2}{2s_{R1}} \right. \\
& \left. -\frac{(A_{R,a,b}\sin\theta - \gamma_{R2})^2}{2s_{R2}} \right] \mathrm{d}\theta, \quad 0 \leqslant A_{R,a,b} \leqslant 1
\end{aligned}
\tag{6.38}
$$

其中

$$
\gamma_{T1} = \int f_{x_{T,a,b}}(x)\cos\left(\frac{1}{c}2\pi f_C x\right)\mathrm{d}x
$$

$$
\gamma_{T2} = \int f_{x_{T,a,b}}(x)\sin\left(\frac{1}{c}2\pi f_C x\right)\mathrm{d}x
$$

$$
\gamma_{R1} = \int f_{x_{R,a,b}}(x)\cos\left(\frac{1}{c}2\pi f_C x\right)\mathrm{d}x
$$

$$
\gamma_{R2} = \int f_{x_{R,a,b}}(x)\sin\left(\frac{1}{c}2\pi f_C x\right)\mathrm{d}x
$$

且

$$
s_{T1} = \frac{1}{M}\int f_{x_{T,a,b}}(x)\cos^2\left(\frac{1}{c}2\pi f_C x\right)\mathrm{d}x - \gamma_{T1}^2
$$

$$
s_{T2} = \frac{1}{M}\int f_{x_{T,a,b}}(x)\sin^2\left(\frac{1}{c}2\pi f_C x\right)\mathrm{d}x - \gamma_{T2}^2
$$

$$
s_{R1} = \frac{1}{N}\int f_{x_{R,a,b}}(x)\cos^2\left(\frac{1}{c}2\pi f_C x\right)\mathrm{d}x - \gamma_{R1}^2
$$

$$
s_{R2} = \frac{1}{N}\int f_{x_{R,a,b}}(x)\sin^2\left(\frac{1}{c}2\pi f_C x\right)\mathrm{d}x - \gamma_{R2}^2
$$

利用式 (6.37) 和式 (6.38) 中 $A_{T,a,b}$ 和 $A_{R,a,b}$ 的 PDF，可以得到随机变量 $X_{a,b} \triangleq A_{T,a,b} A_{R,a,b}$ 的累积分布函数 (cumulative distribution function，CDF) 为

$$F_{X_{a,b}}(\mu_0) = P(X_{a,b} \leqslant \mu_0)$$

$$= \int_0^1 \int_0^{\frac{\mu_0}{A_{T,a,b}}} f_{A_{T,a,b}}(A_{T,a,b}) f_{A_{R,a,b}}(A_{R,a,b}) \, \mathrm{d}A_{R,a,b} \mathrm{d}A_{T,a,b} \tag{6.39}$$

其中，$P(\cdot)$ 为概率函数。因此，式 (6.27) 中互相干系数的 CDF 可以表示为

$$F_\mu(\mu_0) = P(\mu(\boldsymbol{\Psi}) \leqslant \mu_0) \tag{6.40}$$

$$= P(\max_{a \neq b} X_{a,b} \leqslant \mu_0)$$

$$\approx \prod_{a=0}^{PQ-2} \prod_{b=a+1}^{PQ-1} F_{X_{a,b}}(\mu_0)$$

需要说明的是，式 (6.40) 中的近似操作是基于 $X_{a,b}$ 不依赖于 a、b 取值的假设。进而，利用互相干系数 $\mu(\boldsymbol{\Psi})$ 的 CDF，可以通过随机 TX 和 RX 位置的互相关性小于位置优化后的概率来衡量算法 6.1 的性能。后续章节将给出矩阵 $\mu(\boldsymbol{\Psi})$ 中 M 和 N 趋于无穷大时，极限情况下的性能分析。

6.5.2 互相干系数的渐近性分析

本节将分析互相干系数 $\mu(\boldsymbol{\Psi})$ 中 M 和 N 趋于无穷大时的极限情况。

由于式 (6.22) 和式 (6.23) 中变量 $B_{a,b}(\boldsymbol{p}_{T,m})$ 和 $B_{a,b}(\boldsymbol{p}_{R,m})$ 服从独立同分布，因此定义如下变量：

$$X_{T,a,b} \triangleq \frac{1}{\sqrt{M}} \sum_{m=0}^{M-1} \left[B_{a,b}(\boldsymbol{p}_{T,m}) - \mu_{T,a,b} \right] \tag{6.41}$$

$$X_{R,a,b} \triangleq \frac{1}{\sqrt{N}} \sum_{n=0}^{N-1} \left[B_{a,b}(\boldsymbol{p}_{R,n}) - \mu_{R,a,b} \right] \tag{6.42}$$

其中

$$\mu_{T,a,b} = \mathbb{E}_{\boldsymbol{p}_{T,m}} \left\{ B_{a,b}(\boldsymbol{p}_{T,m}) \right\} = \int e^{j2\pi \frac{f_C}{c} x_{T,a,b}} f(x_{T,a,b}) \, \mathrm{d}x_{T,a,b} = \zeta_{x_{T,a,b}} \left(2\pi \frac{f_C}{c} \right) \tag{6.43}$$

$$\mu_{R,a,b} = \mathbb{E}_{\boldsymbol{p}_{R,m}} \left\{ B_{a,b}(\boldsymbol{p}_{R,m}) \right\} = \int e^{j2\pi \frac{f_C}{c} x_{R,a,b}} f(x_{R,a,b}) \, \mathrm{d}x_{R,a,b} = \zeta_{x_{R,a,b}} \left(2\pi \frac{f_C}{c} \right) \tag{6.44}$$

其中，$\zeta_{x_{T,a,b}}\left(2\pi\dfrac{f_C}{c}\right)$ 和 $\zeta_{x_{R,a,b}}\left(2\pi\dfrac{f_C}{c}\right)$ 分别表示 $f(x_{T,a,b})$ 和 $f(x_{R,a,b})$ 的特征函数。

因此，根据 Lyapunov 中心极限定理 [184]，当 M 和 N 足够大时，变量 $X_{T,a,b}$ 和 $X_{R,a,b}$ 满足渐近复高斯分布，即

$$X_{T,a,b}\sim\mathcal{CN}\left(0,\Gamma_{T,a,b},C_{T,a,b}\right) \tag{6.45}$$

$$X_{R,a,b}\sim\mathcal{CN}\left(0,\Gamma_{R,a,b};C_{R,a,b}\right) \tag{6.46}$$

其中，$\mathcal{CN}\left(0,\Gamma_{T,a,b},C_{T,a,b}\right)$ 表示零均值复高斯分布，其协方差矩阵为 $\Gamma_{T,a,b}$，相关矩阵为 $C_{T,a,b}$，并且有

$$\Gamma_{T,a,b}\triangleq\mathbb{E}_{\boldsymbol{p}_{T,n}}\left\{B_{a,b}(\boldsymbol{p}_{T,n})B_{a,b}^{\mathrm{H}}(\boldsymbol{p}_{T,n})\right\}=1 \tag{6.47}$$

$$\Gamma_{R,a,b}\triangleq\mathbb{E}_{\boldsymbol{p}_{R,n}}\left\{B_{a,b}(\boldsymbol{p}_{R,n})B_{a,b}^{\mathrm{H}}(\boldsymbol{p}_{R,n})\right\}=1 \tag{6.48}$$

$$C_{T,a,b}\triangleq\mathbb{E}_{\boldsymbol{p}_{T,n}}\left\{B_{a,b}(\boldsymbol{p}_{T,n})B_{a,b}(\boldsymbol{p}_{T,n})\right\}=\zeta_{x_{T,a,b}}\left(4\pi\dfrac{f_C}{c}\right) \tag{6.49}$$

$$C_{R,a,b}\triangleq\mathbb{E}_{\boldsymbol{p}_{R,n}}\left\{B_{a,b}(\boldsymbol{p}_{R,n})B_{a,b}(\boldsymbol{p}_{R,n})\right\}=\zeta_{x_{R,a,b}}\left(4\pi\dfrac{f_C}{c}\right) \tag{6.50}$$

由于以下线性关系成立：

$$A_{T,a,b}\mathrm{e}^{\mathrm{j}\beta_{T,a,b}}=\dfrac{1}{\sqrt{M}}X_{T,a,b}+\mu_{T,a,b} \tag{6.51}$$

$$A_{R,a,b}\mathrm{e}^{\mathrm{j}\beta_{R,a,b}}=\dfrac{1}{\sqrt{N}}X_{R,a,b}+\mu_{R,a,b} \tag{6.52}$$

因此，$A_{T,a,b}\mathrm{e}^{\mathrm{j}\beta_{T,a,b}}$ 和 $A_{R,a,b}\mathrm{e}^{\mathrm{j}\beta_{R,a,b}}$ 同样满足联合复高斯分布，即

$$A_{T,a,b}\mathrm{e}^{\mathrm{j}\beta_{T,a,b}}\sim\mathcal{CN}\left(\mu_{T,a,b},\dfrac{1}{M},\dfrac{C_{T,a,b}}{M}\right) \tag{6.53}$$

$$A_{R,a,b}\mathrm{e}^{\mathrm{j}\beta_{R,a,b}}\sim\mathcal{CN}\left(\mu_{R,a,b},\dfrac{1}{N},\dfrac{C_{R,a,b}}{N}\right) \tag{6.54}$$

因此，根据 $A_{T,a,b}\mathrm{e}^{\mathrm{j}\beta_{T,a,b}}$ 和 $A_{R,a,b}\mathrm{e}^{\mathrm{j}\beta_{R,a,b}}$ 的分布可以得到 $X_{a,b}=A_{T,a,b}A_{R,a,b}$ 的分布。然而，$X_{a,b}$ 分布的显式表达式难以求解，因此，接下来将基于以下条件给出分布的近似表达：

$$\mu_{T,a,b}=0,\quad\mu_{R,a,b}=0,\quad C_{T,a,b}=0,\quad C_{R,a,b}=0 \tag{6.55}$$

当式 (6.56) 成立时，上述条件也成立，即

$$2\|\boldsymbol{t}_a - \boldsymbol{t}_b\|_2 f_C \gg 1 \tag{6.56}$$

进而，有

$$A_{T,a,b}\mathrm{e}^{\mathrm{j}\beta_{T,a,b}} \sim \mathcal{CN}\left(0, \frac{1}{M}, 0\right) \tag{6.57}$$

$$A_{R,a,b}\mathrm{e}^{\mathrm{j}\beta_{R,a,b}} \sim \mathcal{CN}\left(0, \frac{1}{N}, 0\right) \tag{6.58}$$

且

$$\begin{bmatrix} \mathrm{Re}\left\{A_{T,a,b}\mathrm{e}^{\mathrm{j}\beta_{T,a,b}}\right\} \\ \mathrm{Im}\left\{A_{T,a,b}\mathrm{e}^{\mathrm{j}\beta_{T,a,b}}\right\} \end{bmatrix} \sim \mathcal{CN}\left(\begin{bmatrix} 0 \\ 0 \end{bmatrix}, \frac{1}{2} \begin{bmatrix} \dfrac{1}{M}, & 0 \\ 0, & \dfrac{1}{M} \end{bmatrix} \right) \tag{6.59}$$

$$\begin{bmatrix} \mathrm{Re}\left\{A_{R,a,b}\mathrm{e}^{\mathrm{j}\beta_{R,a,b}}\right\} \\ \mathrm{Im}\left\{A_{R,a,b}\mathrm{e}^{\mathrm{j}\beta_{R,a,b}}\right\} \end{bmatrix} \sim \mathcal{CN}\left(\begin{bmatrix} 0 \\ 0 \end{bmatrix}, \frac{1}{2} \begin{bmatrix} \dfrac{1}{N}, & 0 \\ 0, & \dfrac{1}{N} \end{bmatrix} \right) \tag{6.60}$$

因此，幅度 $A_{T,a,b}$ 和 $A_{R,a,b}$ 服从瑞利分布，即

$$A_{T,a,b} \sim \mathrm{Rayleigh}\left(\frac{1}{\sqrt{2M}}\right) \tag{6.61}$$

$$A_{R,a,b} \sim \mathrm{Rayleigh}\left(\frac{1}{\sqrt{2N}}\right) \tag{6.62}$$

$X_{a,b}$ 为服从瑞利分布的两个独立变量的乘积，其 CDF 可以表示为 [185]

$$F_{X_{a,b}}(x) = 1 - \sqrt{2MN}x K_1\left(\sqrt{2MN}x\right), \quad x \geqslant 0 \tag{6.63}$$

其中，$K_1(\cdot)$ 表示二阶修正 Bessel 函数。

最终，当 $M \gg 0$，$N \gg 0$ 时，可以得到互相干系数 $\mu(\boldsymbol{\Psi})$ 的 CDF 为

$$F'_\mu(\mu_0) = P(\mu(\boldsymbol{\Psi}) \leqslant \mu_0) \tag{6.64}$$

$$= P(\max_{a \neq b} X_{a,b} \leqslant \mu_0)$$

$$\approx \left[1 - \mu'_0 K_1(\mu'_0)\right]^{\frac{1}{2}PQ(PQ-1)}$$

其中，$\mu'_0 \triangleq 2\sqrt{MN}\mu_0$。

接下来，6.6 节将仿真对比式 (6.40) 和式 (6.64) 中互相干系数 $\mu(\boldsymbol{\Psi})$ 的 CDF。同时，仿真验证算法 6.1 中天线位置优化对于降低互相干系数的有效性。

6.6　仿　真　结　果

本节将仿真给出分布式 MIMO 雷达系统对多个平稳目标的定位性能。采用本章所提出的算法来优化天线位置，同时基于 CS 算法进行稀疏重构，包括 OMP、FASTA-LASSO 以及 CoSaMP 算法。仿真参数设置如下：距离分辨率 $\Delta = 1$ m，将目标检测区域均匀划分为 $10\Delta \times 10\Delta$ 个离散网格，即 $P = Q = 10$。载波频率为 $f_C = 1$ GHz，电磁波传播速度为 $c = 10^8$ m/s，TX 和 RX 的天线数目选择均为 $4, 6, 8, 10$ 几种情况。

6.6.1　算法 6.1 性能分析

首先，图 6.3 给出了天线数目增加后，根据算法 6.1 得到的互相干系数及其上下界的变化情况，其中 TX 与 RX 的天线数目交替增加。由仿真结果可以看出，增加天线数目可以降低式 (6.10) 中字典矩阵的互相干系数。此外，本节对于额外增加一个 TX 或者 RX 天线后的上界以及下界也进行了仿真对比，其中上界或者下界可以分别根据式 (6.29) 和式 (6.30) 计算得出。由仿真结果可以看出，天线数目变化得到的互相干系数介于上界与下界之间，且上界与下界也会随着天线数目的增加而降低，因此，在算法 6.1 中增加天线数目可以有效地降低字典矩阵的互相干系数。

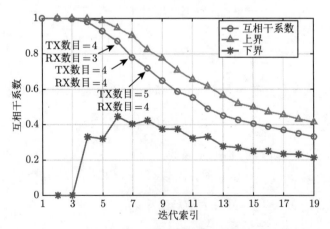

图 6.3　算法 6.1 中增加天线数目后的互相干系数

图 6.4 给出了不同天线数目下互相干系数的 CDF，其中经验值为根据 10^5 次仿真实验结果得到的平均值，理论值根据式 (6.40) 得出，当 TX 数目 $M \gg 0$ 且 RX 数目 $N \gg 0$ 时，根据式 (6.64) 可得到极限理论结果。图中分别给出了天线数目为 $M = N = \{4, 6, 8, 10\}$ 时互相干系数的 CDF，可以看出，增加天线数目，

概率 $P(\mu \leqslant \mu_0)$ 会随之增加, 因此, 天线数目越多, 获得较小互相干系数的概率越高。此外, 根据式 (6.40) 计算理论 CDF 时, 假设式 (6.39) 中的随机变量 $X_{a,b}$ 不依赖于 a 和 b 的取值, 因此, 经验 CDF 与式 (6.40) 中的理论 CDF 存在差异, 然而, 仿真显示, 随着天线数目的增加, 差异性逐渐减少。当 $M = N = 10$ 时, 差异性已非常小, 仿真结果也验证了式 (6.40) 的结论。另外, 当 $M \gg 0$ 且 $N \gg 0$ 时, 由于距离分辨率 $\|t_a - t_b\|_2 \gg \dfrac{1}{2f_C}$, 式 (6.56) 中的假设可以很容易满足, 因此, 也可以用式 (6.64) 来描述互相干系数的 CDF。同时, 从图中可以看出, 当天线数目比较少时, 如 $M = N = 4$, 式 (6.64) 中的极限理论结果不能很好地描述仿真结果, 然而, 当 $M = N \geqslant 8$ 时, 式 (6.64) 中的极限理论结果可以很好地描述 CDF 的仿真结果。因此, 当 $M = N \leqslant 8$ 时, 可以采用式 (6.40) 中的理论 CDF 来描述互相干系数的 CDF; 当 $M = N \geqslant 8$ 时, 可以采用式 (6.40) 的理论 CDF 或式 (6.64) 中的极限结果来描述互相干系数的 CDF。

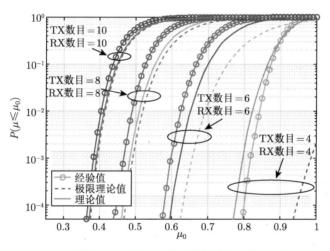

图 6.4 互相干系数 $\mu(\boldsymbol{\varPsi})$ 的 CDF

根据所得到的 CDF 理论值和仿真值, 可以得知采用算法 6.1 进行天线位置优化能够获得优于随机天线位置的互相干系数。图 6.5 给出了不同天线数目条件下, 优化天线位置得到的互相干系数、$P(\mu \leqslant \mu_0) = 10^{-3}$ 情况下采用随机天线位置时的互相干系数的经验值、理论值和极限理论值, 上述 3 个值分别通过经验 CDF、式 (6.40) 中的理论 CDF 以及式 (6.64) 中的极限理论 CDF 获得。仿真结果显示, 采用算法 6.1 优化天线位置可以获得最小的互相干系数。同时仿真结果也进一步验证了增加天线个数可以有效降低互相干系数, 提升稀疏重构性能。

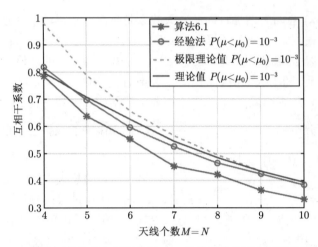

图 6.5　随机天线位置与基于算法 6.1 优化天线位置之间的性能对比

6.6.2　多目标定位性能分析

本小节将给出通过重构稀疏向量 $\boldsymbol{x}$ 的支撑集实现目标定位的性能仿真测试。仿真参数设定如下：目标个数 $K = 5$，TX 天线数目与 RX 相同，即 $M = N \in \{4, 5, \cdots, 10\}$；假设接收端噪声为 AWGN，且 SNR $\in \{3, 6, 9\}$ dB；选择 FASTA-LASSO、OMP 和 CoSaMP 三种 CS 重构算法，每一种算法均给出天线位置优化和随机天线位置两种情况下的仿真测试，仿真 10^6 次。

图 6.6(a)、图 6.7(a) 和图 6.8(a) 分别给出了 FASTA-LASSO、OMP 和 CoSaMP 算法的支撑集重构性能。从图中可以看出，通过优化天线的位置，三种方法支撑集的重构性能均得到了提高，尤其是在高信噪比条件下 (SNR $\geqslant 6$ dB)，

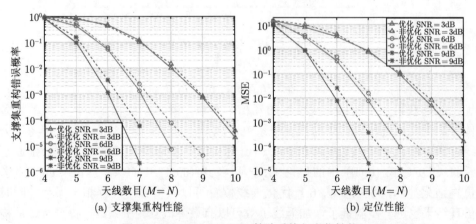

(a) 支撑集重构性能　　　　　　　　　　(b) 定位性能

图 6.6　FASTA-LASSO 算法重构与定位性能

性能提升更为明显。仿真结果同样表明，增加天线数目也可以显著提高支撑集的重构性能。

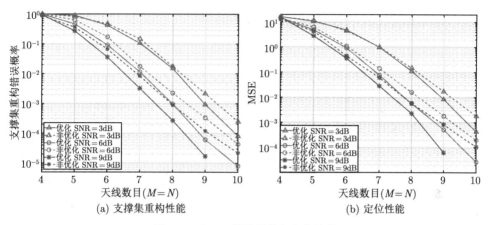

图 6.7 OMP 算法重构与定位性能

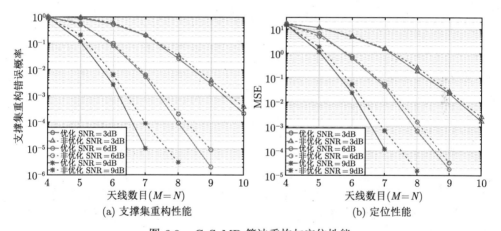

图 6.8 CoSaMP 算法重构与定位性能

图 6.6(b)、图 6.7(b) 和图 6.8(b) 分别给出了 FASTA-LASSO、OMP 以及 CoSaMP 算法的目标定位性能，比较了三种算法的 MSE。仿真结果显示，与稀疏向量的支撑集重构性能类似，通过优化天线位置可以有效提高系统的目标定位性能。尤其是当 MIMO 雷达配置更多天线或处于高信噪比情况时，采用本章所提出的天线位置优化算法可以显著提升系统的定位性能。

为了进一步验证本章所提出天线位置优化算法的有效性，本节仿真对比了所提算法与文献 [186] 中给出的天线不同优化算法的重构性能，如图 6.9 所示。其中对比算法基于 Neyman-Pearson 的检测器进行天线位置的优化,稀疏重构算法则采用 FASTA-LASSO 算法。从仿真结果可以看出,由于对比算法只考虑了天线位置的优化,没有考虑稀疏重构性能,因此重构误差较大。这也从侧面说明采用本章所提出的算法可以获得更优的目标定位性能。

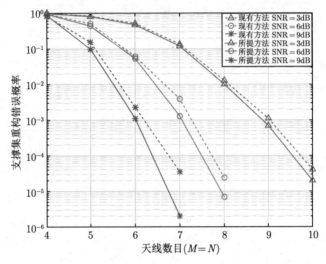

图 6.9　与现有的天线位置优化算法对比

6.7　本章小结

本章重点讨论了分布式 MIMO 雷达系统中多个静止目标的定位问题,提出了一种基于 CS 理论的稀疏重构目标定位方法。为了进一步提高稀疏重构性能以及定位性能,给出一种用于优化分布式 MIMO 雷达天线位置的迭代算法,该算法可以最小化字典矩阵的互相干系数。同时,本章分别给出了随机天线位置以及极限条件下的互相干系数的累积概率分布函数,该函数可以用于衡量天线位置优化对于降低互相干系数的作用。最后进行仿真测试,结果表明采用所提出的算法优化天线位置可以显著提高基于 CS 的分布式 MIMO 雷达系统的多目标定位性能。

第 7 章　考虑未知互耦与网格偏离时基于稀疏贝叶斯的 MIMO 雷达 DOA 估计方法

本章主要研究阵列信号处理的另一个基本问题，即空间信号的波达方向 (DOA) 问题。重点研究存在未知阵元互耦与网格偏离 (Off-Grid) 情况时，MIMO 雷达系统中多个未知目标的 DOA 估计。与只考虑 Off-Grid 条件的传统稀疏重建方法不同，本章提出一种新的考虑互耦与网格偏离的稀疏贝叶斯学习方法 (SBL with mutual coupling，SBLMC)，通过引入超参数，基于期望最大值 (EM) 迭代估计出未知参数，并从理论上推导了所有未知参数的先验分布，包括目标散射系数 (TSC)、互耦向量、网格偏离向量以及噪声方差等。

7.1　MIMO 雷达 DOA 估计模型

以图 7.1 所示的单基地集中式 MIMO 雷达系统为例，采用 M 根发射天线，N 根接收天线，发射端发射多路正交信号，第 $m(m = 0, 1, \cdots, M-1)$ 根发射天线发射的信号波形记为 $s_m(t)$。假设存在 K 个远场目标，记第 $k(k = 0, 1, \cdots, K-1)$ 个目标的 DOA 为 θ_k，那么，在第 p 个 $(p = 0, 1, \cdots, P-1$，P 表示脉冲数) 脉冲期间，接收到的信号可表示为

$$\boldsymbol{y}_p(t) = \sum_{k=0}^{K-1} \gamma_{k,p} \boldsymbol{C}_R \boldsymbol{b}(\theta_k) \left[\boldsymbol{C}_T \boldsymbol{a}(\theta_k)\right]^{\mathrm{T}} \boldsymbol{s}(t - \tau_T - \tau_R) + \boldsymbol{v}_p(t)$$

$$\tau_T + \tau_R \leqslant t \leqslant \tau_T + \tau_R + T_P \tag{7.1}$$

其中，T_P 表示脉冲持续时间；$\boldsymbol{v}_p(t) \triangleq \left[v_{p,0}(t), v_{p,1}(t), \cdots, v_{p,N-1}(t)\right]^{\mathrm{T}}$ 表示加性高斯白噪声 (AWGN)；$\gamma_{k,p}$ 表示第 p 个脉冲期间第 k 个目标的散射系数；τ_T 表示发射端和距离单元之间的传播时延；τ_R 表示距离单元和接收端之间的传播时延。接收信号和发射信号的表达式如下：

$$\boldsymbol{y}_p(t) \triangleq [y_0(t), y_1(t), \cdots, y_{N-1}(t)]^{\mathrm{T}} \tag{7.2}$$

$$\boldsymbol{s}(t) \triangleq [s_0(t), s_1(t), \cdots, s_{M-1}(t)]^{\mathrm{T}} \tag{7.3}$$

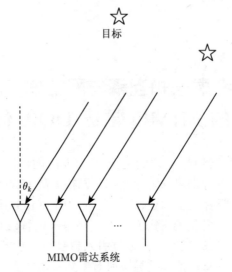

图 7.1　单基地集中式 MIMO 雷达系统

发射端和接收端的导向矢量可分别表示为

$$
\boldsymbol{a}(\theta) \triangleq \left[1, \mathrm{e}^{\mathrm{j}2\pi\frac{d_T}{\lambda}\sin\theta}, \cdots, \mathrm{e}^{\mathrm{j}2\pi\frac{(M-1)d_T}{\lambda}\sin\theta}\right]^{\mathrm{T}} \tag{7.4}
$$

$$
\boldsymbol{b}(\theta) \triangleq \left[1, \mathrm{e}^{\mathrm{j}2\pi\frac{d_R}{\lambda}\sin\theta}, \cdots, \mathrm{e}^{\mathrm{j}2\pi\frac{(N-1)d_R}{\lambda}\sin\theta}\right]^{\mathrm{T}} \tag{7.5}
$$

其中，d_T 和 d_R 分别表示发射端和接收端两相邻阵元的间距；λ 表示波长。$\boldsymbol{C}_T \in \mathbb{C}^{M \times M}$ 和 $\boldsymbol{C}_R \in \mathbb{C}^{N \times N}$ 分别表示发射端和接收端天线阵列的互耦矩阵。利用均匀线阵互耦矩阵的对称 Toeplitz 特性，$\boldsymbol{C}_T$ 可以表示为

$$
\boldsymbol{C}_T = \begin{bmatrix} 1 & c_{T,1} & \cdots & c_{T,M-1} \\ c_{T,1} & 1 & \cdots & c_{T,M-2} \\ \vdots & \vdots & & \vdots \\ c_{T,M-1} & c_{T,M-2} & \cdots & 1 \end{bmatrix} \tag{7.6}
$$

其中，$c_{T,m}$ 表示向量 $\boldsymbol{c}_T \triangleq \left[c_{T,0}, c_{T,1}, \cdots, c_{T,M-1}\right]^{\mathrm{T}}$ 的第 m 个元素。

矩阵 $\boldsymbol{C}_T$ 的第 m 行、第 m' 列可以记为

$$
C_{T,m,m'} = \begin{cases} 1, & m = m' \\ c_{T,|m-m'|}, & \text{其他} \end{cases} \tag{7.7}
$$

接收端互耦矩阵 $\boldsymbol{C}_R$ 的表达式与 $\boldsymbol{C}_T$ 类似，在此不再重复给出。

由于系统采用 M 个通道发射相互正交的信号，多路发射信号在空间相互独立，因此接收端采用 M 个匹配滤波器对回波进行匹配，便可以实现多路信号的分离。为方便讨论，假设在一个特定的距离单元内对目标进行参数估计，所以可以忽略传输时延 τ_T 与 τ_R 的影响，则经第 m 个匹配滤波器后，可以得到第 T_P 个脉冲间隔内的接收信号 $\boldsymbol{r}_p(t)$ 如下：

$$
\boldsymbol{r}_{p,m} \triangleq \sum_{k=0}^{K-1} \gamma_{k,p} \boldsymbol{C}_R \boldsymbol{b}(\theta_k) \left[\boldsymbol{C}_T \boldsymbol{a}(\theta_k)\right]^{\mathrm{T}} \underbrace{\begin{bmatrix} \int s_0(t) s_m^{\mathrm{H}}(t)\mathrm{d}t \\ \vdots \\ \int s_m(t) s_m^{\mathrm{H}}(t)\mathrm{d}t \\ \vdots \\ \int s_{M-1}(t) s_m^{\mathrm{H}}(t)\mathrm{d}t \end{bmatrix}}_{\boldsymbol{e}_m^M}
$$

$$
+ \underbrace{\begin{bmatrix} \int v_{p,0}(t) s_m^{\mathrm{H}}(t)\mathrm{d}t \\ \vdots \\ \int v_{p,m}(t) s_m^{\mathrm{H}}(t)\mathrm{d}t \\ \vdots \\ \int v_{p,M-1}(t) s_m^{\mathrm{H}}(t)\mathrm{d}t \end{bmatrix}}_{\boldsymbol{n}_{p,m}} \tag{7.8}
$$

$$
= \sum_{k=0}^{K-1} \gamma_{k,p} \boldsymbol{C}_R \boldsymbol{b}(\theta_k) \left[\boldsymbol{C}_T \boldsymbol{a}(\theta_k)\right]^{\mathrm{T}} \boldsymbol{e}_m^M + \boldsymbol{n}_{p,m}
$$

$$
= \sum_{k=0}^{K-1} \gamma_{k,p} \left[\boldsymbol{C}_T \boldsymbol{a}(\theta_k)\right]_m \boldsymbol{C}_R \boldsymbol{b}(\theta_k) + \boldsymbol{n}_{p,m}
$$

其中，$\boldsymbol{e}_m^M$ 是一个 $M \times 1$ 的向量，它的第 m 个元素是 1，其他元素都是 0；$\boldsymbol{n}_{p,m}$ 表示加性噪声。将 $\boldsymbol{r}_{p,m}$ 写成矩阵的形式，有

$$
\boldsymbol{R}_p \triangleq \begin{bmatrix} \boldsymbol{r}_{p,0}^{\mathrm{T}} \\ \boldsymbol{r}_{p,1}^{\mathrm{T}} \\ \vdots \\ \boldsymbol{r}_{p,M-1}^{\mathrm{T}} \end{bmatrix} = \sum_{k=0}^{K-1} \gamma_{k,p} \boldsymbol{C}_T \boldsymbol{a}(\theta_k) \left[\boldsymbol{C}_R \boldsymbol{b}(\theta_k)\right]^{\mathrm{T}} + \boldsymbol{N}_p \tag{7.9}
$$

其中，定义 $\boldsymbol{N}_p \triangleq \left[\boldsymbol{n}_{p,0}, \boldsymbol{n}_{p,1}, \cdots, \boldsymbol{n}_{p,M-1}\right]^{\mathrm{T}}$ 为噪声矩阵。简洁起见，可以进一步

将接收信号矩阵写成向量的形式，即 $r_p \triangleq \mathrm{vec}\{R_p\}$，有

$$r_p = \sum_{k=0}^{K-1} \gamma_{k,p} \mathrm{vec}\left\{C_T a(\theta_k) [C_R b(\theta_k)]^\mathrm{T}\right\} + n_p \tag{7.10}$$

$$= \sum_{k=0}^{K-1} \gamma_{k,p} [C_R b(\theta_k)] \otimes [C_T a(\theta_k)] + n_p$$

其中，$\otimes$ 表示 Kronecker 乘积，并且 $n_p \triangleq \mathrm{vec}\{N_p\}$。

进一步将接收信号 r_p 写成矩阵的形式，有

$$r_p = \Delta \gamma_p + n_p \tag{7.11}$$

其中，$\gamma_p \triangleq \left[\gamma_{p,0}, \gamma_{p,1}, \cdots, \gamma_{p,K-1}\right]^\mathrm{T}$，$\Delta \triangleq \left[\delta_0, \delta_1, \cdots, \delta_{K-1}\right]$，且

$$\delta_k \triangleq [C_R b(\theta_k)] \otimes [C_T a(\theta_k)] \tag{7.12}$$

$$= [C_R \otimes C_T] [b(\theta_k) \otimes a(\theta_k)]$$

令 $C \triangleq C_R \otimes C_T$，$d(\theta_k) = b(\theta_k) \otimes a(\theta_k)$，有

$$\Delta = C \left[d(\theta_0), d(\theta_1), \cdots, d(\theta_{K-1})\right] = CD \tag{7.13}$$

其中，$D \triangleq \left[d(\theta_0), d(\theta_1), \cdots, d(\theta_{K-1})\right]$。因此，当考虑阵元互耦效应时，接收信号表达式为

$$r_p = CD\gamma_p + n_p \tag{7.14}$$

为进一步简化式 (7.14)，引入定理 7.1。

定理 7.1　对于复对称 Toeplitz 矩阵 $A = \mathrm{Toeplitz}\{a\} \in \mathbb{C}^{M \times M}$ 和复向量 $c \in \mathbb{C}^{M \times 1}$ 来说，有 [97,187]

$$Ac = Qa \tag{7.15}$$

其中，a 是由 A 的第一行组成的向量；$Q = Q_1 + Q_2$，Q_1 和 Q_2 的第 p $(p = 0, 1, \cdots, M-1)$ 行、第 q $(q = 0, 1, \cdots, M-1)$ 列元素分别为

$$[Q_1]_{p,q} = \begin{cases} c_{p+q}, & p + q \leqslant M - 1 \\ 0, & \text{其他} \end{cases} \tag{7.16}$$

$$[Q_2]_{p,q} = \begin{cases} c_{p-q}, & p \geqslant q \geqslant 1 \\ 0, & \text{其他} \end{cases} \tag{7.17}$$

根据定理 7.1，可以将 $\boldsymbol{\delta}_k$ 重写为

$$\boldsymbol{\delta}_k = [\boldsymbol{C}_R \boldsymbol{b}(\theta_k)] \otimes [\boldsymbol{C}_T \boldsymbol{a}(\theta_k)] \tag{7.18}$$

$$= [\boldsymbol{Q}_b(\theta_k) \boldsymbol{c}_R] \otimes [\boldsymbol{Q}_a(\theta_k) \boldsymbol{c}_T]$$

$$= [\boldsymbol{Q}_b(\theta_k) \otimes \boldsymbol{Q}_a(\theta_k)] \, \boldsymbol{c}$$

其中，$\boldsymbol{c} \triangleq \boldsymbol{c}_R \otimes \boldsymbol{c}_T$，且 $\boldsymbol{c}_T$ 的第 m 个元素和 $\boldsymbol{c}_R$ 的第 n 个元素分别为

$$[\boldsymbol{c}_T]_m = \begin{cases} 1, & m = 0 \\ c_{T,m}, & \text{其他} \end{cases} \tag{7.19}$$

$$[\boldsymbol{c}_R]_n = \begin{cases} 1, & n = 0 \\ c_{R,n}, & \text{其他} \end{cases} \tag{7.20}$$

分别得到 $\boldsymbol{Q}_a(\theta_k)$ 和 $\boldsymbol{Q}_b(\theta_k)$ 的表达式如下：

$$\boldsymbol{Q}_a(\theta_k) = \boldsymbol{Q}_{a1}(\theta_k) + \boldsymbol{Q}_{a2}(\theta_k) \tag{7.21}$$

$$\boldsymbol{Q}_b(\theta_k) = \boldsymbol{Q}_{b1}(\theta_k) + \boldsymbol{Q}_{b2}(\theta_k) \tag{7.22}$$

其中，$\boldsymbol{Q}_{a1}(\theta_k)$，$\boldsymbol{Q}_{a2}(\theta_k)$，$\boldsymbol{Q}_{b1}(\theta_k)$ 和 $\boldsymbol{Q}_{b2}(\theta_k)$ 的第 p 行、第 q 列元素分别为

$$[\boldsymbol{Q}_{a1}]_{p,q} = \begin{cases} [\boldsymbol{a}(\theta_k)]_{p+q}, & p+q \leqslant M-1 \\ 0, & \text{其他} \end{cases} \tag{7.23}$$

$$[\boldsymbol{Q}_{a2}]_{p,q} = \begin{cases} [\boldsymbol{a}(\theta_k)]_{p-q}, & p \geqslant q \geqslant 1 \\ 0, & \text{其他} \end{cases} \tag{7.24}$$

$$[\boldsymbol{Q}_{b1}]_{p,q} = \begin{cases} [\boldsymbol{b}(\theta_k)]_{p+q}, & p+q \leqslant N-1 \\ 0, & \text{其他} \end{cases} \tag{7.25}$$

$$[\boldsymbol{Q}_{b2}]_{p,q} = \begin{cases} [\boldsymbol{b}(\theta_k)]_{p-q}, & p \geqslant q \geqslant 1 \\ 0, & \text{其他} \end{cases} \tag{7.26}$$

进而有

$$\boldsymbol{\Delta} = \boldsymbol{Q} \left[\boldsymbol{I}_K \otimes \boldsymbol{c} \right] \tag{7.27}$$

其中

$$\boldsymbol{Q} \triangleq \left[\boldsymbol{Q}_b(\theta_0) \otimes \boldsymbol{Q}_a(\theta_0), \cdots, \boldsymbol{Q}_b(\theta_{K-1}) \otimes \boldsymbol{Q}_a(\theta_{K-1}) \right] \tag{7.28}$$

那么，可以将式 (7.14) 中的接收信号重写为

$$\boldsymbol{r}_p = \boldsymbol{Q} \left(\boldsymbol{I}_K \otimes \boldsymbol{c} \right) \boldsymbol{\gamma}_p + \boldsymbol{n}_p \tag{7.29}$$

$$= \boldsymbol{Q} \left(\boldsymbol{\gamma}_p \otimes \boldsymbol{c} \right) + \boldsymbol{n}_p$$

将 P 个脉冲的结果整理成矩阵的形式，得到最终的接收信号为

$$\boldsymbol{R} = \boldsymbol{Q} \left[\boldsymbol{\gamma}_0 \otimes \boldsymbol{c}, \boldsymbol{\gamma}_1 \otimes \boldsymbol{c}, \cdots, \boldsymbol{\gamma}_{P-1} \otimes \boldsymbol{c} \right] + \boldsymbol{N} \tag{7.30}$$

$$= \boldsymbol{Q}(\boldsymbol{\Gamma} \otimes \boldsymbol{c}) + \boldsymbol{N}$$

其中, $\boldsymbol{R} \triangleq \left[\boldsymbol{r}_0, \boldsymbol{r}_1, \cdots, \boldsymbol{r}_{P-1} \right]; \boldsymbol{N} \triangleq \left[\boldsymbol{n}_0, \boldsymbol{n}_1, \cdots, \boldsymbol{n}_{P-1} \right]; \boldsymbol{\Gamma} \triangleq \left[\boldsymbol{\gamma}_0, \boldsymbol{\gamma}_1, \cdots, \boldsymbol{\gamma}_{P-1} \right]$。

　　基于上述模型，接下来将给出含有未知阵元互耦情况下的参数估计方法，包括目标 DOA、目标散射系数 $\boldsymbol{\Gamma}$ 以及噪声方差 σ_n^2 等。

7.2　考虑未知阵元互耦的 DOA 估计方法

7.2.1　存在网格偏离的稀疏模型

　　将目标探测区域按等距离等角度离散化成 U 个网格，则离散后的角度集合为 $\boldsymbol{\zeta} \triangleq \left[\zeta_0, \zeta_1, \cdots, \zeta_{U-1} \right]$，其中，$\zeta_u$ 表示第 u 个离散角度，相应的字典矩阵可以记为

$$\boldsymbol{\Psi} \triangleq \left[\boldsymbol{\Phi}(\zeta_0), \boldsymbol{\Phi}(\zeta_1), \cdots, \boldsymbol{\Phi}(\zeta_{U-1}) \right] \in \mathbb{C}^{MN \times UMN} \tag{7.31}$$

其中，$\boldsymbol{\Phi}(\zeta_u) \triangleq \boldsymbol{Q}_b(\zeta_u) \otimes \boldsymbol{Q}_a(\zeta_u); \delta \triangleq |\zeta_{u+1} - \zeta_u|$ 表示离散角度之间的距离，即网格间距。字典矩阵 $\boldsymbol{\Psi}$ 须满足 RIP 准则，即对于每个稀疏度为 ϖ 的向量 $\boldsymbol{x}$ ($\varpi = KMN$)，都存在一个常量 δ_ϖ，使得以下公式成立：

$$(1 - \delta_\varpi)\|\boldsymbol{x}\|_2^2 \leqslant \|\boldsymbol{\Psi}\boldsymbol{x}\|_2^2 \leqslant (1 + \delta_\varpi)\|\boldsymbol{x}\|_2^2 \tag{7.32}$$

同时，若 $\boldsymbol{\Psi}$ 满足 $\delta_{2\varpi} + \delta_{3\varpi} < 1$，则 $\boldsymbol{x}$ 为 ℓ_1 范数最小化的唯一解。然而，对于一个给定矩阵 $\boldsymbol{\Psi}$ 来说，求解使其严格满足 RIP 准则的常量 δ_ϖ 非常困难，对此可采用多个目标的最小角度间隔来近似。在本节中，最小角度间隔设置为 9.67°(其他系统参数的设置同 7.3 节)。

然而在实际系统中，第 k 个目标的到达角 θ_k 并不能准确落在离散网格上，其子矩阵可近似表示为

$$\boldsymbol{\Phi}(\theta_k) = \boldsymbol{\Phi}[\zeta_{u_k} + (\theta_k - \zeta_{u_k})] \tag{7.33}$$

$$\approx \left[\boldsymbol{Q}_b(\zeta_{u_k}) + (\theta_k - \zeta_{u_k}) \left. \frac{\partial \boldsymbol{Q}_b(\zeta)}{\partial \zeta} \right|_{\zeta = \zeta_{u_k}} \right]$$

$$\otimes \left[\boldsymbol{Q}_a(\zeta_{u_k}) + (\theta_k - \zeta_{u_k}) \left. \frac{\partial \boldsymbol{Q}_a(\zeta)}{\partial \zeta} \right|_{\zeta = \zeta_{u_k}} \right]$$

$$\approx \boldsymbol{\Phi}(\zeta_{u_k}) + (\theta_k - \zeta_{u_k}) \boldsymbol{\Omega}(\zeta_{u_k})$$

其中，ζ_{u_k} 为距离 θ_k 最近的离散网格角度，且一阶导数 $\boldsymbol{\Omega}(\zeta_{u_k})$ 定义如下：

$$\boldsymbol{\Omega}(\zeta_{u_k}) \triangleq \boldsymbol{Q}_b(\zeta_{u_k}) \otimes \left. \frac{\partial \boldsymbol{Q}_a(\zeta)}{\partial \zeta} \right|_{\zeta = \zeta_{u_k}}$$

$$+ \left. \frac{\partial \boldsymbol{Q}_b(\zeta)}{\partial \zeta} \right|_{\zeta = \zeta_{u_k}} \otimes \boldsymbol{Q}_a(\zeta_{u_k}) \tag{7.34}$$

构建稀疏矩阵 $\boldsymbol{X} \in \mathbb{C}^{U \times P}$，$\boldsymbol{X} \triangleq \left[\boldsymbol{x}_0, \boldsymbol{x}_1, \cdots, \boldsymbol{x}_{P-1} \right]$，其所有列向量 $\boldsymbol{x}_p$ ($p = 0, 1, \cdots, P - 1$) 具有同样的支撑集，则可得到接收信号的近似稀疏表示，即

$$\boldsymbol{R} \approx [\boldsymbol{\Psi} + \boldsymbol{\Xi}\, (\text{diag}\,\{\boldsymbol{\nu}\} \otimes \boldsymbol{I}_{MN})] (\boldsymbol{X} \otimes \boldsymbol{c}) + \boldsymbol{N} \tag{7.35}$$

其中，$\boldsymbol{\Xi} \triangleq \left[\boldsymbol{\Omega}(\zeta_0), \boldsymbol{\Omega}(\zeta_1), \cdots, \boldsymbol{\Omega}(\zeta_{U-1}) \right]$。为了简洁起见，将第 u 个子矩阵记为 $\boldsymbol{\Xi}_u \triangleq \boldsymbol{\Omega}(\zeta_u)$。稀疏矩阵 $\boldsymbol{X} \in \mathbb{C}^{U \times P}$ 的第 u 行、第 p 列为

$$X_{u,p} = \begin{cases} \Gamma_{u_k,p}, & u = u_k \\ 0, & \text{其他} \end{cases} \tag{7.36}$$

其中，$\Gamma_{u,p}$ 表示 $\boldsymbol{\Gamma}$ 的第 u 行、第 p 列元素。

网格偏离向量 $\boldsymbol{\nu} \in \mathbb{R}^{U \times 1}$ 的第 u 个元素为

$$\nu_u = \begin{cases} \theta_k - \zeta_{u_k}, & u = u_k \\ 0, & \text{其他} \end{cases} \tag{7.37}$$

考虑噪声影响，最终得到存在未知阵元互耦与 Off-Grid 情况时的接收信号稀疏模型如下：

$$\boldsymbol{R} = \boldsymbol{\Upsilon}(\boldsymbol{\nu})(\boldsymbol{X} \otimes \boldsymbol{c}_R \otimes \boldsymbol{c}_T) + \boldsymbol{N} \tag{7.38}$$

其中，$\boldsymbol{\varUpsilon}(\boldsymbol{\nu}) \triangleq \boldsymbol{\varPsi} + \boldsymbol{\varXi}\left(\mathrm{diag}\left\{\boldsymbol{\nu}\right\} \otimes \boldsymbol{I}_{MN}\right)$。利用接收信号 $\boldsymbol{R}$，便可以完成未知参数下的目标 DOA 估计，这里的未知参数主要包括：稀疏矩阵 $\boldsymbol{X}$、网格偏离向量 $\boldsymbol{\nu}$、阵元互耦向量 $\boldsymbol{c}_T$ 以及 $\boldsymbol{c}_R$ 等。进而，通过求解稀疏矩阵 $\boldsymbol{X}$ 的支撑集可以得到目标的 DOA 估计；求解矩阵 $\boldsymbol{X}$ 的非零元素可以得到目标散射系数；根据 $\boldsymbol{c}_T$ 和 $\boldsymbol{c}_R$ 便可计算出系统的互耦矩阵。

7.2.2　基于稀疏贝叶斯学习的 DOA 估计方法

基于所建立的存在互耦合 Off-Grid 情况时的系统稀疏模型，本节将给出一种基于稀疏贝叶斯学习 (sparse Bayesian learning, SBL) 的考虑互耦合 Off-Grid 的目标 DOA 估计算法——SBLMC 算法。图 7.2 给出了 SBLMC 算法的示意图，图中的多个未知参数由超参数决定，接收信号 $\boldsymbol{R}$ 则由雷达参数和信号确定。由图可以看出，SBLMC 算法的前提是给出各参数的分布假设，下面将对各参数的分布假设进行详细描述。

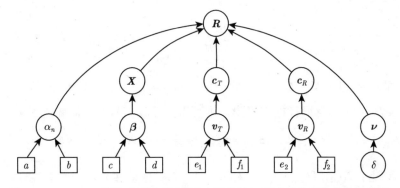

图 7.2　SBLMC 算法示意图 (矩形代表超参数，圆形代表雷达参数和信号)

假设系统加性噪声为循环对称高斯白噪声，噪声方差为 σ_n^2，那么噪声的分布为

$$p(\boldsymbol{N}|\sigma_n^2) = \prod_{u=0}^{U-1} \mathcal{CN}(\boldsymbol{n}_p|\boldsymbol{0}_{MN \times 1}, \sigma_n^2 \boldsymbol{I}_{MN}) \tag{7.39}$$

其中，复高斯分布的定义如下：

$$\mathcal{CN}(\boldsymbol{x}|\boldsymbol{a}, \boldsymbol{\varSigma}) = \frac{1}{\pi^N \det(\boldsymbol{\varSigma})} \mathrm{e}^{-(\boldsymbol{x}-\boldsymbol{a})^{\mathrm{H}} \boldsymbol{\varSigma}^{-1}(\boldsymbol{x}-\boldsymbol{a})} \tag{7.40}$$

当噪声方差 σ_n^2 未知时，可以定义一个服从离散 Gamma 分布的超参数，记为精度 α_n，$\alpha_n \triangleq \sigma_n^{-2}$，即

$$p(\alpha_n) = \mathfrak{G}(\alpha_n; a, b) \tag{7.41}$$

其中, a 和 b 分别为 α_n 的超参数, 并且

$$\mathfrak{G}(\alpha_n; a, b) \triangleq \Gamma^{-1}(a) b^a \alpha_n^{a-1} \mathrm{e}^{-b\alpha_n} \tag{7.42}$$

$$\Gamma(a) \triangleq \int_0^\infty x^{a-1} \mathrm{e}^{-x} \mathrm{d}x \tag{7.43}$$

需要注意的是, Gamma 分布是均值已知而方差未知时高斯分布的共轭先验, 所以 $\alpha_n \sim \mathfrak{G}(\alpha_n; a, b)$ 的后验分布 $p(\alpha_n|x)$ 依然服从 Gamma 分布。因此, 可以假设精度 α_n 服从 Gamma 分布来简化后续分析。

当散射系数 $\boldsymbol{\Gamma}$ 独立于快拍数时, 可以假设稀疏矩阵 $\boldsymbol{X}$ 也服从高斯分布, 即

$$p(\boldsymbol{X}|\boldsymbol{\Lambda}_x) = \prod_{p=0}^{P-1} \mathcal{CN}(\boldsymbol{x}_p|\boldsymbol{0}_{U\times 1}\boldsymbol{\Lambda}_x) \tag{7.44}$$

其中, 矩阵 $\boldsymbol{\Lambda}_x \in \mathbb{R}^{U\times U}$ 是一个对角矩阵, 其第 u 个对角元素为 $\sigma_{x,u}^2$。目前普遍使用的稀疏先验函数是拉普拉斯函数, 然而拉普拉斯先验与高斯先验不共轭, 因此, 为了简化分析, 采用高斯先验来描述稀疏矩阵 $\boldsymbol{X}$, 并给出封闭形式的估计表达式。接下来, 同样定义超参数精度 $\boldsymbol{\beta} \triangleq \begin{bmatrix} \beta_0, \beta_1, \cdots, \beta_{U-1} \end{bmatrix}^{\mathrm{T}}$ 和 $\beta_u \triangleq \sigma_{x,u}^{-2}$, 可以得到 $\boldsymbol{\beta}$ 的 Gamma 先验如下:

$$p(\boldsymbol{\beta}; c, d) = \prod_{u=0}^{U-1} \mathfrak{G}(\beta_u; c, d) \tag{7.45}$$

其中, c 和 d 为 $\boldsymbol{\beta}$ 的超参数。

同样地, 当阵元间互耦效应独立于阵元时, 可以假设互耦向量 $\boldsymbol{c}_T$ 和 $\boldsymbol{c}_R$ 也服从高斯分布:

$$p(\boldsymbol{c}_T|\boldsymbol{\Lambda}_T) = \prod_{m=0}^{M-1} \mathcal{CN}(c_{T,m}|0, \sigma_{T,m}^2) \tag{7.46}$$

$$p(\boldsymbol{c}_R|\boldsymbol{\Lambda}_R) = \prod_{n=0}^{N-1} \mathcal{CN}(c_{R,n}|0, \sigma_{R,n}^2) \tag{7.47}$$

其中, 矩阵 $\boldsymbol{\Lambda}_T \in \mathbb{R}^{M\times M}$ 是一个对角矩阵, 其第 m 个对角元素为 $\sigma_{T,m}^2$。$\boldsymbol{\Lambda}_R \in \mathbb{R}^{N\times N}$ 也是一个对角矩阵, 其第 n 个对角元素为 $\sigma_{R,n}^2$。定义超参数精度 $\boldsymbol{\vartheta}_T \triangleq \begin{bmatrix} \vartheta_{T,0}, \vartheta_{T,1}, \cdots, \vartheta_{T,M-1} \end{bmatrix}^{\mathrm{T}} (\vartheta_{T,m} \triangleq \sigma_{T,m}^{-2})$ 和 $\boldsymbol{\vartheta}_R \triangleq \begin{bmatrix} \vartheta_{R,0}, \vartheta_{R,1}, \cdots, \vartheta_{R,N-1} \end{bmatrix}^{\mathrm{T}} (\vartheta_{R,n}$

$\triangleq \sigma_{R,n}^{-2}$)。那么，我们可以得到如下的 Gamma 分布：

$$p(\boldsymbol{\vartheta}_T; e_1, f_1) = \prod_{m=0}^{M-1} \mathfrak{G}(\vartheta_{T,m}; e_1, f_1) \tag{7.48}$$

$$p(\boldsymbol{\vartheta}_R; e_2, f_2) = \prod_{n=0}^{N-1} \mathfrak{G}(\vartheta_{R,n}; e_2, f_2) \tag{7.49}$$

其中，e_1 和 f_1 为 $\boldsymbol{\vartheta}_T$ 的超参数；e_2 和 f_2 为 $\boldsymbol{\vartheta}_R$ 的超参数。文献 [80] 指出，超参数的选择可以选任意极小值，并且超参数不会对特定值敏感。一般来说，可以令 $a = b = c = d = e_1 = f_1 = e_2 = f_2 = 10^{-2}$。

网格偏离（Off-Grid）系数 $\boldsymbol{\nu}$ 服从均匀先验分布，其第 u 个元素 ν_u 可以表示为

$$p(\nu_u; \delta) = \mathcal{U}_{\nu_u}\left(\left[-\frac{1}{2}\delta, \frac{1}{2}\delta\right]\right) \tag{7.50}$$

其中

$$\mathcal{U}_x\left([a, b]\right) \triangleq \begin{cases} \dfrac{1}{b-a}, & a \leqslant x \leqslant b \\ 0, & \text{其他} \end{cases} \tag{7.51}$$

图 7.2 给出了各个参数之间的关系。为了估计目标 DOA，可以利用接收信号构造下面的最优化问题来最大化后验概率：

$$\hat{\mathfrak{x}} = \arg\max_{\mathfrak{x}} p(\mathfrak{x}|\boldsymbol{R}) \tag{7.52}$$

其中，集合 $\mathfrak{x} \triangleq \{\boldsymbol{X}, \boldsymbol{\nu}, \boldsymbol{c}_T, \boldsymbol{c}_R, \sigma_n^2, \boldsymbol{\beta}\}$ 内包含了所有的未知参数。但是该后验概率问题无法直接求解，因此，接下来将采用期望最大化 (EM) 方法来实现 SBLMC 算法。

为了得到 $\boldsymbol{X}$ 的后验概率，首先计算所有参数的联合分布，具体如下：

$$\begin{aligned} p(\boldsymbol{R}, \mathfrak{x}) = \; & p(\boldsymbol{R}|\mathfrak{x})p(\boldsymbol{X}|\boldsymbol{\beta})p(\boldsymbol{c}_T|\boldsymbol{\vartheta}_T)p(\boldsymbol{c}_R|\boldsymbol{\vartheta}_R)p(\alpha_n) \\ & p(\boldsymbol{\beta})p(\boldsymbol{\vartheta}_T)p(\boldsymbol{\vartheta}_R)p(\boldsymbol{\nu}) \end{aligned} \tag{7.53}$$

因此，利用 α_n、$\boldsymbol{\beta}$、$\boldsymbol{\vartheta}_T$、$\boldsymbol{\vartheta}_R$、$\boldsymbol{\nu}$、$\boldsymbol{c}_T$ 以及 $\boldsymbol{c}_R$，可得 $\boldsymbol{X}$ 的后验概率如下：

$$p(\boldsymbol{X}|\boldsymbol{R}, \boldsymbol{\nu}, \boldsymbol{c}_T, \boldsymbol{c}_R, \alpha_n, \boldsymbol{\beta}, \boldsymbol{\vartheta}_T, \boldsymbol{\vartheta}_R) \tag{7.54}$$

$$= \frac{p(\boldsymbol{R}, \mathfrak{X})}{p(\boldsymbol{R}, \boldsymbol{\nu}, \boldsymbol{c}_T, \boldsymbol{c}_R, \alpha_n, \boldsymbol{\beta}, \boldsymbol{\vartheta}_T, \boldsymbol{\vartheta}_R)}$$

$$= \frac{p(\boldsymbol{R}|\mathfrak{X})p(\boldsymbol{X}|\boldsymbol{\beta})}{p(\boldsymbol{R}|\boldsymbol{\nu}, \boldsymbol{c}_T, \boldsymbol{c}_R, \alpha_n, \boldsymbol{\beta}, \boldsymbol{\vartheta}_T, \boldsymbol{\vartheta}_R)}$$

其中，$p(\boldsymbol{R}|\mathfrak{X})$ 和 $p(\boldsymbol{X}|\boldsymbol{\beta})$ 由式 (7.55)、式 (7.56) 计算：

$$p(\boldsymbol{R}|\mathfrak{X}) = \prod_{p=0}^{P-1} \mathcal{CN}(\boldsymbol{r}_p|\boldsymbol{\Upsilon}(\boldsymbol{\nu})(\boldsymbol{x}_p \otimes \boldsymbol{c}), \alpha_n^{-1}\boldsymbol{I}_{MN}) \tag{7.55}$$

$$= \prod_{p=0}^{P-1} \frac{\alpha_n^{MN}}{\pi^{MN}} \mathrm{e}^{-\alpha_n \|\boldsymbol{r}_p - \boldsymbol{\Upsilon}(\boldsymbol{\nu})(\boldsymbol{x}_p \otimes \boldsymbol{c})\|_2^2}$$

$$p(\boldsymbol{X}|\boldsymbol{\beta}) = \prod_{p=0}^{P-1} \mathcal{CN}(\boldsymbol{x}_p|\boldsymbol{0}_{U \times 1}, \mathrm{diag}\{\boldsymbol{\beta}\}^{-1}) \tag{7.56}$$

$$= \prod_{p=0}^{P-1} \left(\prod_{u=0}^{U-1} \beta_u \right) \frac{1}{\pi^U} \mathrm{e}^{-\boldsymbol{x}_p^{\mathrm{H}} \mathrm{diag}\{\boldsymbol{\beta}\} \boldsymbol{x}_p}$$

由于式 (7.54) 中的分母不是 $\boldsymbol{X}$ 的函数，故可将 $\boldsymbol{X}$ 的后验分布简化为

$$p(\boldsymbol{X}|\boldsymbol{R}, \boldsymbol{\nu}, \boldsymbol{c}_T, \boldsymbol{c}_R, \alpha_n, \boldsymbol{\beta}, \boldsymbol{\vartheta}_T, \boldsymbol{\vartheta}_R) \propto p(\boldsymbol{R}|\mathfrak{X})p(\boldsymbol{X}|\boldsymbol{\beta}) \tag{7.57}$$

$p(\boldsymbol{R}|\mathfrak{X})$ 和 $p(\boldsymbol{X}|\boldsymbol{\beta})$ 均为高斯函数，则 $\boldsymbol{X}$ 的后验概率可以表示成高斯函数的形式：

$$p(\boldsymbol{X}|\boldsymbol{R}, \boldsymbol{\nu}, \boldsymbol{c}_T, \boldsymbol{c}_R, \alpha_n, \boldsymbol{\beta}, \boldsymbol{\vartheta}_T, \boldsymbol{\vartheta}_R) \propto p(\boldsymbol{R}|\mathfrak{X})p(\boldsymbol{X}|\boldsymbol{\beta}) \tag{7.58}$$

$$\propto \prod_{p=0}^{P-1} \mathrm{e}^{-\alpha_n \|\boldsymbol{r}_p - \boldsymbol{\Upsilon}(\boldsymbol{\nu})(\boldsymbol{I}_U \otimes \boldsymbol{c})\boldsymbol{x}_p\|_2^2 - \boldsymbol{x}_p^{\mathrm{H}} \mathrm{diag}\{\boldsymbol{\beta}\} \boldsymbol{x}_p}$$

$$\triangleq \prod_{p=0}^{P-1} \mathcal{CN}(\boldsymbol{x}_p|\boldsymbol{\mu}_p, \boldsymbol{\Sigma}_X)$$

其中，均值 $\boldsymbol{\mu}_p$ 和协方差矩阵 $\boldsymbol{\Sigma}_X$ 为

$$\boldsymbol{\mu}_p = \alpha_n \boldsymbol{\Sigma}_X (\boldsymbol{I}_U \otimes \boldsymbol{c})^{\mathrm{H}} \boldsymbol{\Upsilon}^{\mathrm{H}}(\boldsymbol{\nu}) \boldsymbol{r}_p \tag{7.59}$$

$$\boldsymbol{\Sigma}_X = \left[\alpha_n (\boldsymbol{I}_U \otimes \boldsymbol{c}) \boldsymbol{\Upsilon}^{\mathrm{H}}(\boldsymbol{\nu}) \boldsymbol{\Upsilon}(\boldsymbol{\nu})(\boldsymbol{I}_U \otimes \boldsymbol{c}) + \mathrm{diag}\{\boldsymbol{\beta}\} \right]^{-1} \tag{7.60}$$

其中，$\mu_{p,u}$ 表示 $\boldsymbol{\mu}_p$ 的第 u 个元素。

为了计算 $\boldsymbol{\Sigma}_X$ 和 $\boldsymbol{\mu}_p$，需要估计互耦向量 $\boldsymbol{c}_T$ 和 $\boldsymbol{c}_R$，Off-Grid 系数 $\boldsymbol{\nu}$，精度 α_n 以及 $\boldsymbol{\beta}$。此处可以采用最大后验概率 (maximum a posteriori probability，MAP) 法来最大化 $p(\boldsymbol{\nu},\boldsymbol{c}_T,\boldsymbol{c}_R,\alpha_n,\boldsymbol{\beta},\boldsymbol{\vartheta}_T,\boldsymbol{\vartheta}_R|\boldsymbol{R})$，有

$$p(\boldsymbol{\nu},\boldsymbol{c}_T,\boldsymbol{c}_R,\alpha_n,\boldsymbol{\beta},\boldsymbol{\vartheta}_T,\boldsymbol{\vartheta}_R|\boldsymbol{R})p(\boldsymbol{R}) = p(\boldsymbol{\nu},\boldsymbol{c}_T,\boldsymbol{c}_R,\alpha_n,\boldsymbol{\beta},\boldsymbol{\vartheta}_T,\boldsymbol{\vartheta}_R,\boldsymbol{R})$$

因此，最大化 $p(\boldsymbol{\nu},\boldsymbol{c}_T,\boldsymbol{c}_R,\alpha_n,\boldsymbol{\beta},\boldsymbol{\vartheta}_T,\boldsymbol{\vartheta}_R|\boldsymbol{R})$ 就等效于最大化 $p(\boldsymbol{\nu},\boldsymbol{c}_T,\boldsymbol{c}_R,\alpha_n,\boldsymbol{\beta},\boldsymbol{\vartheta}_T,\boldsymbol{\vartheta}_R,\boldsymbol{R})$。将 $\boldsymbol{X}$ 视作一个隐藏参数，则可以用 EM 算法来求解 MAP 估计问题。在估计各系数之前，首先计算在 $\boldsymbol{X}$ 后验期望下的似然函数：

$$\mathcal{L}(\boldsymbol{\nu},\boldsymbol{c}_T,\boldsymbol{c}_R,\alpha_n,\boldsymbol{\beta},\boldsymbol{\vartheta}_T,\boldsymbol{\vartheta}_R) \tag{7.61}$$
$$\triangleq \mathbb{E}_{\boldsymbol{X}|\boldsymbol{R},\boldsymbol{\nu},\boldsymbol{c}_T,\boldsymbol{c}_R,\alpha_n,\boldsymbol{\beta},\boldsymbol{\vartheta}_T,\boldsymbol{\vartheta}_R}\{\ln p(\mathfrak{X},\boldsymbol{\vartheta}_T,\boldsymbol{\vartheta}_R,\boldsymbol{R})\}$$

为了简化表达，用 $\mathbb{E}\{\cdot\}$ 来代替 $\mathbb{E}_{\boldsymbol{X}|\boldsymbol{R},\boldsymbol{\nu},\boldsymbol{c}_T,\boldsymbol{c}_R,\alpha_n,\boldsymbol{\beta},\boldsymbol{\vartheta}_T,\boldsymbol{\vartheta}_R}\{\cdot\}$，则似然函数可简化为

$$\mathcal{L}(\boldsymbol{\nu},\boldsymbol{c}_T,\boldsymbol{c}_R,\alpha_n,\boldsymbol{\beta},\boldsymbol{\vartheta}_T,\boldsymbol{\vartheta}_R) \tag{7.62}$$
$$= \mathbb{E}\big\{\ln p(\boldsymbol{R}|\mathfrak{X})p(\boldsymbol{X}|\boldsymbol{\beta})p(\boldsymbol{c}_T|\boldsymbol{\vartheta}_T)p(\boldsymbol{c}_R|\boldsymbol{\vartheta}_R)p(\alpha_n)p(\boldsymbol{\beta})p(\boldsymbol{\vartheta}_T)p(\boldsymbol{\vartheta}_R)p(\boldsymbol{\nu})\big\}$$

接下来，将给出所有未知参数的表达式。

(1) 对于互耦向量 $\boldsymbol{c}_T$，忽略其他无关项，可得似然函数如下：

$$\mathcal{L}(\boldsymbol{c}_T) = \mathbb{E}\{\ln p(\boldsymbol{R}|\boldsymbol{X},\boldsymbol{\nu},\boldsymbol{c}_T,\boldsymbol{c}_R,\alpha_n)p(\boldsymbol{c}_T|\boldsymbol{\vartheta}_T)\} \tag{7.63}$$
$$= \mathbb{E}\left\{\ln \prod_{p=0}^{P-1}\mathcal{CN}(\boldsymbol{r}_p|\boldsymbol{\Upsilon}(\boldsymbol{\nu})(\boldsymbol{x}_p\otimes\boldsymbol{c}),\alpha_n^{-1}\boldsymbol{I}_{MN})\right\}$$
$$+ \ln\prod_{m=0}^{M-1}\mathcal{CN}(c_{T,m}|0,\vartheta_{\mathrm{T},m}^{-1})$$
$$\propto -\alpha_n P\,\mathrm{tr}\left\{(\boldsymbol{I}_U\otimes\boldsymbol{c})^{\mathrm{H}}\boldsymbol{\Upsilon}^{\mathrm{H}}(\boldsymbol{\nu})\boldsymbol{\Upsilon}(\boldsymbol{\nu})(\boldsymbol{I}_U\otimes\boldsymbol{c})\boldsymbol{\Sigma}_X\right\}$$
$$- \sum_{p=0}^{P-1}\alpha_n\|\boldsymbol{r}_p-\boldsymbol{\Upsilon}(\boldsymbol{\nu})(\boldsymbol{\mu}_p\otimes\boldsymbol{c})\|_2^2 - \sum_{m=0}^{M-1}\vartheta_{T,m}|c_{T,m}|^2$$

$\dfrac{\partial\mathcal{L}(\boldsymbol{c}_T)}{\partial\boldsymbol{c}_T}$ 的详细推导过程见附录 B。

令 $\dfrac{\partial\mathcal{L}(\boldsymbol{c}_T)}{\partial\boldsymbol{c}_T}=\boldsymbol{0}$，有

$$\boldsymbol{c}_T = \boldsymbol{H}_T^{-1}\boldsymbol{z}_T \tag{7.64}$$

其中

$$H_T = \sum_{p=0}^{P-1} \alpha_n T_T^{\mathrm{H}} \Upsilon^{\mathrm{H}}(\nu) \Upsilon(\nu) (\mu_p \otimes c_R \otimes I_M)$$

$$+ \alpha_n P G_T^{\mathrm{H}} \left(\sum_{p=0}^{U-1} \sum_{k=0}^{U-1} \Upsilon_p^{\mathrm{H}}(\nu) \Upsilon_k(\nu) \Sigma_{X,k,p} \right)^{\mathrm{H}}$$

$$(c_R \otimes I_M) + \mathrm{diag}\{\vartheta_T\} \tag{7.65}$$

且

$$z_T = \sum_{p=0}^{P-1} \alpha_n T_T^{\mathrm{H}} \Upsilon^{\mathrm{H}}(\nu) r_p \tag{7.66}$$

$$T_T \triangleq \left[\mu_p \otimes c_R \otimes e_0^M, \cdots, \mu_p \otimes c_R \otimes e_{M-1}^M \right] \tag{7.67}$$

$$G_T \triangleq \left[c_R \otimes e_0^M, c_R \otimes e_1^M, \cdots, c_R \otimes e_{M-1}^M \right] \tag{7.68}$$

(2) 对于互耦向量 c_R，计算方法同上，有

$$c_R = H_R^{-1} z_R \tag{7.69}$$

其中

$$H_R = \sum_{p=0}^{P-1} \alpha_n T_R^{\mathrm{H}} \Upsilon^{\mathrm{H}}(\nu) \Upsilon(\nu) (\mu_p \otimes I_N \otimes c_T) \tag{7.70}$$

$$+ \alpha_n P G_R^{\mathrm{H}} \left(\sum_{p=0}^{U-1} \sum_{k=0}^{U-1} \Upsilon_p^{\mathrm{H}}(\nu) \Upsilon_k(\nu) \Sigma_{X,k,p} \right)^{\mathrm{H}}$$

$$(I_N \otimes c_T) + \mathrm{diag}\{\vartheta_T\}$$

且

$$z_R = \sum_{p=0}^{P-1} \alpha_n T_R^{\mathrm{H}} \Upsilon^{\mathrm{H}}(\nu) r_p \tag{7.71}$$

$$T_R \triangleq \left[\mu_p \otimes e_0^N \otimes c_T, \cdots, \mu_p \otimes e_{N-1}^N \otimes c_T \right] \tag{7.72}$$

$$G_R \triangleq \left[e_0^N \otimes c_T, e_1^N c_T, \cdots, e_{N-1}^N c_T \right] \tag{7.73}$$

(3) 对于散射系数的精度 $\boldsymbol{\beta}$，忽略其他无关项，可得似然函数如下：

$$
\begin{aligned}
\mathcal{L}(\boldsymbol{\beta}) &= \mathbb{E}\left\{\ln p(\boldsymbol{X}|\boldsymbol{\beta})p(\boldsymbol{\beta})\right\} \\
&= \mathbb{E}\left\{\ln\prod_{p=0}^{P-1}\mathcal{CN}(\boldsymbol{x}_p|\boldsymbol{0}_{U\times1},\boldsymbol{\Lambda}_x)\right\} + \ln\prod_{u=0}^{U-1}\mathfrak{G}(\beta_u;c,d)
\end{aligned}
\tag{7.74}
$$

令 $\dfrac{\partial\mathcal{L}(\boldsymbol{\beta})}{\partial\boldsymbol{\beta}}=0$，可求得 $\boldsymbol{\beta}$ 的第 u 个元素为

$$
\beta_u = \frac{P+c-1}{d+P\Sigma_{X,u,u}+\sum_{p=0}^{P-1}|\mu_{u,p}|^2}
\tag{7.75}
$$

(4) 对于噪声的精度 α_n，忽略其他无关项，可得似然函数如下：

$$
\begin{aligned}
\mathcal{L}(\alpha_n) &= \mathbb{E}\left\{\ln p(\boldsymbol{R}|\boldsymbol{X},\boldsymbol{\nu},\boldsymbol{c}_T,\boldsymbol{c}_R,\alpha_n)p(\alpha_n)\right\} \\
&= \mathbb{E}\left\{\ln\prod_{p=0}^{P-1}\mathcal{CN}\left(\boldsymbol{r}_p|\boldsymbol{\Upsilon}(\boldsymbol{\nu})(\boldsymbol{x}_p\otimes\boldsymbol{c}_R\otimes\boldsymbol{c}_T),\sigma_n^2\boldsymbol{I}\right)\right\} \\
&\quad + \ln\mathfrak{G}(\alpha_n;a,b)
\end{aligned}
\tag{7.76}
$$

令 $\dfrac{\partial\mathcal{L}(\alpha_n)}{\partial\alpha_n}=0$，有

$$
\alpha_n = \frac{MNP+a-1}{P\mathfrak{N}_1+\mathfrak{N}_2+b}
\tag{7.77}
$$

其中

$$
\mathfrak{N}_1 \triangleq \operatorname{tr}\{(\boldsymbol{I}_U\otimes\boldsymbol{c})^{\mathrm{H}}\boldsymbol{\Upsilon}^{\mathrm{H}}(\boldsymbol{\nu})\boldsymbol{\Upsilon}(\boldsymbol{\nu})(\boldsymbol{I}_U\otimes\boldsymbol{c})\boldsymbol{\Sigma}_X\}
\tag{7.78}
$$

$$
\mathfrak{N}_2 \triangleq \|\boldsymbol{R}-\boldsymbol{\Upsilon}(\boldsymbol{\nu})(\boldsymbol{\mu}\otimes\boldsymbol{c})\|_{\mathrm{F}}^2
\tag{7.79}
$$

$$
\boldsymbol{\mu} \triangleq \left[\boldsymbol{\mu}_0,\boldsymbol{\mu}_1,\cdots,\boldsymbol{\mu}_{P-1}\right]
\tag{7.80}
$$

(5) 对于互耦向量的精度 $\boldsymbol{\vartheta}_T$，忽略其他无关项，可得似然函数如下：

$$
\begin{aligned}
\mathcal{L}(\boldsymbol{\vartheta}_T) &= \mathbb{E}\left\{\ln p(\boldsymbol{c}_T|\boldsymbol{\vartheta}_T)p(\boldsymbol{\vartheta}_T)\right\} \\
&= \mathbb{E}\left\{\ln\prod_{m=0}^{M-1}\mathcal{CN}(c_{T,m}|0,\sigma_{T,m}^2)\right\}
\end{aligned}
$$

$$+\ln\prod_{m=0}^{M-1}\mathfrak{G}(\vartheta_{T,m};e_1,f_1) \tag{7.81}$$

令 $\dfrac{\partial\mathcal{L}(\boldsymbol{\vartheta}_T)}{\partial\boldsymbol{\vartheta}_T}=\boldsymbol{0}$，可求得 $\boldsymbol{\vartheta}_T$ 的第 m 个元素为

$$\vartheta_{T,m}=\frac{e_1}{f_1+c_{T,m}^{\mathrm{H}}c_{T,m}} \tag{7.82}$$

(6) 对于互耦向量的精度 $\boldsymbol{\vartheta}_R$，计算方法同上，可求得 $\boldsymbol{\vartheta}_R$ 的第 n 个元素为

$$\vartheta_{R,n}=\frac{e_2}{f_2+c_{R,n}^{\mathrm{H}}c_{R,n}} \tag{7.83}$$

(7) 对于网格偏离系数 $\boldsymbol{\tau}$，忽略其他无关项，可得似然函数如下：

$$\mathcal{L}(\boldsymbol{\nu})=\mathbb{E}\left\{\ln p(\boldsymbol{R}|\boldsymbol{X},\boldsymbol{\nu},\boldsymbol{c}_T,\boldsymbol{c}_R,\alpha_n)p(\boldsymbol{\nu})\right\} \tag{7.84}$$

令 $\dfrac{\partial\mathcal{L}(\boldsymbol{\nu})}{\partial\boldsymbol{\nu}}=0$，有

$$\boldsymbol{\nu}=\boldsymbol{H}^{-1}\boldsymbol{z} \tag{7.85}$$

其中，$\boldsymbol{H}\in\mathbb{R}^{U\times U}$，其第 u 行、第 m 列元素为

$$H_{u,m}=\mathrm{Re}\left\{\left(P\Sigma_{X,u,m}+\sum_{p=0}^{P-1}\mu_{p,m}^{\mathrm{H}}\mu_{p,u}\right)\boldsymbol{c}^{\mathrm{H}}\boldsymbol{\Xi}_m^{\mathrm{H}}\boldsymbol{\Xi}_u\boldsymbol{c}\right\} \tag{7.86}$$

$\boldsymbol{z}\in\mathbb{R}^{U\times 1}$ 的第 u 个元素为

$$z_u=\sum_{p=0}^{P-1}\mathrm{Re}\left\{\left[\boldsymbol{r}_p-\boldsymbol{\Psi}(\boldsymbol{\mu}_p\otimes\boldsymbol{c})\right]^{\mathrm{H}}\boldsymbol{\Xi}_u\mu_{u,p}\boldsymbol{c}\right\}$$
$$-\sum_{m=0}^{U-1}\mathrm{Re}\left\{P\Sigma_{X,u,m}\boldsymbol{c}^{\mathrm{H}}\boldsymbol{\Psi}_m^{\mathrm{H}}\boldsymbol{\Xi}_u\boldsymbol{c}\right\} \tag{7.87}$$

$\boldsymbol{\nu}$ 的详细推导过程见附录 B。

　　算法 7.1 给出了在未知阵元互耦影响下基于 SBLMC 算法的目标 DOA 估计方法。在 SBLMC 算法中，经过迭代，可以从接收信号 $\boldsymbol{R}$ 中得到稀疏矩阵 $\boldsymbol{X}$ 的空间谱 $\boldsymbol{P}_X$。进而在空间谱 $\boldsymbol{P}_X$ 中搜索峰值，搜索得到的 K 个最大峰值对应的角度位置，即为目标 DOA 的估计值，用离散角度向量 $\boldsymbol{\zeta}+\boldsymbol{\nu}$ 表示。

算法 7.1 未知互耦下基于 SBLMC 的目标 DOA 估计方法

1: 输入：接收信号 $\boldsymbol{R}$，字典矩阵 $\boldsymbol{\Psi}$，字典矩阵的一阶导数 $\boldsymbol{\Xi}$，脉冲数 P，最大迭代次数 N_{iter}，停止门限 λ_{th}。

2: 初始化：$\boldsymbol{c}_T = \boldsymbol{\vartheta}_T = [1, \boldsymbol{0}_{1\times(M-1)}]^{\text{T}}$，$\boldsymbol{c}_R = \boldsymbol{\vartheta}_R = [1, \boldsymbol{0}_{1\times(N-1)}]^{\text{T}}$，$\alpha_n = 1$，超参数 $a=b=c=d=e_1=f_1=e_2=f_2=10^{-2}$，$\boldsymbol{\nu} = \boldsymbol{0}_{U\times1}$，$\boldsymbol{\beta} = \boldsymbol{1}_{U\times1}$，$i_{\text{iter}}=1$，$\lambda=\|\boldsymbol{R}\|_{\text{F}}^2$。

3: **while** $i_{\text{iter}} \leqslant N_{\text{iter}}$ 或 $\lambda \leqslant \lambda_{\text{th}}$ **do**

4: $\quad \boldsymbol{\Upsilon}(\boldsymbol{\nu}) \leftarrow \boldsymbol{\Psi} + \boldsymbol{\Xi}\,(\text{diag}\{\boldsymbol{\nu}\} \otimes \boldsymbol{I}_{MN})$。

5: $\quad$ 分别由式 (7.59) 和式 (7.60) 得到 $\boldsymbol{\mu}_p$ $(p=0,1,\cdots,P-1)$ 和 $\boldsymbol{\Sigma}_X$。

6: $\quad$ 得到空间谱

$$P_X = \text{Re}\,\{\text{diag}\{\boldsymbol{\Sigma}_X\}\} + \frac{1}{P}\sum_{p=0}^{P-1}|\boldsymbol{\mu}_p|^2 \tag{7.88}$$

$\quad$ 其中 $|\boldsymbol{\mu}_p| \triangleq \left[|\mu_{p,0}|, |\mu_{p,1}|, \ldots, |\mu_{p,U-1}|\right]^{\text{T}}$。

7: $\quad \boldsymbol{\beta}' \leftarrow \boldsymbol{\beta}$，由式 (7.75) 更新 $\boldsymbol{\beta}$。

8: $\quad$ 分别根据式 (7.64) 和式 (7.69) 更新 $\boldsymbol{c}_T$ 和 $\boldsymbol{c}_R$。

9: $\quad$ 分别根据式 (7.82) 和式 (7.83) 更新 $\boldsymbol{\vartheta}_T$ 和 $\boldsymbol{\vartheta}_R$。

10: $\quad$ 根据式 (7.85) 估计 $\boldsymbol{\nu}$。

11: $\quad$ 根据式 (7.77) 更新 α_n。

12: $\quad$ **if** $i_{\text{iter}} > 1$ **then**

13: $\quad\quad \lambda = \dfrac{\|\boldsymbol{\beta} - \boldsymbol{\beta}'\|_2}{\|\boldsymbol{\beta}'\|_2}$。

14: $\quad$ **end if**

15: $\quad i_{\text{iter}} \leftarrow i_{\text{iter}} + 1$。

16: **end while**

17: 输出：空间谱 P_X，根据 P_X 中峰值对应的角度位置得到目标 DOA $(\boldsymbol{\zeta}+\boldsymbol{\nu})$。

7.3 仿 真 结 果

本节将给出 MIMO 雷达系统中，采用 SBLMC 算法的 DOA 估计仿真结果，仿真参数如表 7.1 所示。仿真的最大迭代次数设置为 $N_{\text{iter}} = 10^3$，停止门限为 $\lambda = 10^{-3}$。仿真运行条件为：MATLAB R2017b，计算机配置为 2.9 GHz Intel Core i5，8 GB RAM。

以 3 个目标的空间谱估计为例，图 7.3 给出了 SBLMC 算法同现有 3 种算法的性能对比，包括 OGSBI (Off-Grid sparse Bayesian inference) 算法 [85]、BCS (Bayesian compressive sensing) 算法 [81] 以及 MUSIC 算法 [68]。由仿真结果可以看出，传统的 MUSIC 算法无法在阵元互耦效应的影响下获得良好的性能；现有的贝叶斯算法 (OGSBI 和 BCS) 均没有考虑阵元互耦效应，因而无法进一步提升

表 7.1　　仿真参数

参数	值
回波信号信噪比 (SNR)	20 dB
脉冲数 P	100
发射天线数 M	10
接收天线数 N	5
目标数 K	3
天线间距 $d_T = d_R$	0.5 波长
网格间距 δ	$2°$
DOA 探测区间	$[-80°, 80°]$
超参数 $a, b, c, d, e_1, f_1, e_2, f_2$	10^{-2}
相邻阵元间互耦强度	-5 dB

估计性能。而 SBLMC 算法同时考虑了网格偏离和阵元互耦效应的影响，因此可以获得最佳的空间谱估计，并提高对目标 DOA 估计性能。表 7.2 给出了不同算法下 DOA 估计结果的对比，估计性能采用以下公式来衡量，即

$$e \triangleq 10 \log_{10} \|\hat{\boldsymbol{\theta}} - \boldsymbol{\theta}\|_2^2 \quad (\text{dB}) \tag{7.89}$$

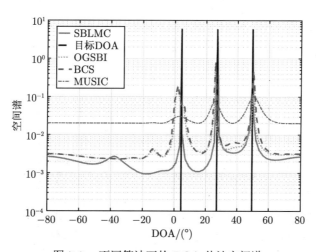

图 7.3　不同算法下的 DOA 估计空间谱

其中，$\hat{\boldsymbol{\theta}}$ 表示估计的目标 DOA 向量；$\boldsymbol{\theta}$ 表示真实的目标 DOA 向量，单位均为弧度 (rad)。则 OGSBI、BCS 和 MUSIC 三种算法的估计误差分别为：-25.20 dB、-26.78 dB 和 -28.94 dB。由于没有考虑阵元互耦效应，现有三种算法的 DOA

估计性能相近。但是，SBLMC 算法的 DOA 估计误差为 −49.31 dB，明显优于现有的其他算法。

表 7.2 不同算法下目标 DOA 估计结果

方法	目标 1	目标 2	目标 3
目标 DOA	4.3075°	27.0740°	49.3603°
SBLMC	4.2746°	27.2441°	49.4521°
OGSBI	1.8636°	25.6868°	50.7775°
BCS	2.0000°	26.0000°	50.0000°
MUSIC	2.9929°	25.7086°	50.1324°

图 7.4 展示了不同信噪比下各种算法的 DOA 估计性能。当 SNR ⩽ −10 dB 时，所有的算法性能相近，且估计性能较差。当 SNR > −10 dB 时，现有的 OGSBI、BCS 以及 MUSIC 算法的性能难以进一步提升，估计误差约为 −28 dB。然而，SBLMC 算法的估计性能会随着 SNR 的增大逐渐改善，在 SNR ⩾ 5 dB 时，最终的估计误差可以低于 −50 dB。

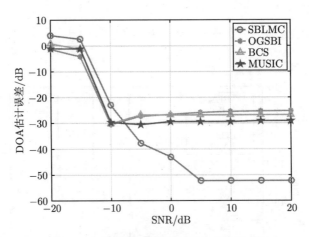

图 7.4 不同信噪比下的 DOA 估计性能

图 7.5 给出了不同互耦强度下 DOA 估计性能。随着阵元间互耦效应的强度范围从 −15 dB 增强到 −2 dB，BCS 的 DOA 估计误差从 −34 dB 变化到 −28 dB。由于 BCS 算法的网格效应，当相邻阵元的互耦效应小于 −8 dB 时，减小互耦效应并不能改善估计性能。对于 OGSBI 和 MUSIC 算法，减少互耦效应可以将估计误差从 −25 dB 附近降至 −50 dB 附近。而在 SBLMC 算法中，由于估计了互耦向量 c_T 和 c_R，因此阵元互耦的强度变化对目标 DOA 估计性能影响很小，并且当相阵元互耦强度小于 −2 dB 时，估计误差均可低于 −50 dB。

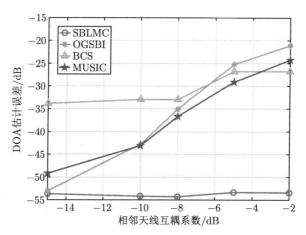

图 7.5　不同互耦强度下 DOA 估计性能

　　图 7.6 给出了不同网格间距下的目标 DOA 估计性能,网格间距 δ 的取值范围为 $2° \sim 10°$。由于 BCS 方法没有考虑网格偏离 (Off-Grid) 效应,采用现有三种算法得到的估计性能较差。并且,BCS 和 OGSBI 算法均没有考虑阵元互耦效应,因此当离散网格间距 δ 小于 $6°$ 时,估计性能无法进一步提升。但是,采用本章提出的 SBLMC 算法,随着网格间距 δ 从 $10°$ 减小到 $2°$,估计误差可以从 -8 dB 降低到 -50 dB。

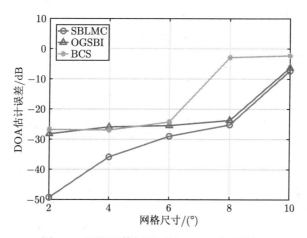

图 7.6　不同网格间距下的 DOA 估计性能

　　表 7.3 对比了本章提出的 SBLMC 算法和现有三种算法的计算时间。所有的算法均未进行降低计算时间的进一步优化。由于 MUSIC 算法为基于连续域的方法,因此我们将探测区域的角度范围 $[-80°, 80°]$ 离散化为 1.6×10^6 个网格,来实

现目标 DOA 的估计。由表可知，以 $\delta = 2°$ 为间隔划分探测区域时，BCS 算法所需要的计算时间最短；SBLMC 算法和 OGSBI 算法的计算时间相当，但 SBLMC 算法的目标 DOA 估计性能要优于 OGSBI 算法；MUSIC 算法的计算时间取决于离散角度的间隔长度，其计算复杂度通常大于 BCS 算法。因此由表 7.3 可以看出，本章所提出的 SBLMC 算法可以显著改善存在未知互耦与网格偏离时 MIMO 雷达系统的目标 DOA 估计性能，且计算复杂度也在可接受的范围内。

表 7.3　算法运行所需的时间

算法	1 次迭代耗时	迭代次数	总耗时
SBLMC	4.12 s	139	537.71 s
OGSBI	2.66 s	146	374.79 s
BCS	0.17 s	147	17.23 s
MUSIC	—	—	80.31 s

7.4　本章小结

本章主要讨论了 MIMO 雷达系统中，存在未知阵元间互耦以及网格偏离情况时，目标 DOA 的估计问题。为了改善 DOA 估计性能，本章提出了一种同时考虑阵元互耦与网格偏离的稀疏贝叶斯学习方法 (SBLMC)。首先，采用期望最大化 (EM) 方法进行目标 DOA 的估计；其次，通过引入超参数，理论推导了所有未知参数的先验分布，未知参数包括：目标散射系数、互耦向量、网格偏离向量以及噪声方差等；最后，仿真对比了考虑互耦与网格偏离情况时 SBLMC 算法和现有算法的 DOA 估计性能，以验证所提算法的有效性。

第 8 章　考虑未知互耦与网格偏离时均匀线阵的 DOA 估计方法

第 7 章提出的 SBLMC 算法虽然可以获得优越的 DOA 估计性能，然而，基于 SBL 的算法不可避免地存在复杂度过高的问题，难以满足实际场景对实时性的要求。因此，本章将重点研究具有低复杂度且性能优越的 DOA 估计算法。为方便讨论又不失一般性，本章将以均匀线阵 (uniform linear array, ULA) 系统为研究对象，并且同样假设系统中存在未知的阵元间互耦和 Off-Grid 问题。

8.1　均匀线阵测向系统

如图 8.1所示为测向系统的阵列示意图，假设天线数为 N，天线间距为 d，存在 K 个未知远场信号，将第 k 个信号的 DOA 记为 θ_k，同时，假设信号是窄带的，波长为 λ。若第 n 根天线的接收信号为 $y_n(t)$，则可以将阵列的接收信号表示如下：

$$\boldsymbol{y}(t) = \boldsymbol{CA}\boldsymbol{s}(t) + \boldsymbol{n}(t) \tag{8.1}$$

其中，接收信号向量 $\boldsymbol{y}(t) \triangleq \left[y_0(t), y_1(t), \cdots, y_{N-1}(t)\right]^{\mathrm{T}}$；发射信号向量 $\boldsymbol{s}(t) \triangleq \left[s_0(t), s_1(t), \cdots, s_{N-1}(t)\right]^{\mathrm{T}}$；$\boldsymbol{n}(t) \triangleq \left[n_0(t), n_1(t), \cdots, n_{N-1}(t)\right]^{\mathrm{T}}$ 表示噪声向量,这里假设噪声服从独立同分布 (i.i.d.)；矢量流形矩阵 $\boldsymbol{A} \triangleq \left[\boldsymbol{a}_0, \boldsymbol{a}_1, \cdots, \boldsymbol{a}_{K-1}\right]$，其中，$\boldsymbol{a}_k$ 表示第 k 个接收信号的矢量流形，且 $\boldsymbol{a}_k \triangleq \left[1, \mathrm{e}^{\mathrm{j}2\pi\frac{d}{\lambda}\sin\theta_k}, \cdots, \mathrm{e}^{\mathrm{j}2\pi\frac{(N-1)d}{\lambda}\sin\theta_k}\right]^{\mathrm{T}}$。

考虑到天线间存在的互耦效应，因此式 (8.1) 中引入了互耦矩阵 $\boldsymbol{C}$，$\boldsymbol{C} \in \mathbb{C}^{N\times N}$。一般情况下，互耦矩阵 $\boldsymbol{C}$ 可以表示为

$$\boldsymbol{C} = (Z_A + Z_L)(\boldsymbol{Z} + Z_L\boldsymbol{I}_N) \tag{8.2}$$

其中，Z_A 和 Z_L 分别表示天线阻抗和终端负载；$\boldsymbol{Z}$ 表示均匀阵列中的互耦阻抗

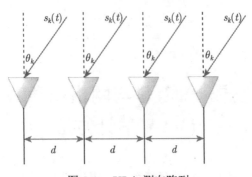

图 8.1　ULA 测向阵列

矩阵。通常互耦矩阵 C 可以由一个 Toeplitz 矩阵进行近似表示[93,188,189]，即

$$C \approx \begin{bmatrix} c_0 & c_1 & \cdots & c_{N-1} \\ c_1 & c_0 & \cdots & c_{N-2} \\ \vdots & \vdots & & \vdots \\ c_{N-1} & c_{N-2} & \cdots & c_0 \end{bmatrix} \triangleq \mathrm{Toep}\{c\} \tag{8.3}$$

其中，互耦向量的定义为 $c \triangleq \begin{bmatrix} c_0, c_1, \cdots, c_{N-1} \end{bmatrix}^{\mathrm{T}}$。

对接收信号以频率 f_S 进行采样，则第 m 个采样信号为 $y_{n,m} \triangleq y_n(mT_S)$，采样间隔 $T_S \triangleq 1/f_S$，那么可以得到接收信号的离散化表示为

$$Y = CAS + N \quad \text{(互耦矩阵)} \tag{8.4}$$

其中，第 m 个采样信号为 $s_{k,m} \triangleq s_k(mT_S)$，接收信号和发射信号的矩阵分别为

$$Y \triangleq \begin{bmatrix} y_{0,0} & y_{0,1} & \cdots & y_{0,M-1} \\ y_{1,0} & y_{1,1} & \cdots & y_{1,M-1} \\ \vdots & \vdots & & \vdots \\ y_{N-1,0} & y_{N-1,1} & \cdots & y_{N-1,M-1} \end{bmatrix} \tag{8.5}$$

$$S \triangleq \begin{bmatrix} s_{0,0} & s_{0,1} & \cdots & s_{0,M-1} \\ s_{1,0} & s_{1,1} & \cdots & s_{1,M-1} \\ \vdots & \vdots & & \vdots \\ s_{K-1,0} & s_{K-1,1} & \cdots & s_{K-1,M-1} \end{bmatrix} \tag{8.6}$$

采用引理8.1 对式 (8.4) 进行重写，具体描述如下。

引理 8.1 对于复对称 Toeplitz 矩阵 $\boldsymbol{C} = \mathrm{Toep}\{\boldsymbol{c}\} \in \mathbb{C}^{N \times N}$ 和复向量 $\boldsymbol{a} \in \mathbb{C}^{N \times 1}$ 来说，存在以下关系，即 [187]

$$\boldsymbol{Ca} = \boldsymbol{Hc} \tag{8.7}$$

其中，矩阵 $\boldsymbol{H} = \boldsymbol{H}_1 + \boldsymbol{H}_2$。矩阵的第 p 行 ($p = 0, 1, \cdots, N-1$)，第 q 列 ($q = 0, 1, \cdots, N-1$) 元素满足以下关系：

$$[\boldsymbol{H}_1]_{p,q} = \begin{cases} a_{p+q}, & p+q \leqslant N-1 \\ 0, & \text{其他} \end{cases} \tag{8.8}$$

$$[\boldsymbol{H}_2]_{p,q} = \begin{cases} a_{p-q}, & p \geqslant q \geqslant 1 \\ 0, & \text{其他} \end{cases} \tag{8.9}$$

根据引理 8.1，可以将式 (8.4) 描述的系统模型重新整理如下：

$$\boldsymbol{Y} = \boldsymbol{H}(\boldsymbol{S} \otimes \boldsymbol{c}) + \boldsymbol{N} \quad (\text{互耦向量}) \tag{8.10}$$

其中，$\boldsymbol{H} \triangleq \left[\boldsymbol{H}_0, \boldsymbol{H}_1, \cdots, \boldsymbol{H}_{K-1}\right] \in \mathbb{C}^{N \times NK}$，第 k 个子矩阵 $\boldsymbol{H}_k \in \mathbb{C}^{N \times N}$ 可以由矩阵 $\boldsymbol{A}$ 的第 k 列给出。$\mathbb{C}^{N \times 1} \mapsto \mathbb{C}^{N \times N}$ 的映射关系可以使用函数 $\kappa_1(\cdot)$ 和 $\kappa_2(\cdot)$ 来描述，即

$$\boldsymbol{H}_k = \kappa_1(\boldsymbol{a}_k) + \kappa_2(\boldsymbol{a}_k) \tag{8.11}$$

由 $a_{k,n} \triangleq \mathrm{e}^{\mathrm{j}2\pi\frac{nd}{\lambda}\sin\theta_k}$，可以分别得到 $\kappa_1(\boldsymbol{a}_k)$ 和 $\kappa_2(\boldsymbol{a}_k)$ 的表示如下：

$$\kappa_1(\boldsymbol{a}_k) \triangleq \begin{bmatrix} a_{k,0} & a_{k,1} & \cdots & a_{k,N-1} \\ a_{k,1} & a_{k,2} & \cdots & 0 \\ \vdots & \vdots & & \vdots \\ a_{k,N-2} & a_{k,N-1} & \cdots & 0 \\ a_{k,N-1} & 0 & \cdots & 0 \end{bmatrix} \tag{8.12}$$

$$\kappa_2(\boldsymbol{a}_k) \triangleq \begin{bmatrix} 0 & 0 & \cdots & 0 & 0 \\ 0 & a_0 & \cdots & 0 & 0 \\ \vdots & \vdots & & \vdots & \vdots \\ 0 & a_{k,N-3} & \cdots & a_{k,0} & 0 \\ 0 & a_{k,N-2} & \cdots & a_{k,1} & a_{k,0} \end{bmatrix} \tag{8.13}$$

因此，利用式 (8.4) 和式 (8.10) 所给出的接收信号模型，便可以在互耦向量 $\boldsymbol{c}$ 和发射信号 $\boldsymbol{S}$ 未知的情况下，估计出目标的 DOA 信息。

8.2　存在未知天线互耦时的 DOA 估计方法

8.2.1　稀疏 DOA 估计模型

本节将基于稀疏重构理论，给出存在未知天线互耦时的 DOA 估计方法。通过挖掘目标空域稀疏性，可以将目标 DOA 空域按照角度均匀划分形成网格，假设网格大小为 δ，那么可以用一个向量 $\boldsymbol{\zeta} \triangleq \left[\zeta_0, \zeta_1, \cdots, \zeta_{U-1} \right]^{\mathrm{T}}$ ($\zeta_u - \zeta_{u-1} = \delta$, $U-1 \geqslant u \geqslant 1$) 来表示所有的网格，其中，离散网格的个数为 U。假设目标 DOA 全部落在网格上 (On–Grid)，则式 (8.4) 和式 (8.10) 所描述的稀疏模型可以分别表示如下：

$$Y = CDX + N \quad (\text{矩阵 } \& \text{ On Grid}) \tag{8.14}$$

$$Y = G(X \otimes c) + N \quad (\text{向量 } \& \text{ On Grid}) \tag{8.15}$$

其中，字典矩阵的定义为 $\boldsymbol{D} \triangleq \left[\boldsymbol{d}_0, \boldsymbol{d}_1, \cdots, \boldsymbol{d}_{U-1} \right]$，并且

$$\boldsymbol{d}_u = \boldsymbol{d}(\zeta_u) \triangleq \left[1, \mathrm{e}^{\mathrm{j}2\pi\frac{d}{\lambda}\sin\zeta_u}, \cdots, \mathrm{e}^{\mathrm{j}2\pi\frac{(N-1)d}{\lambda}\sin\zeta_u} \right]^{\mathrm{T}} \tag{8.16}$$

矩阵 $\boldsymbol{G}$ 的定义与矩阵 $\boldsymbol{H}$ 类似，即 $\boldsymbol{G} \triangleq \left[\boldsymbol{G}_0, \boldsymbol{G}_1, \cdots, \boldsymbol{G}_{U-1} \right] \in \mathbb{C}^{N \times NU}$，其中 $\boldsymbol{G}_u = \kappa_1(\boldsymbol{d}_u) + \kappa_2(\boldsymbol{d}_u)$。稀疏矩阵 $\boldsymbol{X}$ 的结构如图 8.2所示，矩阵的每一列都具有相同的支撑集，矩阵中非零元素的位置指示了目标的 DOA 信息。

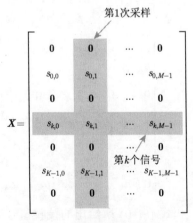

图 8.2　稀疏矩阵 $\boldsymbol{X}$ 的结构

式 (8.14) 和式 (8.15) 所给出的稀疏模型均基于目标 DOA 准确落在网格上 (On-Grid) 的假设，然而在实际系统中，信号 DOA 不可能非常精准地落在网格上，这就导致了所谓的网格偏离 (Off-Grid) 问题。对于 Off-Grid 问题，一般可以采用 Off-Grid 向量来衡量目标 DOA 和最近网格之间的距离，如图 8.3所示，若第 k 个目标的 DOA 为 θ_k，离它最近的网格为 ζ_{u_k}，那么第 u_k 个网格偏离值即为 $\nu_{u_k} = \theta_k - \zeta_{u_k}$。将 Off-Grid 向量 $\boldsymbol{\nu} \triangleq \left[\nu_0, \nu_1, \cdots, \nu_{U-1}\right]^{\mathrm{T}}$ 代入式 (8.14)，则稀疏模型可以表示为

$$\text{矩阵 } \& \text{ Off-Grid:} \qquad \boldsymbol{Y} = \boldsymbol{C}(\boldsymbol{D} + \boldsymbol{B}\operatorname{diag}\{\boldsymbol{\nu}\})\boldsymbol{X} + \boldsymbol{N} \qquad (8.17)$$

其中，字典矩阵 $\boldsymbol{D}$ 的一阶导数用 $\boldsymbol{B} \triangleq \left[\boldsymbol{b}_0, \boldsymbol{b}_1, \cdots, \boldsymbol{b}_{U-1}\right] \in \mathbb{C}^{N \times U}$ 表示，且 $\boldsymbol{b}_u$ 的计算如下：

$$\boldsymbol{b}_u = \left.\frac{\partial \boldsymbol{d}(\zeta)}{\partial \zeta}\right|_{\zeta = \zeta_u} \qquad (8.18)$$

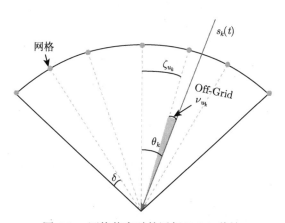

图 8.3　网格偏离时的近似 DOA 估计

同理，可以将式 (8.15) 的稀疏模型重写为

$$\text{向量 } \& \text{ Off-Grid:} \qquad \boldsymbol{Y} = \left[\boldsymbol{G} + \boldsymbol{Q}(\operatorname{diag}\{\boldsymbol{\nu}\} \otimes \boldsymbol{I}_N)\right](\boldsymbol{X} \otimes \boldsymbol{c}) + \boldsymbol{N} \qquad (8.19)$$

其中，$\boldsymbol{Q} \triangleq \left[\boldsymbol{Q}_0, \boldsymbol{Q}_1, \cdots, \boldsymbol{Q}_{U-1}\right] \in \mathbb{C}^{N \times NU}$ 表示矩阵 $\boldsymbol{G}$ 的一阶导数，并且有

$$\boldsymbol{Q}_u \triangleq \left.\frac{\partial \kappa_1(\boldsymbol{d}(\zeta)) + \kappa_2(\boldsymbol{d}(\zeta))}{\partial \zeta}\right|_{\zeta = \zeta_u} \qquad (8.20)$$

最终，可以将 DOA 估计问题转化为求解式 (8.17) 和式 (8.19) 中稀疏矩阵 $\boldsymbol{X}$ 的稀疏重构问题，由于模型中同时包含了未知的网格偏离向量 $\boldsymbol{\nu}$ 和互耦向量 $\boldsymbol{c}$，因此可以实现存在未知互耦和 Off-Grid 情况下的 DOA 估计。

8.2.2　基于稀疏重构的 DOA 估计方法

本节将给出存在未知互耦和 Off-Grid 向量时，基于稀疏重构的 DOA 估计方法，为便于描述，将其命名为 SODMC (sparse off-grid DOA estimation with unknown mutual coupling effect) 算法。如图 8.4所示为 SODMC 算法的流程，该算法采用迭代的方式，主要包括以下 3 个步骤：

(1) 给定互耦向量和 Off-Grid 向量，根据式 (8.17) 所给出的模型进行矩阵 $\boldsymbol{X}$ 的稀疏重构；

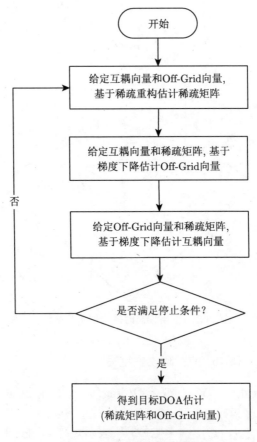

图 8.4　SODMC 算法流程

(2) 给定重构后的稀疏矩阵和互耦向量，根据式 (8.17) 采用梯度下降法得到

Off-Grid 向量 $\boldsymbol{\nu}$ 的估计；

(3) 给定重建后的稀疏矩阵和 Off-Grid 向量，根据式 (8.19) 基于梯度下降法得到互耦向量 $\boldsymbol{c}$ 的估计。

以上步骤循环迭代直至满足停止条件，根据所得到的稀疏矩阵和 Off-Grid 向量的支撑集便可以估计出目标的 DOA 信息。接下来将给出上述步骤的详细描述。

1. 矩阵 $\boldsymbol{X}$ 的稀疏重构

给定互耦向量 $\boldsymbol{c}$ 和 Off-Grid 向量 $\boldsymbol{\nu}$，根据式 (8.17) 便可重构稀疏矩阵 $\boldsymbol{X}$，具体过程如算法 8.1所示。

算法 8.1 矩阵 $\boldsymbol{X}$ 的稀疏重构

1: 输入：接收信号 $\boldsymbol{Y}$，信号个数 K，字典矩阵 $\boldsymbol{D}$，字典矩阵的一阶导数矩阵 $\boldsymbol{B}$，Off-Grid 向量 $\hat{\boldsymbol{\nu}}$ 和互耦矩阵 $\hat{\boldsymbol{C}} = \mathrm{Toep}\{\hat{\boldsymbol{c}}\}$ 的粗略估计。
2: 初始化：$i = 1$，支撑集 $\mathbb{S} = \varnothing$，残差矩阵 $\boldsymbol{Z}_i = \boldsymbol{Y}$。
3: **while** $i \leqslant K$ **do**
4: $\quad \mathcal{I} = \arg\max_u \|\boldsymbol{Z}_i^{\mathrm{H}} \hat{\boldsymbol{C}}(\boldsymbol{d}_u + \hat{\nu}_u \boldsymbol{b}_u)\|_1$。
5: $\quad \mathbb{S} \leftarrow \mathbb{S} \cup \mathcal{I}$。
6: $\quad \hat{\boldsymbol{X}} = \boldsymbol{0}$。
7: $\quad \hat{\boldsymbol{X}}_{\mathbb{S},:} = \left[\hat{\boldsymbol{C}}(\boldsymbol{D}_{:,\mathbb{S}} + \boldsymbol{B}_{:,\mathbb{S}}\,\mathrm{diag}\{\boldsymbol{\nu}_{\mathbb{S}}\})\right]^{\dagger} \boldsymbol{Y}$
8: $\quad \boldsymbol{Z}_{i+1} = \boldsymbol{Y} - \hat{\boldsymbol{C}}(\boldsymbol{D}_{:,\mathbb{S}} + \boldsymbol{B}_{:,\mathbb{S}}\,\mathrm{diag}\{\boldsymbol{\nu}_{\mathbb{S}}\})\hat{\boldsymbol{X}}_{\mathbb{S},:}$
9: $\quad i \leftarrow i + 1$。
10: **end while**
11: 输出：支撑集 $\mathbb{S}$，矩阵 $\hat{\boldsymbol{X}}$ 的稀疏重构。

---

2. Off-Grid 向量的估计

给定稀疏矩阵 $\hat{\boldsymbol{X}}$ 和互耦矩阵 $\hat{\boldsymbol{C}}$，本节将采用基于梯度下降的方法来估计 Off-Grid 向量 $\boldsymbol{\nu}$，具体过程如下。

首先，给出梯度函数的理论推导，其中复向量的求导见引理 8.2。

引理 8.2 复向量 $(\boldsymbol{u} \in \mathbb{C}^{P\times 1},\ \boldsymbol{v} \in \mathbb{C}^{P\times 1})$ 和复矩阵 $\boldsymbol{A} \in \mathbb{C}^{M\times P}$ 都是关于复向量 $\boldsymbol{x} \in \mathbb{C}^{N\times 1}$ 的函数，那么可以得到以下关系：

$$\frac{\partial \boldsymbol{u}^{\mathrm{H}}\boldsymbol{v}}{\partial \boldsymbol{x}} = \boldsymbol{v}^{\mathrm{T}}\frac{\partial(\boldsymbol{u}^*)}{\partial \boldsymbol{x}} + \boldsymbol{u}^{\mathrm{H}}\frac{\partial \boldsymbol{v}}{\partial \boldsymbol{x}} \tag{8.21}$$

$$\frac{\partial \boldsymbol{A}\boldsymbol{u}}{\partial \boldsymbol{x}} = \left[\frac{\partial \boldsymbol{A}}{\partial x_0}\boldsymbol{u} + \boldsymbol{A}\frac{\partial \boldsymbol{u}}{\partial x_0}, \cdots, \frac{\partial \boldsymbol{A}}{\partial x_n}\boldsymbol{u} + \boldsymbol{A}\frac{\partial \boldsymbol{u}}{\partial x_n}\cdots\right] \tag{8.22}$$

证明 证明过程见附录 B。

定义目标函数如下：

$$f(\boldsymbol{\nu}) \triangleq \|\boldsymbol{Y} - \boldsymbol{C}(\boldsymbol{D} + \boldsymbol{B}\operatorname{diag}\{\boldsymbol{\nu}\})\boldsymbol{X}\|_{\mathrm{F}}^2 \tag{8.23}$$

因此，可以通过求解以下优化问题得到 Off-Grid 向量的估计。

$$\hat{\boldsymbol{\nu}} = \arg\min_{\boldsymbol{\nu}} f(\boldsymbol{\nu}) \tag{8.24}$$

根据引理 8.2，可以得到 $\dfrac{\partial f(\boldsymbol{\nu})}{\partial \boldsymbol{\nu}}$ 的理论表达式。令 $\mathfrak{D}(\boldsymbol{\nu}) \triangleq \boldsymbol{C}(\boldsymbol{D}+\boldsymbol{B}\operatorname{diag}\{\boldsymbol{\nu}\})$，可以得到

$$\begin{aligned}\frac{\partial f(\boldsymbol{\nu})}{\partial \boldsymbol{\nu}} &= \frac{\partial \|\boldsymbol{Y} - \boldsymbol{C}\mathfrak{D}(\boldsymbol{\nu})\boldsymbol{X}\|_{\mathrm{F}}^2}{\partial \boldsymbol{\nu}} \\ &= \frac{\partial \operatorname{tr}\left\{[\boldsymbol{Y} - \boldsymbol{C}\mathfrak{D}(\boldsymbol{\nu})\boldsymbol{X}][\boldsymbol{Y} - \boldsymbol{C}\mathfrak{D}(\boldsymbol{\nu})\boldsymbol{X}]^{\mathrm{H}}\right\}}{\partial \boldsymbol{\nu}} \end{aligned} \tag{8.25}$$

由于 $\dfrac{\partial f(\boldsymbol{\nu})}{\partial \boldsymbol{\nu}}$ 为 $1 \times U$ 的向量，因此第 u 个元素可以表示为

$$\begin{aligned}\left[\frac{\partial f(\boldsymbol{\nu})}{\partial \boldsymbol{\nu}}\right]_u &= \frac{\partial \operatorname{tr}\left\{[\boldsymbol{Y} - \boldsymbol{C}\mathfrak{D}(\boldsymbol{\nu})\boldsymbol{X}][\boldsymbol{Y} - \boldsymbol{C}\mathfrak{D}(\boldsymbol{\nu})\boldsymbol{X}]^{\mathrm{H}}\right\}}{\partial \nu_u} \\ &= \operatorname{tr}\left\{\frac{\partial [\boldsymbol{Y} - \boldsymbol{C}\mathfrak{D}(\boldsymbol{\nu})\boldsymbol{X}][\boldsymbol{Y} - \boldsymbol{C}\mathfrak{D}(\boldsymbol{\nu})\boldsymbol{X}]^{\mathrm{H}}}{\partial \nu_u}\right\} \end{aligned} \tag{8.26}$$

其中

$$\begin{aligned}&\frac{\partial [\boldsymbol{Y} - \boldsymbol{C}\mathfrak{D}(\boldsymbol{\nu})\boldsymbol{X}][\boldsymbol{Y} - \boldsymbol{C}\mathfrak{D}(\boldsymbol{\nu})\boldsymbol{X}]^{\mathrm{H}}}{\partial \nu_u} \\ &= -\frac{\partial \boldsymbol{C}\mathfrak{D}(\boldsymbol{\nu})\boldsymbol{X}\boldsymbol{Y}^{\mathrm{H}}}{\partial \nu_u} - \frac{\partial [\boldsymbol{Y} - \boldsymbol{C}\mathfrak{D}(\boldsymbol{\nu})\boldsymbol{X}][\boldsymbol{C}\mathfrak{D}(\boldsymbol{\nu})\boldsymbol{X}]^{\mathrm{H}}}{\partial \nu_u} \\ &= \frac{\partial \boldsymbol{C}\mathfrak{D}(\boldsymbol{\nu})\boldsymbol{X}}{\partial \nu_u}[\boldsymbol{C}\mathfrak{D}(\boldsymbol{\nu})\boldsymbol{X} - \boldsymbol{Y}]^{\mathrm{H}} \\ &\quad + [\boldsymbol{C}\mathfrak{D}(\boldsymbol{\nu})\boldsymbol{X} - \boldsymbol{Y}]\frac{\partial [\boldsymbol{C}\mathfrak{D}(\boldsymbol{\nu})\boldsymbol{X}]^{\mathrm{H}}}{\partial \nu_u} \end{aligned} \tag{8.27}$$

同时

$$\begin{aligned}\frac{\partial \mathfrak{D}(\boldsymbol{\nu})}{\partial \nu_u} &= \frac{\partial \boldsymbol{D} + \boldsymbol{B}\operatorname{diag}\{\boldsymbol{\nu}\}}{\partial \nu_u} \\ &= \boldsymbol{B}\operatorname{diag}\{\boldsymbol{e}_U^u\} = \begin{bmatrix}\boldsymbol{0}, \boldsymbol{b}_u, \boldsymbol{0}\end{bmatrix} \end{aligned} \tag{8.28}$$

其中，e_U^u 表示维度为 $U \times 1$ 的向量，其第 u 个元素为 1，其他元素均为 0。

因此，$\left[\dfrac{\partial f(\boldsymbol{\nu})}{\partial \boldsymbol{\nu}}\right]_u$ 可以简化为

$$\left[\frac{\partial f(\boldsymbol{\nu})}{\partial \boldsymbol{\nu}}\right]_u = \mathrm{tr}\left\{\boldsymbol{C}\frac{\partial \mathfrak{D}(\boldsymbol{\nu})}{\partial \nu_u}\boldsymbol{X}\left[\boldsymbol{C}\mathfrak{D}(\boldsymbol{\nu})\boldsymbol{X}-\boldsymbol{Y}\right]^{\mathrm{H}}+\left[\boldsymbol{C}\mathfrak{D}(\boldsymbol{\nu})\boldsymbol{X}-\boldsymbol{Y}\right]\left[\boldsymbol{C}\frac{\partial \mathfrak{D}(\boldsymbol{\nu})}{\partial \nu_u}\boldsymbol{X}\right]^{\mathrm{H}}\right\}$$

$$= \mathrm{tr}\left\{\left[\boldsymbol{0}, \boldsymbol{X}\left[\boldsymbol{C}\mathfrak{D}(\boldsymbol{\nu})\boldsymbol{X}-\boldsymbol{Y}\right]^{\mathrm{H}}\boldsymbol{C}\boldsymbol{b}_u, \boldsymbol{0}\right]+\begin{bmatrix}\boldsymbol{0}\\ \boldsymbol{b}_u^{\mathrm{H}}\boldsymbol{C}^{\mathrm{H}}\left[\boldsymbol{C}\mathfrak{D}(\boldsymbol{\nu})\boldsymbol{X}-\boldsymbol{Y}\right]\boldsymbol{X}^{\mathrm{H}}\\ \boldsymbol{0}\end{bmatrix}\right\}$$

$$= \left[\boldsymbol{X}\left(\boldsymbol{C}\mathfrak{D}(\boldsymbol{\nu})\boldsymbol{X}-\boldsymbol{Y}\right)^{\mathrm{H}}\boldsymbol{C}\right]_{u,:}\boldsymbol{b}_u+\boldsymbol{b}_u^{\mathrm{H}}\left[\boldsymbol{C}^{\mathrm{H}}\left(\boldsymbol{C}\mathfrak{D}(\boldsymbol{\nu})\boldsymbol{X}-\boldsymbol{Y}\right)\boldsymbol{X}^{\mathrm{H}}\right]_{:,u}$$

$$= 2\mathrm{Re}\left\{\boldsymbol{b}_u^{\mathrm{H}}\left[\boldsymbol{C}^{\mathrm{H}}\left(\boldsymbol{C}\mathfrak{D}(\boldsymbol{\nu})\boldsymbol{X}-\boldsymbol{Y}\right)\boldsymbol{X}^{\mathrm{H}}\right]_{:,u}\right\} \tag{8.29}$$

接着，便可以得到 $\dfrac{\partial f(\boldsymbol{\nu})}{\partial \boldsymbol{\nu}}$。算法 8.2给出了基于梯度下降法估计 Off-Grid 向量 $\boldsymbol{\nu}$ 的过程。由于一般情况下多将网格间隔 δ 设定为 1°，即 0.0175 弧度，并且 Off-Grid 数值远小于网格大小，因此，算法初始化时可以将 Off-Grid 向量设为零向量。

算法 8.2 Off-Grid 向量 $\boldsymbol{\nu}$ 的估计

1: 输入：接收信号 $\boldsymbol{Y}$，估计得到的支撑集 $\mathbb{S}$，字典矩阵 $\boldsymbol{D}$，字典矩阵的一阶导数 $\boldsymbol{B}$，互耦矩阵 $\hat{\boldsymbol{C}}$，稀疏矩阵 $\hat{\boldsymbol{X}}$，迭代次数 N_{ite}。

2: 初始化：$i=1$，Off-Grid 向量 $\hat{\boldsymbol{\nu}}=\boldsymbol{0}_{U\times 1}$，步长 $\iota_1=0.01\delta$。

3: **while** $i \leqslant N_{\mathrm{ite}}$ **do**

4:    根据式 (8.23) 得到 $e_i=f(\hat{\boldsymbol{\nu}})$。

5:    **if** $i \geqslant 2$ 且 $e_i > e_{i-1}$ **then**

6:        $\iota_1 \leftarrow \frac{\iota_1}{2}$。

7:    **end if**

8:    根据式 (8.29) 得到 $\left[\left.\dfrac{\partial f(\boldsymbol{\nu})}{\partial \boldsymbol{\nu}}\right|_{\boldsymbol{\nu}=\hat{\boldsymbol{\nu}}}\right]_{\mathbb{S}}$。

9:    $\hat{\boldsymbol{\nu}}_{\mathbb{S}} \leftarrow \hat{\boldsymbol{\nu}}_{\mathbb{S}} - \iota_1 \left[\left.\dfrac{\partial f(\boldsymbol{\nu})}{\partial \boldsymbol{\nu}}\right|_{\boldsymbol{\nu}=\hat{\boldsymbol{\nu}}}\right]_{\mathbb{S}}$。

10:    $i \leftarrow i+1$。

11: **end while**

12: 输出：Off-Grid 向量 $\hat{\boldsymbol{\nu}}$ 的估计。

---

3. 互耦向量的估计

利用式 (8.19) 所给出的系统模型，同样可以采用梯度下降法得到互耦向量 $\boldsymbol{c}$ 的粗略估计。首先定义 $\boldsymbol{\Psi}(\boldsymbol{\nu}) \triangleq \boldsymbol{G}+\boldsymbol{Q}(\mathrm{diag}\{\boldsymbol{\nu}\}\otimes\boldsymbol{I}_N)$，则可构建如下目标函数

进行互耦向量的估计，即

$$g(\boldsymbol{c}) = \|\boldsymbol{Y} - \boldsymbol{\Psi}(\boldsymbol{\nu})(\boldsymbol{X} \otimes \boldsymbol{c})\|_{\mathrm{F}}^2 \tag{8.30}$$

进而有

$$\frac{\partial g(\boldsymbol{c})}{\partial \boldsymbol{c}^*} = \frac{\partial \operatorname{tr}\left\{ [\boldsymbol{Y} - \boldsymbol{\Psi}(\boldsymbol{\nu})(\boldsymbol{X} \otimes \boldsymbol{c})] [\boldsymbol{Y} - \boldsymbol{\Psi}(\boldsymbol{\nu})(\boldsymbol{X} \otimes \boldsymbol{c})]^{\mathrm{H}} \right\}}{\partial \boldsymbol{c}^*} \tag{8.31}$$

由于 $\dfrac{\partial g(\boldsymbol{c})}{\partial \boldsymbol{c}^*}$ 为 $1 \times N$ 的向量，其第 n 个元素为

$$\left[\frac{\partial g(\boldsymbol{c})}{\partial \boldsymbol{c}^*}\right]_n = \frac{\partial g(\boldsymbol{c})}{\partial c_n^*} \tag{8.32}$$

$$= \operatorname{tr}\left\{ \frac{\partial \left[\boldsymbol{Y} - \boldsymbol{\Psi}(\boldsymbol{\nu})(\boldsymbol{X} \otimes \boldsymbol{c})\right] \left[\boldsymbol{Y} - \boldsymbol{\Psi}(\boldsymbol{\nu})(\boldsymbol{X} \otimes \boldsymbol{c})\right]^{\mathrm{H}}}{\partial c_n^*} \right\}$$

$$= \operatorname{tr}\left\{ -\boldsymbol{Y} \frac{\partial (\boldsymbol{X} \otimes \boldsymbol{c})^{\mathrm{H}}}{\partial c_n^*} \boldsymbol{\Psi}^{\mathrm{H}}(\boldsymbol{\nu}) + \boldsymbol{\Psi}(\boldsymbol{\nu})(\boldsymbol{X} \otimes \boldsymbol{c}) \frac{\partial (\boldsymbol{X} \otimes \boldsymbol{c})^{\mathrm{H}}}{\partial c_n^*} \boldsymbol{\Psi}^{\mathrm{H}}(\boldsymbol{\nu}) \right\}$$

$$= \operatorname{tr}\left\{ -\boldsymbol{Y} (\boldsymbol{X} \otimes \boldsymbol{e}_N^n)^{\mathrm{H}} \boldsymbol{\Psi}^{\mathrm{H}}(\boldsymbol{\nu}) + \boldsymbol{\Psi}(\boldsymbol{\nu})(\boldsymbol{X} \otimes \boldsymbol{c}) (\boldsymbol{X} \otimes \boldsymbol{e}_N^n)^{\mathrm{H}} \boldsymbol{\Psi}^{\mathrm{H}}(\boldsymbol{\nu}) \right\}$$

$$= \operatorname{tr}\left\{ \boldsymbol{\Psi}^{\mathrm{H}}(\boldsymbol{\nu}) [\boldsymbol{\Psi}(\boldsymbol{\nu})(\boldsymbol{X} \otimes \boldsymbol{c}) - \boldsymbol{Y}] (\boldsymbol{X} \otimes \boldsymbol{e}_N^n)^{\mathrm{H}} \right\}$$

$$= -\operatorname{tr}\left\{ (\boldsymbol{X} \otimes \boldsymbol{e}_N^n)^{\mathrm{H}} \boldsymbol{\Psi}^{\mathrm{H}}(\boldsymbol{\nu}) \boldsymbol{Y} \right\} + \operatorname{tr}\left\{ (\boldsymbol{X} \otimes \boldsymbol{e}_N^n)^{\mathrm{H}} \boldsymbol{\Psi}^{\mathrm{H}}(\boldsymbol{\nu}) \boldsymbol{\Psi}(\boldsymbol{\nu})(\boldsymbol{X} \otimes \boldsymbol{c}) \right\}$$

根据得到的 $\dfrac{\partial g(\boldsymbol{c})}{\partial \boldsymbol{c}^*}$ 值，采用基于梯度下降的算法便可以实现互耦向量 $\boldsymbol{c}$ 的估计，具体如算法 8.3 所示。由于在实际系统中，天线间的互耦系数远小于 1，因此算法 8.3 中将互耦向量初始化为对角元素为 1 的对角阵，即 $\hat{\boldsymbol{c}} = [1, \boldsymbol{0}_{1 \times (N-1)}^{\mathrm{T}}]$。

8.2.3　SODMC 算法的收敛性分析

本章所提出的 SODMC 算法的收敛性取决于算法 8.2 和算法 8.3的步长，一般情况下，算法 8.2 和算法 8.3 都是基于梯度下降法的，因此 SODMC 算法的收敛性可以由 Lipschitz 常数来验证，当步长选择小于 Lipschitz 常数的倒数时，可以保证算法收敛。

算法 8.3 互耦向量 c 的估计

1: 输入：接收信号 Y，字典矩阵 G，字典矩阵的一阶导数 Q，Off-Grid 向量 $\hat{\nu}$，稀疏矩阵 $\hat{X}$，迭代次数 N_{ite}。

2: 初始化： $i = 1$，互耦向量 $\hat{c} = [1, \mathbf{0}_{1\times(N-1)}^{\text{T}}]$，步长 $\iota_2 = 0.01\delta$。

3: **while** $i \leqslant N_{\text{ite}}$ **do**

4:     $e_i = g(\hat{c})$。

5:     **if** $i \geqslant 2$ 且 $e_i > e_{i-1}$ **then**

6:        $\iota_2 \leftarrow \frac{\iota_2}{2}$。

7:     **end if**

8:     根据式 (8.32) 得到 $\left.\frac{\partial g(c)}{\partial c^*}\right|_{c=\hat{c}}$。

9:     $\hat{c} \leftarrow \hat{c} - \iota_2 \left.\frac{\partial g(c)}{\partial c^*}\right|_{c=\hat{c}}$。

10:    $i \leftarrow i + 1$。

11: **end while**

12: 输出：互耦向量 $\hat{c}$ 的估计。

在算法 8.2中，Lipschitz 常数为

$$L_1 \geqslant \frac{|f(\boldsymbol{\nu}_1) - f(\boldsymbol{\nu}_2)|}{\|\boldsymbol{\nu}_1 - \boldsymbol{\nu}_2\|_2} \approx \max_{\boldsymbol{\nu}} \left\|\frac{\partial f(\boldsymbol{\nu})}{\partial \boldsymbol{\nu}}\right\|_2 \tag{8.33}$$

因此，只要步长满足 $\iota_1 \leqslant \dfrac{1}{L_1}$ 就可以保证算法的收敛性，其中 L_1 可以由式 (8.29) 计算得到。

同样地，在算法 8.3中，Lipschitz 常数为

$$L_2 \geqslant \frac{|g(\boldsymbol{c}_1) - g(\boldsymbol{c}_2)|}{\|\boldsymbol{c}_1 - \boldsymbol{c}_2\|_2} \approx \max_{\boldsymbol{c}} \left\|\frac{\partial g(\boldsymbol{c})}{\partial \boldsymbol{c}}\right\|_2 \tag{8.34}$$

那么，算法 8.3 的步长必须满足 $\iota_1 \leqslant \dfrac{1}{L_2}$ 才可以保证算法收敛，其中 L_2 可以通过式 (8.32) 计算得到。因此，在满足收敛条件的情况下，可以自适应调整步长以加快收敛速度[190]。

8.2.4 SODMC 算法的计算复杂度分析

算法 8.1 中，步骤 4 和 7 的计算复杂度分别为 $\mathcal{O}(NMU)$ 和 $\mathcal{O}(NK^2)$；算法 8.2 中，步骤 8 的计算复杂度为 $\mathcal{O}(N^2U^2)+\mathcal{O}(NMU^2)$；算法 8.3 中，步骤 8 的计算复杂度为 $\mathcal{O}(MUN^2)$。因此，可以得到 SODMC 算法的复杂度为

$$\eta \triangleq \mathcal{O}(NMU) + \mathcal{O}(NK^2) + \mathcal{O}(N^2U^2) + \mathcal{O}(NMU^2) + \mathcal{O}(MUN^2) \tag{8.35}$$

$$= \mathcal{O}(NK^2) + \mathcal{O}(N^2U^2) + \mathcal{O}(NMU^2) + \mathcal{O}(MUN^2)$$

$$\approx \mathcal{O}(N^2 U^2) + \mathcal{O}(NMU^2) + \mathcal{O}(N^2 MU)$$

根据系统模型可知，目标个数远小于网格数，即 $K \ll U$，并且，在实际的 ULA 系统中，天线的个数也小于采样信号数，即 $N < M$，同时，天线个数也远小于网格数，即 $N < U$。因此，可以得到最终的算法复杂度为 $\mathcal{O}(NMU^2)$。可以看出，算法复杂度主要是由算法 8.2 中更新 Off-Grid 向量带来的，这也表明，增加网格数可以在改善 DOA 估计性能的同时，带来计算复杂度的显著增加。

8.3　仿　真　验　证

本节将对前述算法进行仿真验证，仿真平台为 MATLAB R2017b，计算机配置为 2.9 GHz Intel Core i5，8 GB RAM。仿真参数如表 8.1 所示，根据式 (8.4)，可以将信噪比定义为

$$\mathrm{SNR} \triangleq \frac{\mathbb{E}\left\{\|\boldsymbol{CAS}\|_{\mathrm{F}}^2\right\}}{\mathbb{E}\left\{\|\boldsymbol{N}\|_{\mathrm{F}}^2\right\}} \tag{8.36}$$

表 8.1　仿真参数

参数	取值
接收信号 SNR	20 dB
采样个数 M	20
天线个数 N	20
目标个数 K	3
天线间距 d	0.5 波长
网格大小 δ	1°
波达方向范围	$[-60°, 60°]$
SODMC 算法迭代次数	30
天线间互耦效应	-5 dB

需要说明的是，所有的统计结果均是在噪声随机、互耦系数随机以及各目标 DOA 随机的情况下仿真得出，并且各目标 DOA 的最小间隔为 10°。

根据文献 [99]、[100] 的描述，天线间互耦系数可以由式 (8.37) 给出：

$$c_n = \begin{cases} (1+\xi)\mathrm{e}^{\mathrm{j}\phi}10^{\frac{\alpha_c(1+0.5n)}{20}}, & n < 5 \\ 0, & \text{其他} \end{cases} \tag{8.37}$$

其中，ξ 服从 -0.05 和 0.05 之间的均匀分布，即 $\xi \sim \mathcal{U}([-0.05, 0.05])$，互耦系数的相位同样服从 0 和 2π 之间的均匀分布，即，$\phi \sim \mathcal{U}([0, 2\pi])$，参数 α_c 用来衡量天线间的互耦效应，单位为 dB。如表 8.1 所示，仿真时设定天线间的互耦效应为 $\alpha_c = -5$ dB。

图 8.5 给出了不同信噪比下 SODMC 算法的迭代性能，DOA 估计误差的计算如下：

$$e \triangleq \sqrt{\frac{\|\hat{\boldsymbol{\theta}} - \boldsymbol{\theta}\|_2^2}{K}} \tag{8.38}$$

其中，$\boldsymbol{\theta}$ 表示目标的真实 DOA；$\hat{\boldsymbol{\theta}}$ 表示估计得到的结果。由仿真结果可以看出，10 次迭代以后，算法的 DOA 估计误差逐渐趋于收敛。随着 SNR 逐渐从 5 dB 增加到 20 dB，DOA 估计的误差从 0.22564 下降到 0.20785。此外，仿真结果显示，当 SNR = 20 dB 时，所得到的未经迭代的粗略 DOA 估计误差仅为 0.2699，因此，采用 SODMC 算法进行迭代优化后可以将估计性能提高约 22.99%。而当 SNR = 5 dB 时，依然可以将估计性能提升 21.14%。因此，仿真结果表明，本章所提出的 SODMC 算法通过估计互耦和 Off-Grid 向量，能够显著提升 DOA 估计精度，并且 SNR 越高，估计性能越优越。

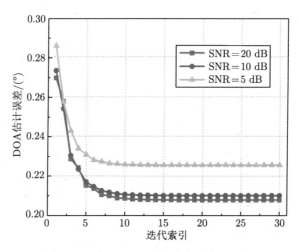

图 8.5 不同 SNR 下的 DOA 估计误差

为进一步验证所提算法的优越性，将所提出的 SODMC 算法与近年来 3 种流行的算法进行对比，如图 8.6所示给出了各种算法的空间谱估计。对比算法具体包括：

(1) 同步正交匹配追踪 (simultaneous orthogonal matching pursuit，SOMP) 算法 [191,192]；

(2) 网格偏离稀疏贝叶斯推理 (off-grid sparse Bayesian inference，OGSBI) 算法 [193]；

(3) 多重信号分类 (multiple signal classification，MUSIC) 算法 [67,68]。

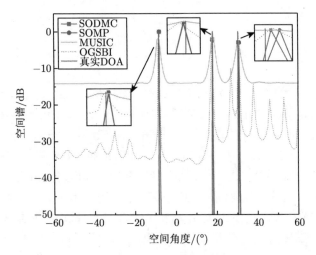

图 8.6　DOA 估计算法的空间谱 ($\alpha_c = -5$ dB)

　　以上对比算法均采用同样的网格大小 ($\delta = 1°$)，OGSBI 算法的超参数设置为 10^{-4}，SOMP 算法的迭代次数为 K。三种算法中，MUSIC 算法是基于子空间的空间谱估计，SOMP 算法通过离散目标空域实现目标 DOA 稀疏重构，OGSBI 算法则采用稀疏贝叶斯推理综合考虑稀疏重构和 Off-Grid 问题。由图 8.6可以看出，本章所提出的 SODMC 算法相比其他三种算法能够获得最佳估计性能。OGSBI 算法的估计性能也优于 SOMP 和传统的 MUSIC 算法，只是该算法空间谱存在一些旁瓣。表 8.2 给出了几种算法的 DOA 估计结果，可以得出 OGSBI、SOMP、MUSIC、SODMC 算法的 DOA 估计误差分别为 0.31567、0.37213、0.37213 和 0.20769。也就是说，所提出的 SODMC 算法的 DOA 估计性能相比 OGSBI 算法提高了 34.21%，相比 SOMP 算法提高了 44.19%。另外，针对 MUSIC 算法，仿真中将网格大小调整为 $\delta = 0.01°$，相应的估计误差为 $0.26359°$，进一步缩小网格，MUSIC 算法的估计性能提升不明显，趋于稳定。而所提出的 SODMC 算法在同样的场景下，DOA 估计性能优于 MUSIC 算法，估计性能提升约 21.207%。

　　为了进一步验证所提算法的有效性，图 8.7 中给出了天线间互耦效应 $\alpha_c = -8$ dB 时的接收信号空间谱估计，相应的估计结果也在表 8.3 中给出。可以看

表 8.2 不同算法的 DOA 估计值对比 ($\alpha_c = -5\text{dB}$)

算法	目标 1	目标 2	目标 3
真实 DOA	$-8.268°$	$18.128°$	$30.428°$
OGSBI	$-8.5°$	$17.721°$	$30.71°$
SOMP	$-8°$	$18°$	$31°$
MUSIC	$-8°$	$18°$	$31°$
MUSIC($\delta = 0.01°$)	$-7.96°$	$18.39°$	$30.64°$
SODMC	$-8.031°$	$17.976°$	$30.652°$

出，OGSBI 和 SODMC 算法的估计误差分别为 0.34201 和 0.13789，因此，相比 OGSBI 算法，SODMC 算法的估计性能提升 59.68%。由仿真结果还可以看出所提出的 SODMC 算法在存在未知互耦和 Off-Grid 问题时，依然可以获得优于现有对比算法的估计性能。

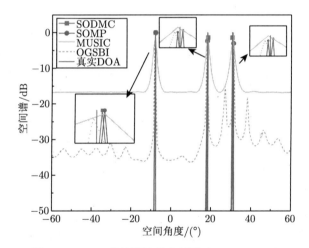

图 8.7 DOA 估计算法的空间谱 ($\alpha_c = -8\text{ dB}$)

表 8.3 不同算法的 DOA 估计值对比 ($\alpha_c = -8\text{ dB}$)

算法	目标 1	目标 2	目标 3
真实 DOA	$-8.268°$	$18.128°$	$30.428°$
OGSBI	$-8.377°$	$17.833°$	$30.93°$
SOMP	$-8°$	$18°$	$31°$
MUSIC	$-8°$	$18°$	$31°$
SODMC	$-8.085°$	$18.281°$	$30.416°$

图 8.8 给出了不同信噪比 (SNR) 下的 DOA 估计性能，仿真 100 次。可以看出，当 SNR $\leqslant$ 0 dB 时，MUSIC 算法的估计性能最优；当 SNR $\geqslant$ 0 dB 时，

本章所提出的 SODMC 算法的估计性能优于其他对比算法；当 SNR ⩾ 10 dB 时，所有算法的 DOA 估计性能趋于稳定，不再随着 SNR 的增大而提升。在 0 ～ 10 dB 范围内，SODMC 算法的估计误差从 0.26965 下降到 0.21016 (性能改善约 22.06%)，然而 OGSBI 算法的估计误差从 0.3686 下降到 0.34174 (性能改善约 7.29%)。仿真结果表明，在信噪比较高的情况下，相比其他对比算法，本章所提出的 SODMC 算法能够显著提升系统的 DOA 估计性能。

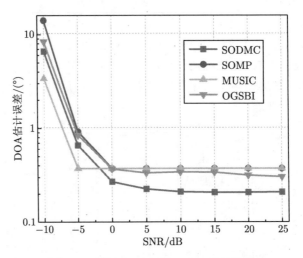

图 8.8　不同 SNR 下的 DOA 估计性能

　　图 8.9 仿真了阵元间互耦效应对 DOA 估计性能的影响。由图中可以看出，当互耦效应从 −2 dB 下降到 −8 dB 时，SODMC 算法的性能提升达到 65.56%；OGSBI 算法性能提升约 37.04%。MUSIC 和 SOMP 算法性能相比 OGSBI 和 SODMC 算法均较差。因此，仿真结果表明所提的算法能够获得最优的估计性能，尤其在互耦效应低于 −4 dB 时。然而，当互耦效应低于 −8 dB 时，由于此时互耦对 DOA 估计的影响几乎可以忽略不计，SODMC 算法对互耦的补偿反倒会使其性能下降。另外，当天线间互耦效应大于 −4 dB 时，基于稀疏的 DOA 估计算法性能受互耦影响变差，无法很好地完成稀疏重构，因此，SODMC 算法的估计性能也会严重下降。不过，总体来看，当存在未知互耦和 Off-Grid 情况时，所提出的 SODMC 算法能够获得优于现有三种流行 DOA 估计算法的性能。

　　本节还对比了前述几种算法的计算复杂度，如表 8.4 所示。由于仿真时采用的天线数与采样数相当，都远小于网格数，因此 OGSBI 算法和 SODMC 算法的复杂度相差不大，并且都远大于 SOMP 算法和 MUSIC 算法。这也说明，引入对 Off-Grid 向量的估计会显著增加计算复杂度。

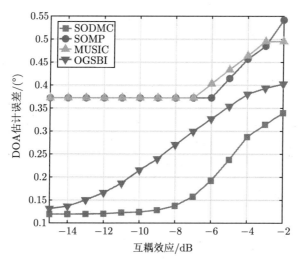

图 8.9   不同互耦效应下的 DOA 估计性能

表 8.4   计算复杂度对比

算法	计算复杂度	计算时间/s
OGSBI	$\mathcal{O}(NU^2)$	0.321
SOMP	$\mathcal{O}(NMU)$	0.013
MUSIC	$\mathcal{O}(N^2U)$	0.014
SODMC	$\mathcal{O}(NMU^2)$	1.852

将本章提出的 SODMC 算法与第 7 章中提出的 SBLMC 算法进行对比，如图 8.10 所示。虽然采用稀疏贝叶斯方法可以获得优越的估计性能，但是基于 SBL

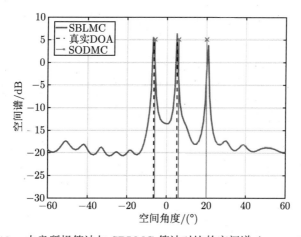

图 8.10   本章所提算法与 SBLMC 算法对比的空间谱 ($\alpha_c = -5$ dB)

的算法复杂度远大于本章所提出的迭代算法。仿真时，基于 SBL 的算法计算时间为 29.360 s，迭代 30 次后，所需要的时间远高于 SODMC 算法。

8.4　本 章 小 结

本章主要讨论了存在未知互耦和 Off-Grid 情况时的 DOA 估计方法，与第 7 章不同的是，本章所提出的 SODMC 算法主要通过迭代的方式进行各未知量的估计和优化，进而得到目标的 DOA 估计。为了验证所提算法的有效性，将其与现有的三种流行的 DOA 估计算法进行对比，结果表明，SODMC 算法可以显著改善 DOA 估计性能，降低估计误差。

参 考 文 献

[1] Krishnamurthy V, Angley D, Evans R, et al. Identifying cognitive radars—Inverse reinforcement learning using revealed preferences. IEEE Transactions on Signal Processing, 2020, 68: 4529–4542.

[2] Li H, Wang Z, Liu J, et al. Moving target detection in distributed MIMO radar on moving platforms. IEEE Journal of Selected Topics in Signal Processing Signal Process, 2015, 9(8):1524–1535.

[3] Yao Y, Sun S, Madan R, et al. Power allocation and waveform design for the compressive sensing based MIMO radar. IEEE Transactions on Aerospace and Electronic Systems, 2014, 50(2):898–909.

[4] Haykin S. Cognitive radar: A way of the future. IEEE Signal Processing Magazine, 2006, 23(1):30–40.

[5] Fishler E, Haimovich A, Blum R S, et al. Spatial diversity in radars-models and detection performance. IEEE Transactions on Signal Processing, 2006, 54(3):823–838.

[6] Fishler E, Haimovich A, Blum R, et al. MIMO radar: An idea whose time has come. IEEE Radar Conference, Philadephia, 2004: 71–78.

[7] Haimovich A M, Blum R S, Cimini L J. MIMO radar with widely separated antennas. IEEE Signal Processing Magazine, 2008, 25(1):116–129.

[8] Jiang H, Zhang J, Wong K. Joint DOD and DOA estimation for bistatic MIMO radar in unknown correlated noise. IEEE Transactions on Vehicular Technology, 2015, 64(11):5113–5125.

[9] Dianat M, Taban M, Dianat J. Target localization using least squares estimation for MIMO radars with widely separated antennas. IEEE Transactions on Aerospace and Electronic Systems, 2013, 49(4):2730–2741.

[10] Jin M, Liao G, Li J. Target localization for distributed multiple-input multiple-output radar and its performance analysis. IET Radar, Sonar and Navigation, 2011, 5(1):83–91.

[11] Chan F, So H, Huang L, et al. Parameter estimation and identifiability in bistatic multiple-input multiple-output radar. IEEE Transactions on Aerospace and Electronic Systems, 2015, 51(3):2047–2056.

[12] Willis N J, Griffiths H D. Advances in Bistatic Radar. Institution of Engineering and Technology, 2007.

[13] Zhang J D, Wang H Q, Zhu X H. Adaptive waveform design for separated transmit/receive ULA-MIMO radar. IEEE Transactions on Signal Processing, 2010, 58(9):4936–4942.

[14] Li J, Stoica P. MIMO radar with colocated antennas. IEEE Signal Processing Magazine, 2007, 24(5):106–114.

[15] Davis M, Showman G, Lanterman A. Coherent MIMO radar: The phased array and orthogonal waveforms. IEEE Aerospace and Electronics Systems Magazine, 2014, 29(8):76–91.

[16] Candes E, Wakin M. An introduction to compressive sampling. IEEE Signal Processing Magazine, 2008, 25(2):21–30.

[17] Baraniuk R. Compressive sensing. IEEE Signal Processing Magazine, 2007, 24(4): 118–121.

[18] Haupt J, Nowak R. Signal reconstruction from noisy random projections. IEEE Transactions on Information Theory, 2006, 52(9):4036–4048.

[19] Zhang Z, Chan T, Li K. A semidefinite relaxation approach for beamforming in cooperative clustered multicell systems with novel limited feedback scheme. IEEE Transactions on Vehicular Technology, 2014, 63(4):1740–1748.

[20] Paredes J, Arce G, Wang Z. Ultra-wideband compressed sensing: Channel estimation. IEEE Journal of Selected Topics in Signal Processing, 2007, 1(3):383–395.

[21] Gurbuz A, McClellan J, Scott W. A compressive sensing data acquisition and imaging method for stepped frequency GPRs. IEEE Transactions on Signal Processing, 2009, 57(7):2640–2650.

[22] Ender J. A brief review of compressive sensing applied to radar. 2013 14th International Radar Symposium (IRS) Dresden, Dresden, 2013:3–16.

[23] Yao Y, Petropulu A P, Poor H V. MIMO radar using compressive sampling. IEEE Journal of Selected Topics in Signal Processing, 2010, 4(1):146–163.

[24] Rossi M, Haimovich A, Eldar Y. Spatial compressive sensing for MIMO radar. IEEE Transactions on Signal Processing, 2014, 62(2):419–430.

[25] Nijsure Y, Chen Y, Boussakta S, et al. Novel system architecture and waveform design for cognitive radar radio networks. IEEE Transactions on Vehicular Technology, 2012, 61(8):3630–3642.

[26] Cheng X, Wang M, Guan Y. Ultra-wideband channel estimation: A bayesian compressive sensing strategy based on statistical sparsity. IEEE Transactions on Vehicular Technology, 2014, 2014(99):1–14.

[27] Zhu W, Tang J. Robust design of transmit waveform and receive filter for colocated MIMO radar. IEEE Signal Processing Letters, 2015, 22(11):2112–2116.

[28] Naghsh M, Soltanalian M, Stoica P, et al. A doppler robust design of transmit sequence and receive filter in the presence of signal-dependent interference. IEEE Transactions on Signal Processing, 2014, 62(4):772–785.

[29] Skolnik M. Introduction to Radar System. 3rd ed. New York: McGraw-Hill, 2001.

[30] Wei Y, Meng H, Wang X. Adaptive single-tone waveform design for target recognition in cognitive radar. IET International Radar Conference, Guilin, 2009:707–710.

[31] Aubry A, Maio A, Piezzo M, et al. Cognitive design of the receive filter and transmitted phase code in reverberating environment. IET Radar, Sonar & Navigation, 2012, 6(9):822–833.

[32] Yao Y, Petropulu A, Poor H. Measurement matrix design for compressive sensing-based MIMO radar. IEEE Transactions on Signal Processing, 2011, 59(10):5338–5352.

[33] Chen P, Wu L. System optimization for temporal correlated cognitive radar with EBPSK-based MCPC signal. Mathematical Problems in Engineering, 2014, 2014(1):1–8.

[34] Zhang X, Cui C. Signal detection for cognitive radar. Electronics Letters, 2013, 49(8):559–560.

[35] Zhang X, Cui C. Range-spread target detecting for cognitive radar based on track-before-detect. International Journal of Electronics, 2014, 101(1):74–87.

[36] Chen C, Vaidyanathan P. MIMO radar waveform optimization with prior information of the extended target and clutter. IEEE Transactions on Signal Processing, 2009, 57(9):3533–3544.

[37] Imani S, Ghorashi S. Transmit signal and receive filter design in co-located MIMO radar using a transmit weighting matrix. IEEE Signal Processing Letters, 2015, 22(10):1521–1524.

[38] Ahmed S, Alouini M. MIMO-radar waveform covariance matrix for high SINR and low side-lobe levels. IEEE Transactions on Signal Processing, 2014, 62(8):2056–2065.

[39] Huleihel W, Tabrikian J, Shavit R. Optimal adaptive waveform design for cognitive MIMO radar. IEEE Transactions on Signal Processing, 2013, 61(20):5075–5089.

[40] Chavali P, Nehorai A. Scheduling and power allocation in a cognitive radar network for multiple-target tracking. IEEE Transactions on Signal Processing, 2012, 60(2):715–729.

[41] Yan J, Jiu B, Liu H, et al. Prior knowledge-based simultaneous multibeam power allocation algorithm for cognitive multiple targets tracking in clutter. IEEE Transactions on Signal Processing, 2015, 63(2):512–527.

[42] Wang W. MIMO SAR chirp modulation diversity waveform design. IEEE Geoscience and Remote Sensing Letters, 2014, 11(9):1644–1648.

[43] Xia L, Zhen H, Qiu R, et al. Demonstration of cognitive radar for target localization under interference. IEEE Aerospace and Electronics Systems Magazine, 2014, 50(4):2440–2455.

[44] Liu J, Li H, Himed B. Joint optimization of transmit and receive beamforming in active arrays. IEEE Signal Processing Letters, 2014, 21(1):39–42.

[45] Haykin S, Xue Y, Davidson T. Optimal waveform design for cognitive radar. 42nd Asilomar Conference Signals, Systems and Computers, Pacific Grove, 2008: 3–7.

[46] Yang Y, Blum R. MIMO radar waveform design based on mutual information and minimum mean-square error estimation. IEEE Transactions on Aerospace and Electronic Systems, 2007, 43(1):330–343.

[47] Bell M. Information theory and radar waveform design. IEEE Transactions on Information Theory, 1993, 39(5):1578–1597.

[48] Sen S, Nehorai A. OFDM MIMO radar with mutual-information waveform design for low-grazing angle tracking. IEEE Transactions on Signal Processing, 2010, 58(6):3152–3162.

[49] Dai F, Liu H, Wang P, et al. Adaptive waveform design for range-spread target tracking. Electronics Letters, 2010, 46(11):793.

[50] Godrich H, Petropulu A, Poor H. Power allocation strategies for target localization in distributed multiple-radar architectures. IEEE Transactions on Signal Processing, 2011, 59(7):3226–3240.

[51] Ma B, Chen H, Sun B, et al. A joint scheme of antenna selection and power allocation for localization in MIMO radar sensor networks. IEEE Communications Letters, 2014, 18(12):2225–2228.

[52] Bekkerman I, Tabrikian J. Target detection and localization using MIMO radars and sonars. IEEE Transactions on Signal Processing, 2006, 54(10):3873–3883.

[53] Mohseni R, Sheikhi A, Masnadi-Shirazi M A. Multicarrier constant envelope OFDM signal design for radar applications. AEU-International Journal of Electronics and Communications, 2010, 64(11):999–1008.

[54] Cao Y, Xia X. IRCI-free MIMO-OFDM SAR using circularly shifted Zadoff-Chu sequences. IEEE Geoscience and Remote Sensing Letters, 2015, 12(5):1126–1130.

[55] Sen S. Characterizations of PAPR-constrained radar waveforms for optimal target detection. IEEE Sensors Journal, 2014, 14(5):1647–1654.

[56] Wei Y, Meng H, Liu Y, et al. Radar phase-coded waveform design for extended target recognition under detection constraints. Radar Conference, Kansas City, 2011:1074–1079.

[57] Meng H, Wei Y, Gong X, et al. Radar waveform design for extended target recognition under detection constraints. Mathematical Problems in Engineering, 2012, 2012(2012):1–15.

[58] Kyriakides I. Adaptive compressive sensing and processing of delay-Doppler radar waveforms. IEEE Transactions on Signal Processing, 2012, 60(2):730–739.

[59] Yao Y, Petropulu A, Poor H V. CSSF MIMO radar: Compressive-sensing and step-frequency based MIMO radar. IEEE Aerospace and Electronics Systems Magazine, 2012, 48(2):1490–1504.

[60] Hayashi K, Nagahara M, Tanaka T. A user's guide to compressed sensing for communications systems. IEICE Transactions on Communications, 2013, E96.B(3):685–712.

[61] Tan Z, Nehorai A. Sparse direction of arrival estimation using co-prime arrays with off-grid targets. IEEE Signal Processing Letters, 2014, 21(1):26–29.

[62] Chen P, Yang Z, Chen Z, et al. Reconfigurable intelligent surface aided sparse DOA estimation method with non-ULA. IEEE Signal Processing Letters, 2021, 28: 2023–2027.

[63] Gogineni S, Nehorai A. Target estimation using sparse modeling for distributed MIMO radar. IEEE Transactions on Signal Processing, 2011, 59(11):5315–5325.

[64] Kim S, Oh D, Lee J. Joint DFT-ESPRIT estimation for TOA and DOA in vehicle FMCW radars. IEEE Antennas and Wireless Propagation Letters, 2015, 14:1710–1713.

[65] Liu L, Liu H. Joint estimation of DOA and TDOA of multiple reflections in mobile communications. IEEE Access, 2016: 1.

[66] Burintramart S, Sarkar T K, Zhang Y, et al. Nonconventional least squares optimization for DOA estimation. IEEE Transactions on Antennas and Propagation, 2007, 55(3):707–714.

[67] Schmidt R O. Multiple emitter location and signal parameter estimation. IEEE Transactions on Antennas and Propagation, 1986, 34(3):276–280.

[68] Schmidt R. A Signal Subspace Approach to Multiple Emitter Location Spectrum Estimation. San Francisco: Stanford University, 1981.

[69] Roy R, Kailath T. ESPRIT-estimation of signal parameters via rotational invariance techniques. IEEE Transactions on Acoustics, Speech, and Signal Processing , 1989, 37(7):984–995.

[70] Li W T, Lei Y J, Shi X W. DOA estimation of time-modulated linear array based on sparse signal recovery. IEEE Antennas and Wireless Propagation Letters, 2017, 16:2336–2340.

[71] Xiong W, Greco M, Gini F, et al. SFMM design in colocated CS-MIMO radar for jamming and interference joint suppression. IET Radar, Sonar & Navigation, 2018, 12(7):702–710.

[72] Carlin M, Rocca P, Oliveri G, et al. Directions-of-arrival estimation through Bayesian compressive sensing strategies. IEEE Transactions on Antennas and Propagation, 2013, 61(7):3828–3838.

[73] Carlin M, Rocca P, Oliveri G, et al. Novel wideband DOA estimation based on sparse Bayesian learning with dirichlet process priors. IEEE Transactions on Signal Processing, 2016, 64(2):275–289.

[74] Shen Q, Liu W, Cui W, et al. Underdetermined DOA estimation under the compressive sensing framework: A review. IEEE Access, 2016, 4:8865–8878.

[75] Gurbuz A C, Cevher V, Mcclellan J H. Bearing estimation via spatial sparsity using compressive sensing. IEEE Transactions on Aerospace and Electronic Systems, 2012, 48(2):1358–1369.

[76] Chen P, Chen Z, Cao Z, et al. A new atomic norm for DOA estimation with gain-phase errors. IEEE Transactions on Signal Processing, 2020, 68: 4293–4306.

[77] Sun S, Zhang Y. 4D automotive radar sensing for autonomous vehicles: A sparsity-oriented approach. IEEE Journal of Selected Topics in Signal Processing, 2021, 15(4): 879–891.

[78] Chen P, Zheng L, Wang X D, et al. Moving target detection using colocated MIMO radar on multiple distributed moving platforms. IEEE Transactions on Signal Processing, 2017, 65(17):4670–4683.

[79] Yang Z, Xie L H. Exact joint sparse frequency recovery via optimization methods. IEEE Transactions on Signal Processing, 2016, 64(19):5145–5157.

[80] Tipping M E. Sparse Bayesian learning and the relevance vector machine. Journal of Machine Learning Research, 2001, 1:211–244.

[81] Ji S H, Xue Y, Carin L. Bayesian compressive sensing. IEEE Transactions on Signal Processing, 2008, 56(6):2346–2356.

[82] Chen P, Qi C, Wu L, et al. Estimation of extended targets based on compressed sensing in cognitive radar system. IEEE Transactions on Vehicular Technology, 2017, 66(2):941–951.

[83] Yang Z, Xie L H, Zhang C S. A discretization-free sparse and parametric approach for linear array signal processing. IEEE Transactions on Signal Processing, 2014, 62(19):4959–4973.

[84] Zhu H, Leus G, Giannakis G B. Sparsity-cognizant total least-squares for perturbed compressive sampling. IEEE Transactions on Signal Processing, 2011, 59(5):2002–2016.

[85] Yang Z, Xie L H, Zhang C S. Off-grid direction of arrival estimation using sparse Bayesian inference. IEEE Transactions on Signal Processing, 2013, 61(1):38–43.

[86] Dai J, Bao X, Xu W, et al. Root sparse Bayesian learning for off-grid DOA estimation. IEEE Signal Processing Letters, 2017, 24(1):46–50.

[87] Wu X, Zhu W, Yan J. Direction of arrival estimation for off-grid signals based on sparse Bayesian learning. IEEE Sensors Journal, 2016, 16(7):2004–2016.

[88] Zamani H, Zayyani H, Marvasti F. An iterative dictionary learning-based algorithm for DOA estimation. IEEE Communications Letters, 2016, 20(9):1784–1787.

[89] Wang Q, Zhao Z, Chen Z, et al. Grid evolution method for DOA estimation. IEEE Transactions on Signal Processing, 2018, 66(9):2474–2383.

[90] Tan Z, Yang P, Nehorai A. Joint sparse recovery method for compressed sensing with structured dictionary mismatches. IEEE Transactions on Signal Processing, 2014, 62(19):4997–5008.

[91] Fang J, Li J, Shen Y, et al. Super-resolution compressed sensing: An iterative reweighted algorithm for joint parameter learning and sparse signal recovery. IEEE Signal Processing Letters, 2014, 21(6):761–765.

[92] Yang Z, Xie L. Enhancing sparsity and resolution via reweighted atomic norm minimization. IEEE Transactions on Signal Processing, 2016, 64(4):995–1006.

[93] Zheng Z, Zhang J, Zhang J. Joint DOD and DOA estimation of bistatic MIMO radar in the presence of unknown mutual coupling. Signal Processing, 2012, 92:3039–3048.

[94] Clerckx B, Craeye C, Vanhoenacker-Janvier D, et al. Impact of antenna coupling on 2×2 MIMO communications. IEEE Transactions on Vehicular Technology, 2007, 56(3):1009–1018.

[95] Liao B, Zhang Z G, Chan S C. DOA estimation and tracking of ULAs with mutual coupling. IEEE Transactions on Aerospace and Electronic Systems, 2012, 48(1):891–905.

[96] Basikolo T, Ichige K, Arai H. A novel mutual coupling compensation method for underdetermined direction of arrival estimation in nested sparse circular arrays. IEEE Transactions on Antennas and Propagation, 2018, 66(2):909–917.

[97] Zhang C, Huang H, Liao B. Direction finding in MIMO radar with unknown mutual coupling. IEEE Access, 2017, 5:4439–4447.

[98] Dai J, Bao X, Hu N, et al. A recursive RARE algorithm for DOA estimation with unknown mutual coupling. IEEE Antennas and Wireless Propagation Letters, 2014, 13:1593–1596.

[99] Wang Q, Dou T, Chen H, et al. Effective block sparse representation algorithm for DOA estimation with unknown mutual coupling. IEEE Antennas and Wireless Propagation Letters, 2017, 21(12):2622–2625.

[100] Elbir A M. A novel data transformation approach for DOA estimation with 3-D antenna arrays in the presence of mutual coupling. IEEE Transactions on Signal Processing, 2017, 16:2118–2121.

[101] Liu J, Zhang Y, Lu Y, et al. Augmented nested arrays with enhanced DOF and reduced mutual coupling. IEEE Transactions on Antennas and Propagation, 2017, 65(21):5549–5563.

[102] Rocca P, Hannan M A, Salucci M, et al. Single-snapshot DoA estimation in array antennas with mutual coupling through a multiscaling BCS strategy. IEEE Transactions on Antennas and Propagation, 2017, 65(6):3203–3213.

[103] Hawes M, Mihaylova L, Septer F, et al. Bayesian compressive sensing approaches for direction of arrival estimation with mutual coupling effects. IEEE Transactions on Antennas and Propagation, 2017, 65(3):1357–1367.

[104] Lan X, Wang L, Wang Y, et al. Tensor 2-D DOA estimation for a cylindrical conformal antenna array in a massive MIMO system under unknown mutual coupling. IEEE Access, 2018, 6:7864–7871.

[105] Dai J, Zhao D, Ji X. A sparse representation method for DOA estimation with unknown mutual coupling. IEEE Antennas and Wireless Propagation Letters, 2012, 11:1210–1213.

[106] Dai J, Hu N, Xu W, et al. Sparse Bayesian learning for DOA estimation with mutual coupling. Sensors, 2015, 15(10):26267–26280.

[107] Leshem A, Naparstek O, Nehorai A. Information theoretic adaptive radar waveform design for multiple extended targets. IEEE Journal on Selected Topics in Signal Processing, 2007, 1(1):42–55.

[108] Romero R, Bae J, Goodman N. Theory and application of SNR and mutual information matched illumination waveforms. IEEE Transactions on Aerospace and Electronic Systems, 2011, 47(2):912–927.

[109] Weinmann F. Frequency dependent RCS of a generic airborne target. 2010 URSI International Symposium on Electromagnetic Theory, Berlin, 2010: 16-19.

[110] Skolnik M I. Radar Handbook. New York: McGraw-Hill, 2009.

[111] He Q, Blum R S. The significant gains From optimally processed multiple signals of opportunity and multiple receive stations in passive radar. IEEE Signal Processing Letters, 2014, 21(2):180–184.

[112] Petersen K, Pedersen M. The Matrix Cookbook. Copenhagen: Technical University of Denmark, 2006.

[113] Boyd S, Vandenberghe L. Convex Optimization. Cambridge: Cambridge University Press, 2004.

[114] Bradley S, Hax A, Magnanti T. Applied Mathematical Programming. New Jersey: Addison-Wesley Publishing Company, 1977.

[115] Luo Z, Ma W, So A, et al. Semidefinite relaxation of quadratic optimization problems. IEEE Signal Processing Magazine, 2010, 27(3):20–34.

[116] Grant M, Boyd S. CVX: Matlab software for disciplined convex programming, version 2.0 beta. http://cvxr.com/cvx, September 2013.

[117] Grant M, Boyd S. Graph Implementations for Nonsmooth Convex Programs. London: Springer, 2008.

[118] Faigle U, Kern W, Still G. Algorithmic Principles of Mathematical Programming. Dordrecht: Springer, 2002.

[119] Liu S, Chepuri S, Fardad M, et al. Sensor selection for estimation with correlated measurement noise. IEEE Transactions on Signal Processing, 2016, (99):1–32.

[120] Zeng D. Future Intelligent Information Systems. Berlin: Springer-Verlag, 2011.

[121] Zhang T, Cui G, Kong L, et al. Adaptive Bayesian detection using MIMO radar in spatially heterogeneous clutter. IEEE Signal Processing Letters, 2013, 20(6):547–550.

[122] Dong X, Zhang Y. A MAP approach for 1-Bit compressive sensing in synthetic aperture radar imaging. IEEE Geoscience and Remote Sensing Letters, 2015, 12(6):1237–1241.

[123] Zhang J, Zhu D, Zhang G. Adaptive compressed sensing radar oriented toward cognitive detection in dynamic sparse target scene. IEEE Transactions on Signal Processing, 2012, 60(4):1718–1729.

[124] Tropp J. Greed is good: Algorithmic results for sparse approximation. IEEE Transactions on Information Theory, 2004, 50(10):2231–2242.

[125] Elad M. Optimized projections for compressed sensing. IEEE Transactions on Signal Processing, 2007, 55(12):5695–5702.

[126] Ishibashi K, Hatano K, Takeda M. Online learning of approximate maximum p-norm margin classifiers with biases. Proceedings of the 21st Annual Conference on Learning Theory (COLT), Helsinki, 2008: 154–161.

[127] Stoica P, Li J, Zhu X. Waveform synthesis for diversity-based transmit beampattern design. IEEE Transactions on Signal Processing, 2008, 56(6):2593–2598.

[128] Li H, Wang C, Wang K, et al. High resolution range profile of compressive sensing radar with low computational complexity. IET Radar Sonar and Navigation, 2015, 9(8):984–990.

[129] Liu Z, Wei X, Li X. Aliasing-free moving target detection in random pulse repetition interval radar based on compressed sensing. IEEE Sensors Journal, 2013, 13(7):2523–2534.

[130] Chi Y, Chen Y. Compressive two-dimensional harmonic retrieval via atomic norm minimization. IEEE Transactions on Signal Processing, 2015, 63(4):1030–1042.

[131] Davenport M, Wakin M. Analysis of orthogonal matching pursuit using the restricted isometry property. IEEE Transactions on Information Theory, 2010, 56(9):4395–4401.

[132] Galati G, Pavan G. Waveforms design for modern and MIMO radar. Eurocon, Zagreb, 2013: 508–513.

[133] Herman M, Strohmer T. High-resolution radar via compressed sensing. IEEE Transactions on Signal Processing, 2009, 57(6):2275–2284.

[134] He Q, Lehmann N, Blum R, et al. MIMO radar moving target detection in homogeneous clutter. IEEE Aerospace and Electronics Systems Magazine, 2010, 46(3):1290–1301.

[135] Melvin W. Space-time adaptive radar performance in heterogeneous clutter. IEEE Aerospace and Electronics Systems Magazine., 2000, 36(2):621–633.

[136] Klemm R. Principles of space-time adaptive processing. The Institution of Engineering and Technology, London, 2006.

[137] Liu J, Zhang Z, Cao Y, et al. A closed-form expression for false alarm rate of adaptive MIMO-GLRT detector with distributed MIMO radar. Signal Processing, 2013, 93(9):2771–2776.

[138] Li N, Cui G, Kong L, et al. Moving target detection for polarimetric multiple-input multiple-output radar in Gaussian clutter. IET Radar Sonar and Navigation, 2015, 9(3):285–298.

[139] Li N, Cui G, Kong L, et al. MIMO radar moving target detection against compound-gaussian clutter. Circuits, Systems, and Signal Processing, 2014, 33(6):1819–1839.

[140] Chong C, Pascal F, Ovarlez J, et al. MIMO radar detection in non-gaussian and heterogeneous clutter. IEEE Journal on Selected Topics in Signal Processing, 2010, 4(1):115–126.

[141] Jiu B, Liu H, Wang X, et al. Knowledge-based spatial-temporal hierarchical MIMO radar waveform design method for target detection in heterogeneous clutter zone. IEEE Transactions on Signal Processing, 2015, 63(3):543–554.

[142] Hurtado M, Nehorai A. Polarization diversity for detecting targets in inhomogeneous clutter. International Waveform Diversity and Design Conference, Pisa, 2007: 382–386.

[143] Hurtado M, Nehorai A. Polarimetric detection of targets in Heavy inhomogeneous clutter. IEEE Transactions on Signal Processing, 2008, 56(4):1349–1361.

[144] Wang P, Li H, Himed B. A parametric moving target detector for distributed MIMO radar in non-homogeneous environment. IEEE Transactions on Signal Processing, 2013, 61(9):2282–2294.

[145] Wang P P, Li H, Himed B. Moving target detection using distributed MIMO radar in clutter with nonhomogeneous power. IEEE Transactions on Signal Processing, 2011, 59(10):4809–4820.

[146] Chao S, Chen B. FDGLRT detector of MIMO radar in non-homogeneous clutter. Electronics Letters, 2011, 47(6):403–404.

[147] Liu W, Wang Y, Liu J, et al. Adaptive detection without training data in colocated MIMO radar. IEEE Aerospace and Electronics Systems Magazine, 2015, 51(3):2469–2479.

[148] Xu H, Wang J, Yuan J, et al. Colocated MIMO radar transmit beamspace design for randomly present target detection. IEEE Signal Processing Letters, 2015, 22(7):828–832.

[149] Tang B, Tang J, Peng Y. Waveform optimization for MIMO radar in colored noise: Further results for estimation-oriented criteria. IEEE Transactions on Signal Processing, 2012, 60(3):1517–1522.

[150] Naghibi T, Behnia F. Mimo radar waveform design in the presence of clutter. IEEE Transactions on Aerospace and Electronic Systems, 2011, 47(2):770–781.

[151] Cui G, Li H, Rangaswamy M. MIMO radar waveform design with constant modulus and similarity constraints. IEEE Transactions on Signal Processing, 2014, 62(2):343–353.

[152] Yang Y, Blum R, He Z, et al. MIMO radar waveform design via alternating projection. IEEE Transactions on Signal Processing, 2010, 58(3):1440–1445.

[153] Chen C, Vaidyanathan P. MIMO radar ambiguity properties and optimization using frequency-hopping waveforms. IEEE Transactions on Signal Processing, 2008, 56(12):5926–5936.

[154] Gao C, Teh K, Liu A. Orthogonal frequency diversity waveform with range-Doppler optimization for MIMO radar. IEEE Signal Processing Letters, 2014, 21(10):1201–1205.

[155] Tajer A, Jajamovich G, Wang X, et al. Optimal joint target detection and parameter estimation by MIMO radar. IEEE Journal on Selected Topics in Signal Processing, 2010, 4(1):127–145.

[156] Moustakides G, Jajamovich G, Tajer A, et al. Joint detection and estimation: Optimum tests and applications. IEEE Transactions on Information Theory, 2012, 58(7):4215–4229.

[157] Jajamovich G, Lops M, Wang X. Space-time coding for MIMO radar detection and ranging. IEEE Transactions on Signal Processing, 2010, 58(12):6195–6206.

[158] Boyer R. Performance bounds and angular resolution limit for the moving colocated MIMO radar. IEEE Transactions on Signal Processing, 2011, 59(4):1539–1552.

[159] Billingsley J B, Farina A, Gini F, et al. Statistical analyses of measured radar ground clutter data. IEEE Transactions on Aerospace and Electronic Systems, 1999, 35(2):579–593.

[160] Ward J. Space-time adaptive processing for airborn radar. Space-Time Adaptive Processing (Ref. No. 1998/241), IEE Colloquium on 1998.

[161] Kay S M. Fundamentals of Statistical Signal Processing. Detection Theory. New Jersey: Prentice Hall, 1993.

[162] Chi Y, Scharf L, Pezeshki A, et al. Sensitivity to basis mismatch in compressed sensing. IEEE Transactions on Signal Processing, 2011, 59(5):2182–2195.

[163] Yang Z, Xie L, Zhang C. Off-grid direction of arrival estimation using sparse bayesian inference. IEEE Transactions on Signal Processing, 2013, 61(1):38–43.

[164] Charnes A, Cooper W. Programming with linear fractional functionals. Naval Research Logistics Quarterly, 1962, 9(3):181–186.

[165] Becker S, Bobin J, Candes E. NESTA: A fast and accurate first order method for sparse recovery. SIAM Journal on Imaging Sciences, 2011, 4(1):1–39.

[166] Chen W, Narayanan R. Antenna placement for minimizing target localization error in UWB MIMO noise radar. IEEE Antennas and Wireless Propagation Letters, 2011, 10(1):135–138.

[167] Gorji A, Tharmarasa R, Kirubarajan T. Optimal antenna allocation in MIMO radars with collocated antennas. IEEE Transactions on Aerospace and Electronic Systems, 2014, 50(1):542–558.

[168] Godrich H, Haimovich A, Blum R. Target localization accuracy gain in MIMO radar-based systems. IEEE Transactions on Information Theory, 2010, 56(6):2783–2803.

[169] Yang Y, Yi W, Zhang T, et al. Fast optimal antenna placement for distributed MIMO radar with surveillance performance. IEEE Signal Processing Letters, 2015, 22(11):1955–1959.

[170] Gu F, Chi L, Zhang Q, et al. Single snapshot imaging method in multiple-input multiple-output radar with sparse antenna array. IET Radar Sonar and Navigation, 2013, 7(5):535–543.

[171] Hu X, Tong N, Zhang Y, et al. Multiple-input–multiple-output radar super-resolution three-dimensional imaging based on a dimension-reduction compressive sensing. IET Radar Sonar and Navigation, 2016, 10(4):757–764.

[172] Liu H, Song B, Tian F, et al. Regularised reweighted BPDN for compressed video sensing. Electronics Letters, 2014, 50(2):83–84.

[173] Qi C, Wang X, Wu L. Underwater acoustic channel estimation based on sparse recovery algorithms. IET Signal Processing, 2011, 5(8):739–747.

[174] Maleki A, Anitori L Z, Yang Z. et al. Asymptotic analysis of complex LASSO via complex approximate message passing (CAMP). IEEE Transactions on Information Theory, 2013, 59(7):4290–4308.

[175] Donoho D, Maleki A, Montanari A. Proceedings of the national academy of sciences. IEEE Transactions on Information Theory, 2009, 106(65):18914–18919.

[176] Raguet H, Fadili J, Peyr G. A generalized forward-backward splitting. SIAM Journal on Imaging Sciences, 2013, 6(3):1199–1226.

[177] Berg E, Friedlander M. Probing the pareto frontier for basis pursuit solutions. SIAM Journal on Scientific Computing, 2009, 31(2):890–912.

[178] Mallat S, Zhang Z Z. Matching pursuits with time-frequency dictionaries. IEEE Transactions on Signal Processing, 1993, 41(12):3397–3415.

[179] DeVore R, Temlyakov V. Some remarks on greedy algorithms. Advances in Computational Mathematics, 1996, 5(1):173–187.

[180] Donoho D, Tsaig Y, Drori I, et al. Sparse solution of underdetermined systems of linear equations by stagewise orthogonal matching pursuit. IEEE Transactions on Information Theory, 2012, 58(2):1094–1121.

[181] Needell D, Vershynin R. Signal recovery from incomplete and inaccurate measurements via regularized orthogonal matching pursuit. IEEE Journal on Selected Topics in Signal Processing, 2010, 4(2):310–316.

[182] Needell D, Tropp J. CoSaMP: Iterative signal recovery from incomplete and inaccurate samples. Applied and Computational Harmonic Analysis, 2009, 26(3):301–321.

[183] Beckmann P. Statistical distribution of the amplitude and phase of a multiply scattered field. Journal of Research of the National Bureau of Standards: D. Radio Propagation, 1962, 66(3):231–240.

[184] Gnedenko B. Limit Distributions for Sums of Independent Random Variables. New Jersey: Addison-Wesley Publishing Company, 1954.

[185] Simon M. Probability Distributions Involving Gaussian Random Variables: A Handbook for Engineers and Scientists. Mathematics: Probability Theory and Stochastic Processes, Springer, 2002.

[186] Radmard M, Chitgarha M, Majd M, et al. Antenna placement and power allocation optimization in MIMO detection. IEEE Transactions on Aerospace and Electronic Systems, 2014, 50(2):1468–1478.

[187] Liu X, Liao G. Direction finding and mutual coupling estimation for bistatic MIMO radar. Signal Processing, 2012, 92(2):517–522.

[188] Lin M, Yang L. Blind calibration and DOA estimation with uniform circular arrays in the presence of mutual coupling. IEEE Antennas and Wireless Propagation Letters, 2006, 5(1):315–318.

[189] Liu C L, Vaidyanathan P P. Super nested arrays: Linear sparse arrays with reduced mutual coupling—Part I: Fundamentals. IEEE Transactions on Signal Processing, 2016, 64(15):3997–4012.

[190] Yuan Y X. Step-sizes for the gradient method. AMS IP Studies in Advanced Mathematics, 2008, 42(2):785–796.

[191] Determe J F, Louveaux J, Jacques L, et al. Simultaneous orthogonal matching pursuit with noise stabilization: Theoretical analysis. Guangzhou Chemical Industry (2015).

[192] Tropp J A, Gilbert A C, Strauss M J. Algorithms for simultaneous sparse approximation. Part I: Greedy pursuit. Signal Processing, 2006, 86(3):572–588.

[193] Yang Z, Xie L, Zhang C. Off-grid direction of arrival estimation using sparse bayesian inference. IEEE Transactions on Signal Processing, 2012, 61(1):38–43.

附录 A 时延与多普勒频移表达式

在 5.2 节中，回波信号表示为时延和多普勒频移的函数，在本附录中，我们将基于目标和雷达平台间的几何信息给出时延和多普勒频移的表达式。

从第 (m,p) 个 TX 天线到第 (n,q) 个 RX 天线的时延可以表示为

$$\tau_{(m,p),(n,q)}\left(\theta_{m,n}\right) = \frac{d_T}{c}\left[(p-1)\cos\theta_{T,m} + (q-1)\cos\theta_{R,n}\right] \tag{A.1}$$

如图 5.2 所示，从 TX 和 RX 到目标的可视角可以分别表示为 $\theta_{T,m}$ 和 $\theta_{R,n}$，该可视角可通过椭圆的集合关系表示为

$$\theta_{T,m} = \arccos\left(\frac{\eta_{1,m,n}\cos\theta'_{m,n} + \sqrt{\eta_{1,m,n}^2 - \eta_{2,m,n}^2}}{\sqrt{\left(\eta_{2,m,n}\sin\theta'_{m,n}\right)^2 + \left(\eta_{1,m,n}\cos\theta'_{m,n} + \sqrt{\eta_{1,m,n}^2 - \eta_{2,m,n}^2}\right)^2}}\right) \tag{A.2}$$

$$\theta_{R,n} = \arccos\left(\frac{\eta_{1,m,n}\cos\theta'_{m,n} - \sqrt{\eta_{1,m,n}^2 - \eta_{2,m,n}^2}}{\sqrt{\left(\eta_{2,m,n}\sin\theta'_{m,n}\right)^2 + \left(\eta_{1,m,n}\cos\theta'_{m,n} - \sqrt{\eta_{1,m,n}^2 - \eta_{2,m,n}^2}\right)^2}}\right) \tag{A.3}$$

其中，$\eta_{1,m,n} \triangleq \frac{1}{2}\left(\|\boldsymbol{p}-\boldsymbol{p}_{T,m}\|_2 + \|\boldsymbol{p}-\boldsymbol{p}_{R,n}\|_2\right)$ 和 $\eta_{2,m,n} \triangleq \sqrt{\eta_{1,m,n}^2 - \frac{1}{4}\|\boldsymbol{p}_{T,m}-\boldsymbol{p}_{R,n}\|_2^2}$ 分别表示由第 m 个 TX 和第 n 个 RX 组成的椭圆的长轴和短轴，此处假设在 K 个观测脉冲中长轴和短轴保持不变。参数 $\theta'_{m,n}$ 与目标可视角 $\theta_{m,n}$ 有以下关系：

$$\theta_{m,n} = \arccos\left(\frac{\eta_{1,m,n}\cos\theta'_{m,n}}{\sqrt{\left(\eta_{1,m,n}\cos\theta'_{m,n}\right)^2 + \left(\eta_{2,m,n}\sin\theta'_{m,n}\right)^2}}\right) \tag{A.4}$$

所以对于给定的 TX-RX 对，时延 $\tau_{(m,p),(n,q)}\left(\theta_{m,n}\right)$ 是目标角度 $\theta_{m,n}$ 的函数。

多普勒频移 $f_{d,m,n}\left(\theta_{m,n}, \boldsymbol{v}\right)$ 可以表示为

$$f_{d,m,n}\left(\theta_{m,n}, \boldsymbol{v}\right) = \frac{f_C}{c}\left[\boldsymbol{d}_{T,m}^{\mathrm{T}}\left(\theta_{m,n}\right)\left(\boldsymbol{v}_{T,m} - \boldsymbol{v}\right)\right.$$

$$+ \boldsymbol{d}_{R,n}^{\mathrm{T}}\left(\theta_{m,n}\right)\left(\boldsymbol{v}_{R,n} - \boldsymbol{v}\right)\big] \tag{A.5}$$

其中，$\boldsymbol{d}_{T,m}\left(\theta_{m,n}\right) \triangleq \dfrac{\boldsymbol{p} - \boldsymbol{p}_{T,m}}{\left\|\boldsymbol{p} - \boldsymbol{p}_{T,m}\right\|_2}$ 和 $\boldsymbol{d}_{R,n}\left(\theta_{m,n}\right) \triangleq \dfrac{\boldsymbol{p} - \boldsymbol{p}_{R,n}}{\left\|\boldsymbol{p} - \boldsymbol{p}_{R,n}\right\|_2}$ 分别表示第 m 个 TX 和第 n 个 RX 与目标之间的可视角。

而且，根据式 (5.1) ~ 式 (5.3) 可知，采用足够高的采样频率对连续时间信号 $s_{m,p}(t)$ 进行采样，得到离散时间向量 $\boldsymbol{s}_{m,p}$ 后，在第 k 个脉冲内，相对时延为 $\tau_{(m,p),(n,q)}\left(\theta_{m,n}\right)$，多普勒频移为 $f_{d,m,n}(\theta_{m,n}, \boldsymbol{v})$ 的信号可以分别表示为 $\boldsymbol{s}_{m,p}\mathrm{e}^{-\mathrm{j}2\pi f_C \tau_{(m,p),(n,q)}(\theta_{m,n})}$ 和 $\boldsymbol{s}_{m,p}\mathrm{e}^{-\mathrm{j}2\pi k T_p f_{d,m,n}(\theta_{m,n}, \boldsymbol{v})}$。由此，便可得到包含时延和多普勒频移的离散时间模型 (5.3)。

附录 B　部分公式详细推导过程

B.1　复向量和复矩阵的推导

引理 8.2　由于复向量 $(\boldsymbol{u} \in \mathbb{C}^{P \times 1},\ \boldsymbol{v} \in \mathbb{C}^{P \times 1})$ 和复矩阵 $\boldsymbol{A} \in \mathbb{C}^{M \times P}$ 都是复向量 $\boldsymbol{x} \in \mathbb{C}^{N \times 1}$ 的函数，因此可以得到以下推导：

$$\frac{\partial \boldsymbol{u}^{\mathrm{H}} \boldsymbol{v}}{\partial \boldsymbol{x}} = \boldsymbol{v}^{\mathrm{T}} \frac{\partial (\boldsymbol{u}^{*})}{\partial \boldsymbol{x}} + \boldsymbol{u}^{\mathrm{H}} \frac{\partial \boldsymbol{v}}{\partial \boldsymbol{x}} \tag{B.1}$$

$$\frac{\partial \boldsymbol{A} \boldsymbol{u}}{\partial \boldsymbol{x}} = \left[\frac{\partial \boldsymbol{A}}{\partial x_0} \boldsymbol{u} + \boldsymbol{A} \frac{\partial \boldsymbol{u}}{\partial x_0}, \cdots, \frac{\partial \boldsymbol{A}}{\partial x_n} \boldsymbol{u} + \boldsymbol{A} \frac{\partial \boldsymbol{u}}{\partial x_n}, \cdots \right] \tag{B.2}$$

证明

$$
\begin{aligned}
\frac{\partial \boldsymbol{u}^{\mathrm{H}} \boldsymbol{v}}{\partial \boldsymbol{x}} &= \left[\frac{\partial \boldsymbol{u}^{\mathrm{H}} \boldsymbol{v}}{\partial x_0}, \frac{\partial \boldsymbol{u}^{\mathrm{H}} \boldsymbol{v}}{\partial x_1}, \cdots, \frac{\partial \boldsymbol{u}^{\mathrm{H}} \boldsymbol{v}}{\partial x_{N-1}} \right] \\
&= \left[\frac{\partial \sum\limits_{m=0}^{M-1} u_m^* v_m}{\partial x_0}, \cdots, \frac{\partial \sum\limits_{m=0}^{M-1} u_m^* v_m}{\partial x_n}, \cdots \right] \\
&= \left[\cdots, \sum_{m=0}^{M-1} \frac{\partial u_m^*}{\partial x_n} v_m + u_m^* \frac{\partial v_m}{\partial x_n}, \cdots \right] \\
&= \left[\cdots, \left(\frac{\partial \boldsymbol{u}^*}{\partial x_n} \right)^{\mathrm{T}} \boldsymbol{v} + \boldsymbol{u}^{\mathrm{H}} \frac{\partial \boldsymbol{v}}{\partial x_n}, \cdots \right] \\
&= \boldsymbol{v}^{\mathrm{T}} \left[\frac{\partial \boldsymbol{u}^*}{\partial x_0}, \cdots, \frac{\partial \boldsymbol{u}^*}{\partial x_n}, \cdots \right] + \boldsymbol{u}^{\mathrm{H}} \left[\frac{\partial \boldsymbol{v}}{\partial x_0}, \cdots, \frac{\partial \boldsymbol{v}}{\partial x_n}, \cdots \right] \\
&= \boldsymbol{v}^{\mathrm{T}} \frac{\partial (\boldsymbol{u}^*)}{\partial \boldsymbol{x}} + \boldsymbol{u}^{\mathrm{H}} \frac{\partial \boldsymbol{v}}{\partial \boldsymbol{x}}
\end{aligned}
\tag{B.3}
$$

$\boldsymbol{A}$ 和 $\boldsymbol{u}$ 均为 $\boldsymbol{x}$ 的函数，因此 $\dfrac{\partial \boldsymbol{A} \boldsymbol{u}}{\partial \boldsymbol{x}}$ 的第 m 行，第 n 列为

$$\frac{\partial \boldsymbol{A} \boldsymbol{u}_m}{\partial x_n} = \frac{\partial \sum\limits_{p=0}^{P-1} A_{m,p} u_p}{\partial x_n} \tag{B.4}$$

$$= \sum_{p=0}^{P-1} \frac{\partial A_{m,p}}{\partial x_n} u_p + A_{m,p} \frac{\partial u_p}{\partial x_n}$$

$$= \boldsymbol{u}^{\mathrm{T}} \frac{\partial \boldsymbol{A}_m^{\mathrm{T}}}{\partial x_n} + (\boldsymbol{A}^{\mathrm{T}})_m^{\mathrm{T}} \frac{\partial \boldsymbol{u}}{\partial x_n}$$

$$= \left[\frac{\partial \boldsymbol{A}}{\partial x_n} \boldsymbol{u} + \boldsymbol{A} \frac{\partial \boldsymbol{u}}{\partial x_n} \right]_m$$

因此 $\dfrac{\partial \boldsymbol{A}\boldsymbol{u}}{\partial \boldsymbol{x}}$ 的第 n 列为

$$\left[\frac{\partial \boldsymbol{A}\boldsymbol{u}}{\partial \boldsymbol{x}} \right]_n = \frac{\partial \boldsymbol{A}}{\partial x_n} \boldsymbol{u} + \boldsymbol{A} \frac{\partial \boldsymbol{u}}{\partial x_n} \tag{B.5}$$

故

$$\frac{\partial \boldsymbol{A}\boldsymbol{u}}{\partial \boldsymbol{x}} = \left[\frac{\partial \boldsymbol{A}}{\partial x_0} \boldsymbol{u} + \boldsymbol{A} \frac{\partial \boldsymbol{u}}{\partial x_0}, \cdots, \frac{\partial \boldsymbol{A}}{\partial x_n} \boldsymbol{u} + \boldsymbol{A} \frac{\partial \boldsymbol{u}}{\partial x_n}, \cdots \right] \tag{B.6}$$

B.2　似然函数 $\mathcal{L}(\boldsymbol{c}_T)$ 的推导

似然函数 $\mathcal{L}(\boldsymbol{c}_T)$ 可以重写成

$$\mathcal{L}(\boldsymbol{c}_T) \propto -\alpha_n P \mathcal{G}_1(\boldsymbol{c}_T) - \sum_{p=0}^{P-1} \alpha_n \mathcal{G}_2(\boldsymbol{c}_T) - \mathcal{G}_3(\boldsymbol{c}_T) \tag{B.7}$$

其中

$$\mathcal{G}_1(\boldsymbol{c}_T) \triangleq \mathrm{tr}\left\{ (\boldsymbol{I}_U \otimes \boldsymbol{c})^{\mathrm{H}} \boldsymbol{\Upsilon}^{\mathrm{H}}(\boldsymbol{\nu}) \boldsymbol{\Upsilon}(\boldsymbol{\nu}) (\boldsymbol{I}_U \otimes \boldsymbol{c}) \boldsymbol{\Sigma}_X \right\} \tag{B.8}$$

$$\mathcal{G}_2(\boldsymbol{c}_T) \triangleq \| \boldsymbol{r}_p - \boldsymbol{\Upsilon}(\boldsymbol{\nu})(\boldsymbol{\mu}_p \otimes \boldsymbol{c}) \|_2^2 \tag{B.9}$$

$$\mathcal{G}_3(\boldsymbol{c}_T) \triangleq \sum_{m=0}^{M-1} \vartheta_{T,m} |c_{T,m}|^2 \tag{B.10}$$

根据附录 B.1 中复向量和复矩阵的推导，可知 $\dfrac{\partial \mathcal{G}_1(\boldsymbol{c}_T)}{\partial \boldsymbol{c}_T}$ 是一个行向量，并且第 m 个元素可以计算得到

$$\left[\frac{\partial \mathcal{G}_1(\boldsymbol{c}_T)}{\partial \boldsymbol{c}_T} \right]_m = \mathrm{tr}\left\{ \frac{\partial (\boldsymbol{I}_U \otimes \boldsymbol{c})^{\mathrm{H}} \boldsymbol{\Upsilon}^{\mathrm{H}}(\boldsymbol{\nu}) \boldsymbol{\Upsilon}(\boldsymbol{\nu}) (\boldsymbol{I}_U \otimes \boldsymbol{c}) \boldsymbol{\Sigma}_X}{\partial c_{T,m}} \right\} \tag{B.11}$$

可以算得

$$\frac{\partial (\boldsymbol{I}_U \otimes \boldsymbol{c})^{\mathrm{H}} \boldsymbol{\Upsilon}^{\mathrm{H}}(\boldsymbol{\nu}) \boldsymbol{\Upsilon}(\boldsymbol{\nu}) (\boldsymbol{I}_U \otimes \boldsymbol{c}) \boldsymbol{\Sigma}_X}{\partial c_{T,m}}$$

$$= \frac{\partial (\boldsymbol{I}_U \otimes \boldsymbol{c})^{\mathrm{H}}}{\partial c_{T,m}} \boldsymbol{\Upsilon}^{\mathrm{H}}(\boldsymbol{\nu}) \boldsymbol{\Upsilon}(\boldsymbol{\nu}) (\boldsymbol{I}_U \otimes \boldsymbol{c}) \boldsymbol{\Sigma}_X$$

$$+ (\boldsymbol{I}_U \otimes \boldsymbol{c})^{\mathrm{H}} \boldsymbol{\Upsilon}^{\mathrm{H}}(\boldsymbol{\nu}) \boldsymbol{\Upsilon}(\boldsymbol{\nu}) \frac{\partial (\boldsymbol{I}_U \otimes \boldsymbol{c})}{\partial c_{T,m}} \boldsymbol{\Sigma}_X$$

$$= (\boldsymbol{I}_U \otimes \boldsymbol{c})^{\mathrm{H}} \boldsymbol{\Upsilon}^{\mathrm{H}}(\boldsymbol{\nu}) \boldsymbol{\Upsilon}(\boldsymbol{\nu}) \left(\boldsymbol{I}_U \otimes \frac{\partial \boldsymbol{c}_R \otimes \boldsymbol{c}_T}{\partial c_{T,m}} \right) \boldsymbol{\Sigma}_X$$

$$= (\boldsymbol{I}_U \otimes \boldsymbol{c})^{\mathrm{H}} \boldsymbol{\Upsilon}^{\mathrm{H}}(\boldsymbol{\nu}) \boldsymbol{\Upsilon}(\boldsymbol{\nu}) \left(\boldsymbol{I}_U \otimes \boldsymbol{c}_R \otimes \boldsymbol{e}_m^M \right) \boldsymbol{\Sigma}_X \tag{B.12}$$

其中，$\boldsymbol{e}_m^M$ 为 $M \times 1$ 的向量，其第 m 个元素为 1，其他元素为 0。故 $\dfrac{\partial \mathcal{G}_1(\boldsymbol{c}_T)}{\partial \boldsymbol{c}_T}$ 的第 m 个元素可以简写为

$$\left[\frac{\partial \mathcal{G}_1(\boldsymbol{c}_T)}{\partial \boldsymbol{c}_T} \right]_m = \boldsymbol{c}^{\mathrm{H}} \left(\sum_{p=0}^{U-1} \sum_{k=0}^{U-1} \boldsymbol{\Upsilon}_p^{\mathrm{H}}(\boldsymbol{\nu}) \boldsymbol{\Upsilon}_k(\boldsymbol{\nu}) \boldsymbol{\Sigma}_{X,k,p} \right)$$

$$(\boldsymbol{c}_R \otimes \boldsymbol{e}_m^M) \tag{B.13}$$

可以得到 $\dfrac{\partial \mathcal{G}_1(\boldsymbol{c}_T)}{\partial \boldsymbol{c}_T}$ 如下：

$$\frac{\partial \mathcal{G}_1(\boldsymbol{c}_T)}{\partial \boldsymbol{c}_T} = \boldsymbol{c}^{\mathrm{H}} \left(\sum_{p=0}^{U-1} \sum_{k=0}^{U-1} \boldsymbol{\Upsilon}_p^{\mathrm{H}}(\boldsymbol{\nu}) \boldsymbol{\Upsilon}_k(\boldsymbol{\nu}) \boldsymbol{\Sigma}_{X,k,p} \right) \tag{B.14}$$

$$\left[\boldsymbol{c}_R \otimes \boldsymbol{e}_0^M, \boldsymbol{c}_R \otimes \boldsymbol{e}_1^M, \cdots, \boldsymbol{c}_R \otimes \boldsymbol{e}_{M-1}^M \right]$$

类似地，对 $\dfrac{\partial \mathcal{G}_2(\boldsymbol{c}_T)}{\partial \boldsymbol{c}_T}$ 有

$$\frac{\partial \mathcal{G}_2(\boldsymbol{c}_T)}{\partial \boldsymbol{c}_T} = -[\boldsymbol{r}_p - \boldsymbol{\Upsilon}(\boldsymbol{\nu})(\boldsymbol{\mu}_p \otimes \boldsymbol{c})]^{\mathrm{H}} \boldsymbol{\Upsilon}(\boldsymbol{\nu}) \frac{\partial \boldsymbol{\mu}_p \otimes \boldsymbol{c}}{\partial \boldsymbol{c}_T}$$

$$= -[\boldsymbol{r}_p - \boldsymbol{\Upsilon}(\boldsymbol{\nu})(\boldsymbol{\mu}_p \otimes \boldsymbol{c})]^{\mathrm{H}} \boldsymbol{\Upsilon}(\boldsymbol{\nu}) \tag{B.15}$$

$$\left[\boldsymbol{\mu}_p \otimes \boldsymbol{c}_R \otimes \boldsymbol{e}_0^M, \cdots, \boldsymbol{\mu}_p \otimes \boldsymbol{c}_R \otimes \boldsymbol{e}_{M-1}^M \right]$$

$\dfrac{\partial \mathcal{G}_2(\boldsymbol{c}_T)}{\partial \boldsymbol{c}_T}$ 可以简化为

$$\frac{\partial \mathcal{G}_2(\boldsymbol{c}_T)}{\partial \boldsymbol{c}_T} = \boldsymbol{c}_T^{\mathrm{H}} \operatorname{diag}\{\boldsymbol{\vartheta}_T\} \tag{B.16}$$

最后，由 $\dfrac{\partial \mathcal{G}_1(\boldsymbol{c}_T)}{\partial \boldsymbol{c}_T}$，$\dfrac{\partial \mathcal{G}_2(\boldsymbol{c}_T)}{\partial \boldsymbol{c}_T}$ 和 $\dfrac{\partial \mathcal{G}_3(\boldsymbol{c}_T)}{\partial \boldsymbol{c}_T}$，可以得到 $\dfrac{\partial \mathcal{L}(\boldsymbol{c}_T)}{\partial \boldsymbol{c}_T}$ 的表达式 (B.17)。

$$
\begin{aligned}
\frac{\partial \mathcal{L}(\boldsymbol{c}_T)}{\partial \boldsymbol{c}_T} = & -\alpha_n P \left[\boldsymbol{c}^{\mathrm{H}} \left(\sum_{p=0}^{U-1} \sum_{k=0}^{U-1} \boldsymbol{\Upsilon}_p^{\mathrm{H}}(\boldsymbol{\nu}) \boldsymbol{\Upsilon}_k(\boldsymbol{\nu}) E_{x,k,p} \right) \left[\boldsymbol{c}_R \otimes \boldsymbol{e}_0^M, \cdots, \boldsymbol{c}_R \otimes \boldsymbol{e}_{M-1}^M \right] \right] \\
& + \sum_{p=0}^{P-1} \alpha_n [\boldsymbol{r}_p - \boldsymbol{\Upsilon}(\boldsymbol{\nu})(\boldsymbol{\mu}_p \otimes \boldsymbol{c})]^{\mathrm{H}} \boldsymbol{\Upsilon}(\boldsymbol{\nu}) \left[\boldsymbol{\mu}_p \otimes \boldsymbol{c}_R \otimes \boldsymbol{e}_0^M, \cdots, \boldsymbol{\mu}_p \otimes \boldsymbol{c}_R \otimes \boldsymbol{e}_{M-1}^M \right] \\
& - \boldsymbol{c}_T^{\mathrm{H}} \operatorname{diag}\{\boldsymbol{\vartheta}_T\} \sum_{m=0}^{U-1} \nu_m \operatorname{Re} \left\{ \left(P \Sigma_{X,u,m} + \sum_{p=0}^{P} \boldsymbol{\mu}_{p,m}^{\mathrm{H}} \boldsymbol{\mu}_{p,u} \right) \boldsymbol{c}^{\mathrm{H}} \boldsymbol{\Xi}_m^{\mathrm{H}} \boldsymbol{\Xi}_u \boldsymbol{c} \right\} \\
= & \sum_{p=0}^{P} \operatorname{Re} \left\{ \left[\boldsymbol{r}_p - \boldsymbol{\Psi}(\boldsymbol{\mu}_p \otimes \boldsymbol{c}) \right]^{\mathrm{H}} \boldsymbol{\Xi}_u \boldsymbol{\mu}_{p,u} \boldsymbol{c} \right\} \\
& - \sum_{m=0}^{U-1} \operatorname{Re} \left\{ P \Sigma_{X,u,m} \boldsymbol{c}^{\mathrm{H}} \boldsymbol{\Psi}_m^{\mathrm{H}} \boldsymbol{\Xi}_u \boldsymbol{c} \right\} \tag{B.17}
\end{aligned}
$$

B.3　似然函数 $\mathcal{L}(\boldsymbol{\nu})$ 的推导

似然函数 $\mathcal{L}(\boldsymbol{c}_T)$ 可以重写为

$$\mathcal{L}(\boldsymbol{\nu}) \propto \sum_{p=0}^{P-1} \mathfrak{T}_1(\boldsymbol{\nu}) + \mathfrak{T}_2(\boldsymbol{\nu}) \tag{B.18}$$

其中

$$\mathfrak{T}_1(\boldsymbol{\nu}) \triangleq \|\boldsymbol{r}_p - \boldsymbol{\Upsilon}(\boldsymbol{\nu})(\boldsymbol{\mu}_p \otimes \boldsymbol{c})\|_2^2 \tag{B.19}$$

$$\mathfrak{T}_2(\boldsymbol{\nu}) \triangleq \operatorname{tr}\{(\boldsymbol{I}_U \otimes \boldsymbol{c})^{\mathrm{H}} \boldsymbol{\Upsilon}^{\mathrm{H}}(\boldsymbol{\nu}) \boldsymbol{\Upsilon}(\boldsymbol{\nu})(\boldsymbol{I}_U \otimes \boldsymbol{c}) \boldsymbol{\Sigma}_X\} \tag{B.20}$$

可得 $\dfrac{\partial \mathfrak{T}_1(\boldsymbol{\nu})}{\partial \boldsymbol{\nu}}$ 的表达式如下：

$$\frac{\partial \mathfrak{T}_1(\boldsymbol{\nu})}{\partial \boldsymbol{\nu}} = -2 \operatorname{Re} \left\{ [\boldsymbol{r}_p - \boldsymbol{\Upsilon}(\boldsymbol{\nu})(\boldsymbol{\mu}_p \otimes \boldsymbol{c})]^{\mathrm{H}} \frac{\partial \boldsymbol{\Upsilon}(\boldsymbol{\nu})(\boldsymbol{\mu}_p \otimes \boldsymbol{c})}{\partial \boldsymbol{\nu}} \right\}$$

$$= -2\mathrm{Re}\left\{[r_p - \boldsymbol{\Upsilon}(\boldsymbol{\nu})(\boldsymbol{\mu}_p \otimes \boldsymbol{c})]^{\mathrm{H}} \boldsymbol{\Xi}(\mathrm{diag}\{\boldsymbol{\mu}_p\} \otimes \boldsymbol{c})\right\} \tag{B.21}$$

$\dfrac{\partial \mathfrak{T}_2(\boldsymbol{\nu})}{\partial \boldsymbol{\nu}} \in \mathbb{R}^{1 \times U}$ 是一个行向量，其第 u 个元素为

$$\left[\frac{\partial \mathfrak{T}_2(\boldsymbol{\nu})}{\partial \boldsymbol{\nu}}\right]_u = \mathrm{tr}\left\{\frac{\partial (\boldsymbol{I}_U \otimes \boldsymbol{c})^{\mathrm{H}} \boldsymbol{\Upsilon}^{\mathrm{H}}(\boldsymbol{\nu})\boldsymbol{\Upsilon}(\boldsymbol{\nu})(\boldsymbol{I}_U \otimes \boldsymbol{c})\boldsymbol{\Sigma}_X}{\partial \nu_u}\right\}$$

$$= \mathrm{tr}\left\{\left[\boldsymbol{0}, (\boldsymbol{I}_U \otimes \boldsymbol{c}^{\mathrm{H}})\boldsymbol{\Upsilon}^{\mathrm{H}}(\boldsymbol{\nu})\boldsymbol{\Xi}_u \boldsymbol{c}, \boldsymbol{0}\right]\right\}$$

$$+ \mathrm{tr}\left\{\left[\boldsymbol{0}, (\boldsymbol{I}_U \otimes \boldsymbol{c}^{\mathrm{H}})\boldsymbol{\Upsilon}^{\mathrm{H}}(\boldsymbol{\nu})\boldsymbol{\Xi}_u \boldsymbol{c}, \boldsymbol{0}\right]^{\mathrm{H}} \boldsymbol{\Sigma}_X\right\}$$

$$= 2\mathrm{Re}\left\{\sum_{m=0}^{U-1} \boldsymbol{c}^{\mathrm{H}} \boldsymbol{\Upsilon}_m^{\mathrm{H}}(\boldsymbol{\nu})\boldsymbol{\Xi}_u \boldsymbol{c}\boldsymbol{\Sigma}_{X,u,m}\right\} \tag{B.22}$$

故 $\dfrac{\partial \mathfrak{T}_2(\boldsymbol{\nu})}{\partial \boldsymbol{\nu}}$ 可以简化为

$$\frac{\partial \mathfrak{T}_2(\boldsymbol{\nu})}{\partial \boldsymbol{\nu}} = 2\mathrm{Re}\left\{\mathrm{diag}\left\{\boldsymbol{\Sigma}_X(\boldsymbol{I}_U \otimes \boldsymbol{c})^{\mathrm{H}} \boldsymbol{\Upsilon}^{\mathrm{H}}(\boldsymbol{\nu})\boldsymbol{\Xi}(\boldsymbol{I}_U \otimes \boldsymbol{c})\right\}^{\mathrm{T}}\right\} \tag{B.23}$$

最后，根据 $\dfrac{\partial \mathcal{L}(\boldsymbol{\nu})}{\partial \nu_u} = 0$，可以得到式 (8.17)，从而计算出 $\boldsymbol{\nu}$。